环境影响评价

主　编　王帅杰　齐海云

副主编　孙　颖　叶　菲　刘亭亭

燕山大学出版社

·秦皇岛·

图书在版编目（CIP）数据

环境影响评价/王帅杰，齐海云主编．—秦皇岛：燕山大学出版社，2023.2
ISBN 978-7-5761-0442-4

Ⅰ.①环… Ⅱ.①王…②齐… Ⅲ.①环境影响－评价 Ⅳ.①X820.3

中国版本图书馆CIP数据核字（2022）第249925号

环境影响评价

王帅杰 齐海云 主编

出 版 人：陈 玉
责任编辑：孙志强
责任印制：吴 波
封面设计：吴 波
出版发行：燕山大学出版社 YANSHAN UNIVERSITY PRESS
电　　话：0335-8387555
地　　址：河北省秦皇岛市河北大街西段438号
邮政编码：066004
印　　刷：英格拉姆印刷(固安)有限公司
经　　销：全国新华书店

开　　本：185 mm×260 mm 1/16
印　　张：20.25
版　　次：2023年2月第1版
印　　次：2023年2月第1次印刷
书　　号：ISBN 978-7-5761-0442-4
字　　数：402千字
定　　价：68.00元

前 言

环境影响评价是环境科学与工程学科领域的一门重要专业课程。该课程涉及的学科领域广，理论与实践结合密切，教学难度大。2004 年，我国实施了环境影响评价工程师职业资格制度，对环境影响评价工作人员提出了更高的要求。突破传统的教学模式，与现实接轨，与时俱进，使学生真正掌握环境影响评价的基础知识与技术方法，培养真正符合社会需求的应用型环境影响评价人才具有重要的意义。

项目引导式教学是现代大学教学的常用模式，因此，本书编写团队在编写过程中梳理了重要知识点，以项目为单位重新构建了“环境影响评价”课程的教学内容，编写了适用于环境类专业的《环境影响评价》项目引导式教材。教材精选了典型的环境影响评价案例，设计了 11 个项目任务，将传统的教学内容分解为完成任务所需的知识模块，开展问题导向式教学，使学生在项目实践过程中，理解和掌握课程要求的知识和技能，培养学生分析和解决问题的能力，实现学生知识、能力和素质的全面发展。

随着环境影响评价技术的不断发展和环境影响评价要求的不断提高，环境影响评价相关的法规、标准、技术导则、管理办法等内容不断更新。本书编写团队收集了近年来国家关于环境保护的相关法律法规和标准、环境影响评价最新修订发布的技术导则，将最新的环境影响评价内容纳入本书。同时，我国提出“碳达峰”“碳中和”目标，部分省市也开展了碳排放环境影响评价试点，全国开展碳排放环境影响评价将是大势所趋，因此，本书参考现有碳排放环境影响评价试点资料，在编写过程中加入了碳排放环境影响评价相关内容，以抛砖引玉。

例题是引领学生深入理解所学知识的重要手段。本书参考近年来环境影响评价工程师职业资格考试真题及模拟题，针对部分知识点由浅入深编写了相应例题，使本书更易理解和掌握的同时，与国家环境影响评价工程师职业资格考试加强联系，更具实用性。

本书由燕山大学王帅杰、河北环境工程学院齐海云担任主编，河北环境工程学院孙颖、燕山大学叶菲、东北石油大学刘亭亭担任副主编。各章节具体编者如下：项目一由刘亭亭编写；项目二、四、五由王帅杰编写；项目三由孙颖编写；项目六、七由叶菲编写；项目八、九、十、十一由齐海云编写。全书由王帅杰、齐海云统稿。燕山大学王风彦为本书的编辑与修改付出了辛勤的劳动，燕山大学付雨潼、张慧、李昕煜和河北环境工程学院张睿骁等参与了资料收集和文字处理等工作，在此一并表示诚挚的感谢。

由于编者水平有限，书中难免有不妥之处，敬请读者批评指正。

编者

2022 年 7 月

目　　录

项目一　走近环境影响评价

项目背景

21世纪,全球经济稳步发展,科学技术、工业水平飞速进步。在经济、科技飞速发展的当下,环境问题也日益引起大众关注。为了地球生态环境的可持续性发展,人类能够在一个稳定良好的氛围下生活,保护生态环境是未来发展过程中社会大众所必须关注的问题。环境影响评价是在全球范围内广泛应用的环境管理方法,是世界各国针对本国特色制定的一种环境保护制度。在环境科学与工程学科中,环境影响评价是不可或缺的重要组成成分,环境工程实践需要在环境影响评价的基础之上才能开展相应的工作。

项目任务

随着人民生活水平的提高,对生活用纸的需求量也随之加大,某市一造纸厂决定抓住市场机遇,投资4 500万元进行扩建,收购某纸业有限公司1.5万t产能,将产能扩大至2.6万t。本次扩建工程在原有厂区内进行,不需新征土地。扩建方案为:新建2座造纸车间和1座办公楼,淘汰原有1575型纸机3台;保留3500型纸机2台、新上3500型纸机6台;在原有污水处理站前端增设浆水分离塔1座;淘汰原有的1台4 t/h备用锅炉和1台10 t/h蒸汽锅炉,扩建项目用热全部使用集中供热,扩建项目完成后达到年产卫生纸2.6万t的生产规模。

根据《中华人民共和国环境影响评价法》及国务院令第682号《建设项目环境保护管理条例(2017修正)》的相关规定,该扩建项目需办理环境影响评价手续,编制环境影响评价文件。试思考如何开展项目的环境影响评价工作,并初步筛选该扩建项目的环境影响评价因子,以及确定该扩建项目环境影响评价应使用的环境标准。

完成任务需要的知识

1. 什么是环境影响评价?
2. 为什么要开展环境影响评价?我国的环境影响评价制度有哪些特点?
3. 环境影响评价需要贯彻执行的法规与标准有哪些?
4. 环境影响评价的管理程序和工作程序分别包括哪几个阶段?

5．环境影响识别、预测和综合评价可以采用的方法有哪些？

知识模块

模块一　环境影响评价概述

一、基本概念

1．环境

（1）环境的概念

《中华人民共和国环境保护法》（2014 年 4 月修订）第二条规定："本法所称环境，是指影响人类生存和发展的各种天然的和经过人工改造的自然因素的总体，包括大气、水、海洋、土地、矿藏、森林、草原、湿地、野生生物、自然遗迹、人文遗迹、自然保护区、风景名胜区、城市和乡村等。"

环境是一个相对的概念，是一个相对于主体而言的客体。环境与其主体相互依存，它的内容因主体的不同而不同，随主体的变化而变化。在环境科学领域，环境是以人类社会为主体的外部世界的总体。外部世界包括天然的自然因素，也包括经过人工改造的自然因素，不含社会因素，即治安环境、文化环境、法律环境等并非《中华人民共和国环境保护法》中的环境。

（2）环境的基本特性

① 整体性与区域性

环境的整体性又称环境的系统性，是指各环境要素或环境各组成部分之间，因有其相互确定的数量与空间位置，并以特定的相互作用而构成的具有特定结构和功能的系统。环境系统的结构，因各环境要素或各组成部分之间通过物质、能量流动网络以及彼此关联的变化规律，在不同的时刻呈现出不同的状态。环境系统的功能并不是各组成要素功能的简单加和，而是由各要素通过一定的联系方式所形成的结构以及所呈现出的状态决定的。两种或两种以上的环境因素同时产生作用，由于各因素之间可能协同或拮抗，综合结果不一定等于各因素单独作用之和。因此，在环境影响评价中不能以单因素的影响作为评价的依据。

环境的区域性指的是环境特性的区域差异。具体来说就是环境因地理位置的不同或空间范围的差异，会有不同的特性。比如滨海环境与内陆环境、局地环境与区域环境等，明显地表现出环境特性的差异。环境的整体性和区域性是同一环境特性在两个不同层面上的表现。

② 变动性和稳定性

环境的变动性是指在自然的、人类社会行为的，或两者共同的作用下，环境的内部结构和外在状态始终处于不断变化之中。人类社会的发展史是人类与自然界不断相互作用的历史，也是环境的结构与状态不断变化的历史。

环境的稳定性是相对于变动性而言的。所谓稳定性是指环境系统具有一定的自我调节功能的特性，也就是说，环境结构与状态在自然的和人类社会行为的作用下，所发生的变化不超过一定限度时，环境可以借助于自身的调节功能使这些变化逐渐消失，环境结构和状态得以恢复到变化前的状态。

③ 资源性与价值性

环境具有资源性。环境提供了人类生存所必需的物质和能量。离开了这些物质和能量，人类社会就不可能生存，更谈不上发展；而如果环境中的物质和能量供应不足或不平衡，也会危及人类社会的生存发展。

环境具有资源性，当然就具有价值性。环境为人类社会提供了存在和发展的空间，人类不断地从环境中取得物质和能量。人类的生存与发展，社会的进步，一刻都离不开环境。离开环境，人类社会就不可能生存和发展，连人类本身也无从谈起。环境对于人类以及人类社会的发展极具重要性。从这个意义上来看，环境具有不可估量的价值。环境的经济价值是环境价值的一种形式。在环境影响评价中，环境的经济价值常常被用作环境的损益分析。

【例 1-1】《中华人民共和国环境保护法》中所称的环境，是指影响人类生存和发展的各种天然的和经过人工改造的(　)的总体。

A. 自然因素　B. 社会因素　C. 人文因素　D. 经济因素

答：A

【例 1-2】　依据《中华人民共和国环境保护法》，下列环境因素不属于人工改造的自然因素是(　)。

A. 名胜古迹　B. 农村　C. 湿地　D. 城市

答：C

【例 1-3】　依据《中华人民共和国环境保护法》，下列环境因素属于人工改造的自然因素是(　)。

A. 人文遗迹　B. 自然遗迹　C. 野生动物　D. 矿藏

答：A

2. 环境影响

(1) 环境影响的概念

环境影响是指人类活动导致的环境变化以及由此引起的对人类社会的效应。人类活动按活动的内容分为经济活动、政治活动和社会活动。经济活动对环境的影响主要通过区域开发和工程项目的建设运营等产生。政治活动对环境的影响主要通过公共政策的制定产生。

环境影响的概念包括人类活动对环境的作用和环境对人类的反作用两个层次。研究人类活动对环境的作用是正确评价环境变化对人类影响的基础，是前提条件；认识和评价环境变化对人类的反作用是为了制定出减轻或者缓和不利环境影响的对策与措施，是研究环境影响的目的。

（2）环境影响的分类

① 按影响来源分类

按影响来源分类可分为直接影响、间接影响和累积影响。直接影响是指由于人类活动的结果而对环境的直接作用，而由这种直接作用诱发的其他后续结果则为间接影响。如农田变为工业用地，使原来的农作物和绿色植被消失，这是直接影响；而植被破坏所引起的水土流失则是间接影响。累积影响是指当一项活动与其他过去、现在及可以合理预见的将来的活动结合在一起时，因影响的增加而产生的对环境的影响。当建设项目的环境影响在时间上过于频繁和在空间上过于密集时可能引起累积效应。累积影响的实质是各单项活动的叠加和扩大。

② 按影响效果分类

按影响效果分类可分为有利影响和不利影响。有利影响是指对人群健康、社会经济发展或其他环境的状况有积极的促进作用的影响。反之，对人群健康、社会经济发展或其他环境的状况有消极的阻碍或破坏作用的影响，则为不利影响。

③ 按影响程度分类

按影响程度分类可分为可恢复影响和不可恢复影响。可恢复影响是指人类活动造成环境某特性改变或某价值丧失后可逐渐恢复到以前面貌的影响。不可恢复影响是指造成环境的某特性改变或某价值丧失后不能恢复的影响。这种划分方法主要用于对自然环境影响的判别。

另外，环境影响还可分为：短期影响和长期影响，暂时影响和连续影响，地方、区域、国家或全球影响，建设阶段影响和运行阶段影响，单个影响和综合影响等。

3. 环境影响评价

（1）环境影响评价的概念

《中华人民共和国环境影响评价法》（2018 年 12 月修订）第二条规定："本法所称环境影响评价，是指对规划和建设项目实施后可能造成的环境影响进行分析、预测和评估，提出预防或者减轻不良环境影响的对策和措施，进行跟踪监测的方法与制度。"

环境影响评价（Environmental Impact Assessment，EIA）包含两个层面的含义：一个层面指的是技术方法，涉及物理学、化学、生态学、文化与社会经济等领域；另一个层面指的是管理制度，是以法律形式将环境影响评价作为环境管理中的一项制度规定下来。此外，还可以从以下四个方面理解环境影响评价概念的内涵：

① 评价对象是拟订中的政府有关的经济发展规划和建设单位欲兴建的项目；

② 评价单位要分析、预测和评估评价对象在实施过程中及实施后可能造成的环境影响；

③ 评价单位要提出具体而明确的预防或者减轻不良环境影响的对策和措施；

④ 环境保护部门对规划和建设项目实施后的实际环境影响，要进行跟踪监测和分析、评估。

以上四点再加上“方法”和“制度”共六个方面，相辅相成，构成了环境影响评价概念的完整体系。

【例 1-4】《中华人民共和国环境影响评价法》中所称的环境影响评价，是指对规划和建设项目实施后可能造成的环境影响进行（　），提出预防或者减轻不良环境影响的对策和措施，进行跟踪监测的方法与制度。

A. 分析和预测　B. 评估　C. 预测和评估　D. 分析、预测和评估

答：D

（2）环境影响评价的分类

① 按照评价对象可分为规划环境影响评价和建设项目环境影响评价；

② 按照环境要素和专题可分为大气环境影响评价、地表水环境影响评价、声环境影响评价、生态影响评价、固体废物环境影响评价、建设项目环境风险评价等；

③ 按照时序可分为环境质量现状评价、环境影响预测评价、建设项目环境影响后评价（或规划环境影响跟踪评价）。

环境质量现状评价一般是根据近两三年的环境监测或现场实地调查资料，对环境质量现状进行的评价，通过现状评价，可以阐明环境的污染现状及其存在的问题，为环境影响的预测与评价、环境保护措施的制定提供基础与依据。

环境影响预测评价，即环境影响评价，通过预测与评价规划或建设项目可能对环境产生的影响，提出预防或者减轻不良环境影响的对策和措施，为决策部门提供依据。

建设项目环境影响后评价是指编制环境影响报告书的建设项目在通过环境保护设施工程验收且稳定运行一定时期后，对其实际产生的环境影响以及污染防治、生态保护和风险防范措施的有效性进行跟踪监测和验证评价，并提出补救方案或者改进措施，提高环境影响评价有效性的方法与制度。

规划环境影响跟踪评价是指规划编制机关在规划实施过程中对规划已经或正在造成的环境影响进行监测、分析和评价的过程，用以检验规划环境影响评价的准确性以及不良环境

影响减缓措施的有效性，并根据评价结果采取减缓不良环境影响的改进措施，或者对正在实施的规划方案进行修订，甚至终止其实施。它是应对规划不确定性的有效手段之一。

二、环境影响评价的由来

随着社会的发展和科技水平的提高，人类活动对环境造成了严重的影响。人们逐渐意识到不能无节制地开发利用环境，在活动开展之前需要进行环境影响评价。“环境影响评价”这个概念最早是1964年在加拿大召开的国际环境质量评价学术会议上提出的。1969年，美国制定了《国家环境政策法》(National Environmental Policy Act，NEPA)，在世界范围内率先确立了环境影响评价制度。依据该法设立的国家环境质量委员会于1978年制定了《国家环境政策法实施条例》，为《国家环境政策法》提供了可操作的规范性标准和程序。随后，瑞典、澳大利亚、法国也分别于1969年、1974年、1976年在其国家的环境法中制定了环境影响评价制度，日本、加拿大、英国、新西兰等国虽未在法律中拟定类似条款，但也建立了相应的环境影响评价制度。经过几十年的发展，已有100多个国家建立了环境影响评价制度。环境影响评价的内涵也不断得到提高，从对自然环境的影响评价发展到对社会环境的影响评价，其中对自然环境的影响不仅考虑环境污染，还注重其对生态系统的影响。此外，各国逐步开展了环境风险评价、区域建设项目的累积性影响。近年来，环境影响后评价也引起很多研究者的兴趣，并逐步推广到大的建设项目中。

环境影响评价的对象从最初单纯的工程建设项目发展到区域开发环境影响评价、战略环境评价、规划环境影响评价，环境影响评价的技术方法和程序也在发展中不断得以完善。

【例1-5】 世界上第一个建立环境影响评价制度的国家是( )。

A. 中国　B. 美国　C. 英国　D. 德国

答:B

三、环境影响评价的功能

在人类活动中，评价具有四种最基本的功能:判断功能、预测功能、选择功能和导向功能。

1. 判断功能

以人的需求为尺度，对已有的客体作出价值判断。通过这一判断，可以了解客体的当前状态，并揭示客体与主体之间的满足关系是否存在以及在多大程度上存在。

2. 预测功能

以人的需求为尺度，对将形成的客体作出价值判断，即在思维中构建未来的客体，并对这一客体与人的需要的关系作出判断，从而预测未来客体的价值。人类通过这种预测来确定自己的实践目标，哪些是应当争取的，哪些是应当避免的。

3. 选择功能

将同样都具有价值的客体进行比较，从而确定其中哪一个是更具有价值、更值得争取的，这是对价值序列（价值程度）的判断。

4. 导向功能

人类活动的理想是目的性与规律性的统一，其中目的的确立要以评价所判定的价值为基础和前提，而对价值的判断是通过对价值的认识、预测和选择这些评价形式才得以实现的，所以说人类活动目的的确立应基于评价。只有通过评价，才能确立合理的、合乎规律的目的，才能对实践活动进行导向和调控。在人类活动中，评价最为重要的、处于核心地位的功能是导向功能，以上三种功能都隶属于这一功能。

四、环境影响评价的重要性

环境影响评价的重要性主要表现在以下几个方面：

1. 保证建设项目选址和布局的合理性

合理的经济布局是保证环境与经济持续发展的前提条件，而不合理的布局则是造成环境污染的主要原因。环境影响评价是从开发活动所在区域的整体出发，考虑建设项目的不同选址和布局对区域整体的不同影响，并进行比较和取舍，选择最有利的方案，保证建设项目选址和布局的合理性。

2. 指导环境保护措施的设计，强化环境管理

一般建设项目的开发建设活动和生产活动都要消耗一定的资源，给环境带来一定的污染与破坏，因此必须采取相应的环境保护措施，环境影响评价是针对具体的开发建设活动或生产活动，综合考虑活动特点和环境特征，通过对污染治理措施的技术、经济和环境论证，可以得到相对合理的环境保护对策和措施，指导环境保护措施的设计，强化环境管理，把因人类活动而产生的环境污染或生态破坏限制在最小范围。

3. 为区域社会经济发展提供导向

环境影响评价可以通过对区域的自然条件、资源条件、社会条件和经济发展状况等进行综合分析，掌握该地区的资源、环境和社会承载能力等状况，从而对该地区发展方向、发展规模、产业结构和布局等作出科学的决策和规划，以指导区域活动，实现可持续发展。

4. 促进相关环境科学技术的发展

环境影响评价涉及自然科学和社会科学的众多领域，包括基础理论研究和应用技术开发。环境影响评价工作中遇到的问题，必然是对相关环境科学技术的挑战，进而推动相关环境科学技术的发展。

五、环境影响评价的原则

《中华人民共和国环境影响评价法》(2018 年 12 月修订)第四条规定:"环境影响评价必须客观、公开、公正,综合考虑规划或者建设项目实施后对各种环境因素及其所构成的生态系统可能造成的影响,为决策提供科学依据。"这是环境影响评价的基本原则。

《建设项目环境影响评价技术导则　总纲》(HJ 2.1—2016)按照突出环境影响评价的源头预防作用,坚持保护和改善环境质量的要求,提出在建设项目环境影响评价中应遵循的工作原则如下:

1. 依法评价

贯彻执行我国环境保护相关法律法规、标准、政策和规划等,优化项目建设,服务环境管理。

2. 科学评价

规范环境影响评价方法,科学分析项目建设对环境质量的影响。

3. 突出重点

根据建设项目的工程内容及其特点,明确与环境要素间的作用效应关系,根据环境影响评价结论和审查意见,充分利用符合时效的数据资料及成果,对建设项目主要环境影响予以重点分析和评价。

【例 1-6】 根据《中华人民共和国环境影响评价法》,环境影响评价原则是(　)。

A. 客观、公正、准确　　　B. 客观、公开、准确

C. 客观、公开、公正　　　D. 公开、公正、准确

答:C

六、我国环境影响评价制度的发展及特点

1. 我国环境影响评价制度的形成阶段

我国环境保护工作开始于 20 世纪 70 年代,而环境影响评价是其中重要的组成部分,因此,我国环境影响评价的发展历程基本与环境保护工作的发展历程一致,可大致分为五个阶段。

(1) 引入和确立阶段(1973—1979 年)

1973 年 8 月在北京召开的第一次全国环境保护会议,揭开了我国环境保护工作的序幕。1978 年 12 月 31 日,中发〔1978〕79 号文件批转的国务院环境保护领导小组《环境保护工作汇

报要点》中，首次提出了环境影响评价的意向。1979 年 4 月，国务院环境保护领导小组在《关于全国环境保护工作会议情况的报告》中，把环境影响评价作为一项方针政策再次提出。在国家的支持下，北京师范大学等单位率先在江西水平铜矿开展了我国第一个建设项目的环境影响评价工作。

1979 年 9 月，全国人大常委会通过的《中华人民共和国环境保护法(试行)》第六条规定：一切企业、事业单位的选址、设计、建设和生产，都必须充分注意防止对环境的污染和破坏。在进行新建、改建和扩建工程时，必须提出环境影响的报告书，经环境保护部门和其他有关部门审查批准后才能进行设计。至此，我国的环境影响评价制度正式确立。

(2) 规范和建设阶段(1980—1989 年)

环境影响评价制度确立后，相继颁布的各项环境保护法律、法规和部门行政规章，使环境影响评价不断规范。

1981 年，国家计划委员会、国家基本建设委员会、国家经济委员会和国务院环境保护领导小组联合发布了《基本建设项目环境保护管理办法》，把环境影响评价制度纳入基本建设项目审批程序中。

此后，我国陆续颁布的一些环境保护法律和条例等都对环境影响评价作出了相关规定，如 1982 年颁布的《海洋环境保护法》第六条、第九条和第十条，1984 年布的《水污染防治法》第十三条，1987 年颁布的《大气污染防治法》，1988 年颁布的《野生动物保护法》和 1989 年颁布的《环境噪声污染防治条例》。

国家还通过部门行政规章逐步明确了环境影响评价的内容、范围和程序，环境影响评价的技术方法也不断完善，如 1986 年 3 月颁布的《建设项目环境保护管理办法》对建设项目环境影响评价的范围、程序、审批和环境影响报告书(表)编制格式作了明确规定。同年颁布的《建设项目环境影响评价证书管理办法(试行)》在我国开始了对环影响评价单位的资质管理。同期，环境影响评价的技术方法也得到不断探索与完善。

1989 年颁布的《中华人民共和国环境保护法》第十三条规定：建设污染环境的项目必须遵守国家有关建设项目环境保护管理的规定。建设项目的环境影响报告书，必须对建设项目产生的污染和对环境的影响作出评价，规定防治措施，经项目主管部门依照规定的程序报环境保护行政管理部门批准。环境影响报告书经批准后，计划部门方可批准建设项目设计任务书。

同时，各地方也根据《建设项目环境保护管理办法》制定了适用于本地的建设项目环境影响评价行政法规，各行业主管部门也陆续制定了建设项目环境保护管理的行业行政规章，初步形成了国家、地方、行业相配套的建设项目环境影响评价的多层次法规体系。

(3) 强化和完善阶段(1990—2002 年)

进入 20 世纪 90 年代,环境影响评价制度进一步得到强化与完善。

1990 年 6 月颁布的《建设项目环境保护管理程序》明确了建设项目环境影响评价的管理程序和审批资格。

1993 年,针对建设项目的多渠道立项和开发区的兴起,原国家环境保护局下发了《关于进一步做好建设项目环境保护管理工作的几点意见》,提出了"先评价,后建设""环境影响评价分类管理"和"对开发区进行区域环境影响评价"的规定。

随后原国家环境保护局陆续发布的《环境影响评价技术导则　总纲、大气环境、地面水环境》(1993)、《环境影响评价技术导则　声环境》(1996)、《辐射环境保护管理导则》(1996)、《电磁辐射环境影响评价方法与标准》(1996)、《火电厂建设项目环境影响报告书编制规范》(1996)以及《环境影响评价技术导则　非污染生态影响》(1997)等,从技术上规范了环境影响评价工作,使环境影响报告书的编制有章可循。

1998 年 11 月 29 日,国务院颁布实施了《建设项目环境保护管理条例》,这是建设项目环境管理的第一个行政法规,提升了我国环境影响评价制度的法律地位,进一步对环境影响评价作出了明确规定。

1999 年 4 月,原环境保护总局发布的《建设项目环境保护分类管理名录(试行)》公布了分类管理名录,从此将建设项目按照分类管理名录编制环境影响评价文件。

这一阶段,我国建设项目环境影响评价在法规建设、评价方法建设、评价队伍建设,以及评价对象和评价内容的拓展等方面,取得了全面进展。

2002 年 10 月 28 日,第九届全国人大常委会通过了《中华人民共和国环境影响评价法》,至此,我国的环境影响评价制度进入了一个新的阶段。

(4) 提高和拓展阶段(2003—2015 年)

2003 年 9 月 1 日起实施的《中华人民共和国环境影响评价法》使环境影响评价从建设项目环境影响评价扩展到规划环境影响评价,是我国环境影响评价制度的重大进步,标志着我国环境影响评价制度法律地位的进一步提高。

原环境保护总局于 2003 年发布了《规划环境影响评价技术导则(试行)》,明确了规划环境影响评价的基本内容、工作程序、指标体系以及评价方法等;同时制定了《编制环境影响报告书的规划的具体范围(试行)》《编制环境影响篇章或说明的规划的具体范围(试行)》和《专项规划环境影响报告书审查办法》。

2003 年,原环境保护总局初步建立了环境影响评价基础数据库,有效管理环境影响评价数据与文件,促进各部门、各单位之间在环境影响评价方面的信息交流与共享,推进环境影响评价制度的健康发展。同年，建立了国家环境影响评价审查专家库，保证环境影响评价审查的公正性。

2004 年 2 月 16 日，人事部、原环境保护总局决定在全国环境影响评价行业建立环境影响评价工程师职业资格制度，发布了《环境影响评价工程师职业资格制度暂行规定》《环境影响评价工程师职业资格考试实施办法》《环境影响评价工程师职业资格考核认定办法》等文件，并于 2004 年 4 月 1 日起实施。建立环境影响评价工程师职业资格制度是为了进一步加强对环境影响评价专业技术人员的管理，规范环境影响评价的行为，提高环境影响评价专业技术人员的素质和业务水平，保证环境影响评价工作的质量，维护国家环境安全和公众利益。

2004 年，原环境保护总局首次发布《建设项目环境风险评价技术导则》，随后原环境保护总局相继修订并颁布了《环境影响评价技术导则　大气环境》(HJ 2.2—2008)、《环境影响评价技术导则　声环境》(HJ 2.4—2009)等。

2009 年 8 月 17 日，国务院颁布《规划环境影响评价条例》，自 2009 年 10 月 1 日起施行。这是我国环境立法的重大进展，标志着环境保护参与综合决策进入新阶段。

国家环境保护标准的修订与制定与时俱进，取得了突飞猛进的发展，为环境影响评价工作提供了大量的技术依据。如《环境影响评价技术导则　生态影响》(HJ 19—2011)、《环境影响评价技术导则　总纲》(HJ 2.1—2011)、《环境影响评价技术导则　地下水环境》(HJ 610—2011)、《规划环境影响评价技术导则　总纲》(HJ 130—2014)等。

2014 年 4 月 24 日，全国人大常委会通过了新修订的《中华人民共和国环境保护法》，于 2015 年 1 月 1 日施行，标志着我国环境保护管理进入了新的阶段。

2015 年 12 月 30 日，原环境保护部发布了《关于加强规划环境影响评价与建设项目环境影响评价联动工作的意见》(环发〔2015〕178 号)，对加强规划环境影响评价与建设项目环境影响评价联动工作提出了要求。规划环境影响评价对建设项目环境影响评价具有指导和约束作用，建设项目环境保护管理中应落实规划环境影响评价的成果。进一步阐明了建设项目环境影响评价与规划环境影响评价的相互联系。

(5) 改革和优化阶段(2016 年至今)

2016 年 1 月 7 日，原环境保护部发布了《环境影响评价技术导则　地下水环境》(HJ 610—2016)，自 2016 年 1 月 7 日起实施。2016 年 7 月 2 日，全国人大常委会通过了修订的《中华人民共和国环境影响评价法》。随后，原环境保护部印发了《“十三五”环境影响评价改革实施方案》(环环评〔2016〕95 号)，为在新时期发挥环境影响评价源头预防环境污染和生态破坏的作用、推动实现“十三五”绿色发展和改善生态环境质量总体目标，制定了实施方案。

至此，环境影响评价进入了改革和优化阶段。2016 年 12 月 8 日，原环境保护部发布了修订的《建设项目环境影响评价技术导则　总纲》(HJ 2.1—2016)，于 2017 年 1 月 1 日起实施。2017 年 1 月 5 日，发布了《排污许可证管理暂行规定》。

2017 年 6 月 21 日，国务院常务会议通过了《国务院关于修改〈建设项目环境保护管理条例〉的决定(草案)》，于 2017 年 10 月 1 日起施行。与原条例相比，该条例删除了有关行政审批事项；取消了对环境影响评价单位的资质管理；将环境影响登记表由审批制改为备案制；将建设项目环境保护设施竣工验收由环境保护部门验收改为建设单位自主验收；简化了环境影响评价程序；细化了审批要求；强化了事中事后监管；加大了处罚力度；强化了信息公开和公众参与。

2018 年 7 月 31 日，生态环境部发布了《环境影响评价技术导则　大气环境》(HJ 2.2—2018)，该标准自 2018 年 12 月 1 日起实施。2018 年 9 月 13 日，生态环境部发布了《环境影响评价技术导则　土壤环境(试行)》(HJ 964—2018)，该标准自 2019 年 7 月 1 日起实施。2018 年 10 月 8 日，生态环境部发布了《环境影响评价技术导则　地表水环境》(HJ 2.3—2018)，该标准自 2019 年 3 月 1 日起实施。2018 年 10 月 14 日，生态环境部发布了《建设项目环境风险评价技术导则》(HJ 169—2018)，该标准自 2019 年 3 月 1 日起实施。2018 年 12 月 29 日，《中华人民共和国环境影响评价法》由第十三届全国人民代表大会常务委员会第七次会议第二次修正。

2019 年 12 月 13 日，生态环境部发布了《规划环境影响评价技术导则　总纲》(HJ 130—2019)，该标准自 2020 年 3 月 1 日起实施。

2020 年 11 月 5 日，《建设项目环境影响评价分类管理名录(2021 年版)》由生态环境部部务会议审议通过，自 2021 年 1 月 1 日起施行。《建设项目环境影响评价分类管理名录》(原环境保护部令第 44 号)及《关于修改〈建设项目环境影响评价分类管理目录〉部分内容的决定》(生态环境部令第 1 号)同时废止。

2021 年 12 月 24 日，生态环境部发布了《环境影响评价技术导则　声环境》(HJ 2.4—2021)，该标准自 2022 年 7 月 1 日起实施。

2022 年 1 月 15 日，生态环境部发布了《环境影响评价技术导则　生态影响》(HJ 19—2022)，该标准自 2022 年 7 月 1 日起实施。

【例 1-7】《中华人民共和国环境影响评价法》正式颁布于(　)年。

A. 1979　B. 1989　C. 2003　D. 2006

答:C

【例 1-8】《中华人民共和国环境保护法(试行)》于(　)年正式发布。

A. 1979　B. 1983　C. 1989　D. 2003

答：A

2. 我国环境影响评价制度的特点

自1979年我国环境影响评价制度确立以来，经过40多年的发展，我国的环境影响评价制度不断完善，逐步形成了自己的特点，表现在以下几个方面：

(1) 具有法律强制性

我国的环境影响评价制度是《中华人民共和国环境保护法》和《中华人民共和国环境影响评价法》明确规定的一项法律制度，具有不可违抗的强制性，所有对环境有影响的建设项目都必须执行这一制度。

《中华人民共和国环境影响评价法》明确了环境影响评价制度中涉及单位的法律责任，包括规划编制机关、规划审批机关、建设单位、建设项目审批部门、环境影响评价机构、环境保护行政主管部门及其他相关部门等单位应承担的法律责任。

(2) 纳入基本建设程序

我国建设项目环境影响评价工作开展的时间较长，建设项目环境管理程序通过法律规定纳入基本建设程序，对建设项目实行统一管理，这是我国独有的管理模式。

《中华人民共和国环境保护法》《中华人民共和国环境影响评价法》和《建设项目环境保护管理条例》均明确规定，依法编制环境影响报告书(表)的建设单位应当在建设项目开工建设前，将环境影响报告书(表)报有审批权的环境保护行政主管部门审批。建设项目的环境影响报告书(表)未依法经审批部门审查或审查后未予批准的，建设单位不得开工建设。

(3) 分类管理

《中华人民共和国环境影响评价法》第十六条规定：国家根据建设项目对环境的影响程度，对建设项目的环境影响评价实行分类管理。《建设项目环境影响评价分类管理目录(2021年版)》第二条规定：根据建设项目特征和所在区域的环境敏感程度，综合考虑建设项目可能对环境产生的影响，对建设项目的环境影响评价实行分类管理。建设单位应当按照本名录的规定，分别组织编制建设项目环境影响报告书、环境影响报告表或者填报环境影响登记表。可能造成重大环境影响的建设项目，应当编写环境影响报告书，对产生的环境影响进行全面评价；可能造成轻度环境影响的建设项目，应当编制环境影响报告表，对产生的环境影响进行分析或者专项评价；对环境影响很小、不需要进行环境影响评价的建设项目，应当填报环境影响登记表。

《建设项目环境影响评价分类管理名录(2021年版)》共设置了55个一级行业分类、173个二级类别。该名录所称环境敏感区是指依法设立的各级各类保护区域和对建设项目产生的环境影响特别敏感的区域，主要包括下列区域：

① 国家公园、自然保护区、风景名胜区、世界文化和自然遗产地、海洋特别保护区、饮用水水源保护区；

② 除①外的生态保护红线管控范围，永久基本农田、基本草原、自然公园(森林公园、地质公园、海洋公园等)、重要湿地、天然林，重点保护野生动物栖息地，重点保护野生植物生长繁殖地，重要水生生物的自然产卵场、索饵场、越冬场和洄游通道，天然渔场，水土流失重点预防区和重点治理区、沙化土地封禁保护区、封闭及半封闭海域；

③ 以居住、医疗卫生、文化教育、科研、行政办公为主要功能的区域，以及文物保护单位。

环境影响报告书、环境影响报告表应当就建设项目对环境敏感区的影响作重点分析。建设单位应当严格按照该名录确定建设项目环境影响评价类别，不得擅自改变环境影响评价类别。建设内容涉及本名录中两个及以上项目类别的建设项目，其环境影响评价类别按照其中单项等级最高的确定。建设内容不涉及主体工程的改建、扩建项目，其环境影响评价类别按照改建、扩建的工程内容确定。该名录未作规定的建设项目，不纳入建设项目环境影响评价管理；省级生态环境主管部门对本名录未作规定的建设项目，认为确有必要纳入建设项目环境影响评价管理的，可以根据建设项目的污染因子、生态影响因子特征及其所处环境的敏感性质和敏感程度等，提出环境影响评价分类管理的建议，报生态环境部认定后实施。

【例 1-9】 根据《建设项目环境影响评价分类管理名录》，(　)属于环境敏感区。

A. 沙漠中的绿洲　B. 基本农田　C. 生态保护小区　D. 水土流失重点防治区

答：D

(4) 分级审批

分级审批是指建设对环境有影响的项目，不论投资主体、资金来源、项目性质和投资规模，其环境影响报告书(表)均按照规定确定分级审批权限，由生态环境部、省(自治区、直辖市)和市、县等不同级别环境保护行政主管部门负责审批。根据《建设项目环境保护管理条例》(2017 年 10 月 1 日起施行)，国务院环境保护行政主管部门负责审批环境影响报告书(表)的建设项目类型有：① 核设施、绝密工程等特殊性质的建设项目；② 跨省、自治区、直辖市行政区域的建设项目；③ 由国务院审批的或者国务院授权有关部门审批的建设项目。除此以外的建设项目的环境影响报告书(表)的审批权限，由省、自治区、直辖市人民政府规定。

建设项目造成跨行政区域环境影响，有关环境保护行政主管部门对环境影响评价结论有争议的，其环境影响报告书(表)由共同的上一级环境保护行政主管部门审批。

(5) 环境影响评价工程师职业资格制度

我国从 2004 年 4 月 1 日开始实施环境影响评价工程师职业资格制度。环境影响评价工程师职业资格制度纳入全国专业技术人员职业资格证书制度统一管理。

① 环境影响评价工程师职业资格考试及报考条件

环境影响评价工程师职业资格考试实行全国统一大纲、统一命题、统一组织的考试制度。考试设"环境影响评价相关法律法规""环境影响评价技术导则与标准""环境影响评价技术方法"和"环境影响评价案例分析"4 个科目。考试成绩实行两年为一周期的滚动管理办法，参加全部 4 个科目人员必须在连续的两个考试年度内通过全部科目；免试部分科目的人员必须在一个年度内通过应试科目考试。

凡遵守国家法律、法规，恪守职业道德，并且具备表 1-1 中条件之一者，可申请参加环境影响评价工程师职业资格考试。

表 1-1　环境影响评价工程师职业资格考试报考条件

学历/学位	专业要求	从事环境影响评价工作年限/年
大专	环境保护相关专业	≥7
	其他专业	≥8
学士	环境保护相关专业	≥5
	其他专业	≥6
硕士	环境保护相关专业	≥2
	其他专业	≥3
博士	环境保护相关专业	≥1
	其他专业	≥2

② 环境影响评价工程师从业情况管理

根据《环境影响评价工程师从业情况管理规定》，环境影响评价工程师职业资格实行从业情况申报制度。生态环境部建立环境影响评价工程师从业情况信息管理系统，记录环评机构中的环境影响评价工程师申报信息，为其核发登记编号，并及时向社会公开。

③ 环境影响评价工程师的职责

环境影响评价工程师可主持进行环境影响评价、环境影响后评价、环境影响技术评估或环境保护设施验收，并在主持编制的相关技术文件上签字，对其主持完成的相关技术文件承担相应责任。

【例 1-10】 环境影响评价工程师不可以主持的工作是(　)。

A. 环境影响评价　B. 环境影响后评价　C. 环境影响技术评估　D. 排污费征收

答:D

模块二 环境法规与生态环境标准

环境法规与生态环境标准是一个国家或地区环境政策的具体体现，是环境评价和环境管理工作中必须贯彻执行的基本依据。环境法规与生态环境标准随着国家或地区自然环境的变化、社会经济的发展和科学技术的进步而不断发展和完善。

一、环境法规

环境法规是调整环境管理中各种社会关系的法律规范的总称，是指国家、政府部门根据发展经济、保护人民身体健康和财产安全、保护和改善环境需要制定的一系列法律、法规、规章等。法律手段同时也是环境管理的重要手段之一。我国目前建立了宪法、环境保护综合法、环境保护单行法、环境保护行政法规和政府部门规章、环境保护地方性法规和地方性规章、生态环境标准、国际公约等层次。

1. 环境法规的组成

(1) 宪法

《中华人民共和国宪法》是我国的根本大法，拥有最高法律效力，也是整个环境法体系的基础和核心。2018 年 3 月 11 日通过修订的《中华人民共和国宪法》第二十六条规定："国家保护和改善生活环境和生态环境，防治污染和其他公害。"第九条规定："国家保障自然资源的合理利用，保护珍贵的动物和植物。禁止任何组织或者个人用任何手段侵占或者破坏自然资源。"第十条、第二十二条也有关于环境保护的规定。宪法的这些规定是环境保护立法的依据和指导原则。

(2) 环境保护综合法

《中华人民共和国环境保护法》是为保护和改善环境，防治污染和其他公害，保障公众健康，推进生态文明建设，促进经济社会可持续发展制定的国家法律。我国在 1979 年 9 月制定了第一部综合性环境基本法《中华人民共和国环境保护法(试行)》，这是中国第一部环境保护的法律，对中国的环境保护工作作了全面、系统的规定，标志着中国的环境保护事业开始走上了法制的轨道。1989 年 12 月，全国人大常委会对《中华人民共和国环境保护法(试行)》进行了修改，颁布了新的《中华人民共和国环境保护法》。2014 年 4 月 24 日，中华人民共和国第十二届全国人民代表大会常务委员会第八次会议修订通过新《中华人民共和国环境保护法》，自 2015 年 1 月 1 日起施行。环境保护法不仅明确了环境保护的任务和对象，而且对环境保护的基本原则和制度、环境监督管理体制、保护自然环境和防治污染的基本要求以及法律责任作了相应规定，是环境保护工作和制定其他单行环境法律法规的基本依据。

《中华人民共和国环境保护法》的主要内容包括：规定了环境法的任务是为保护和改善环境，防治污染和其他公害，保障公众健康，推进生态文明建设，促进经济社会可持续发展。环境保护的对象是影响人类生存和发展的各种天然的和经过人工改造的自然因素的总体，包括大气、水、海洋、土地、矿藏、森林、草原、湿地、野生动物、自然遗迹、人文遗迹、自然保护区、风景名胜区、城市和乡村等。规定了中国的环境保护应采用的基本原则为保护优先、预防为主、综合治理、公众参与、损害担责。此外，环境保护法还规定了保护和改善环境的基本要求和法律义务；规定了防治污染和其他公害的基本要求和相应义务；规定了环境管理机构的监督管理权力、责任；规定了环境信息公开和公众参与，加强公众对政府和排污单位的监督；规定了违反环境保护法的法律责任即行政责任、民事责任和刑事责任。

中国环境保护基本法的规定和颁布，促进了中国环境法体系的完备化，加强了中国环境管理，在中国的环境保护中起到了重要作用。

(3) 环境保护单行法

环境保护单行法是针对特定的环境要素、污染防治对象或环境管理的具体事项制定的单项法律法规。环境单行法以宪法和环境保护基本法为立法依据，又是它们的具体化。由于环境保护单行法规可操作性强、有针对性、数量众多，所以它往往是环境行政管理、环境纠纷解决最直接的依据，是有关主体主张环境权利、承担环境义务、处理其他环境事务的具体行为准则。我国部分环境保护单行法见表 1-2。

表 1-2 我国部分环境保护单行法

序号	法规名称	发布/修订日期
1	《中华人民共和国水污染防治法》	2017 年 6 月 27 日，第十二届全国人民代表大会常务委员会第二十八次会议修正，自 2018 年 1 月 1 日起施行
2	《中华人民共和国大气污染防治法》	2018 年 10 月 26 日，第十三届全国人民代表大会常务委员会第六次会议《关于修改〈中华人民共和国野生动物保护法〉等十五部法律的决定》第二次修正
3	《中华人民共和国土壤污染防治法》	2018 年 8 月 31 日，十三届全国人大常委会第五次会议全票通过了《土壤污染防治法》，自 2019 年 1 月 1 日起施行
4	《中华人民共和国环境影响评价法》	2018 年 12 月 29 日，第十三届全国人民代表大会常务委员会第七次会议第二次修正
5	《中华人民共和国固体废物污染环境防治法》	2016 年 11 月 7 日，第十二届全国人大代表常务委员会第二十四次会议通过对《中华人民共和国固体废物污染环境防治法》的修订
6	《中华人民共和国环境噪声污染防治法》	2018 年 12 月 29 日，第十三届全国人民代表大会常务委员会第七次会议通过对《中华人民共和国环境噪声污染防治法》的修订
7	《中华人民共和国环境保护税法》	中华人民共和国第十二届全国人民代表大会常务委员会第二十五次会议于 2016 年 12 月 25 日通过，自 2018 年 1 月 1 日起施行

(4) 环境保护行政法规和政府部门规章

国家的环境管理通常表现为行政管理活动，并且通过制定法规的形式对环境管理机构的设置、职权、行政管理程序、行政管理制度以及行政处罚程序等作出规定。这些法规都属于环境管理行政法规，它们多数具有行政法规的性质。环境保护行政法规是由国务院制定并公布或经国务院批准有关主管部门公布的环境保护规范性文件。一类是根据法律授权制定的环境保护法的实施细则或条例，如：《中华人民共和国环境保护税法实施条例》(中华人民共和国国务院令第 693 号)等；另一类是针对环境保护的某个领域而制定的条例、规定或办法，如：2017 年 10 月国务院发布施行的《建设项目环境保护管理条例》等。

政府部门规章是指国务院环境保护行政主管部门单独发布或与国务院有关部门联合发布的环境保护规范性文件，以及政府其他有关行政主管部门依法制定的环境保护规范性文件。政府部门规章是以环境保护法律和行政法规为依据而制定的，或者是针对某些尚未有相应法律和行政法规调整的领域作出的相应规定。

(5) 环境保护地方性法规和地方性规章

地方法规是各省、自治区、直辖市根据中国法律或法规，结合本地区实际情况而制定并经地方人大审议通过的法规。国家已制定的法律法规，各地可以因地制宜地加以具体化；国家尚未制定的法律法规，各地可根据环境管理的实际需要，先制定地方法规予以调整。地方人大和政府结合本地区实际制定地方性环境法规和规章，既弥补了国家立法之不足，又可以通过局部的突破、实践、示范，推动环境法制度的整体创新。

地方环境法规和规章中既有综合性的立法，也有针对特定环境要素、污染物或环境管理事项的专门立法，还有各种地方性的环境质量补充标准和污染物排放标准等。例如：《北京市大气污染防治条例》《河北省固体废物污染环境防治条例》《河北省环境保护公众参与条例》等。此外，还有跨越数省的区域环境保护条例。

地方法规突出了环境管理的区域性特征，有利于因地制宜地加强环境管理，是中国环境保护法规体系的重要组成部分。实践证明，这些地方性环境保护法规的颁布实施，对保护和改善环境，起到了很好的作用。

(6) 生态环境标准

生态环境标准分为国家生态环境标准、地方生态环境标准。国家和地方生态环境质量标准、生态环境风险管控标准、污染物排放标准和法律法规规定强制执行的其他生态环境标准，以强制性标准的形式发布，具有法律规范的性质和特点，因此是环境保护法体系的重要组成部分。如：《地表水环境质量标准》(GB 3838—2002)、《环境空气质量标准》(GB 3095—2012)、《声环境质量标准》(GB 3096—2008)等。后面“生态环境标准”部分将作进一步详细介绍。

（7）国际公约

根据我国宪法有关规定，经全国人大常委会或国务院批准缔结参加的国际条约、公约和议定书与国内法具有同等法律效力。我国积极参加国际环境保护公约及立法活动，已加入了50余个有关国际环境保护的条约。其中由我国牵头的有《保护臭氧层维也纳公约》(1989年12月10日对中国生效)、《生物多样性公约》(1993年12月29日生效)、《关于持久性有机污染物的斯德哥尔摩公约》(2004年11月11日对中国生效)等。作为一个负责任的环境大国和发展中大国，我国积极参与全球环境领域国际合作，并取得长足进展。在多边环境合作过程中，我国坚持公平、公正、合理的原则，积极参与，加强对话，共谋发展。

【例1-11】（　）中关于环境保护的规定是制定环境保护法律法规的依据。

A.《刑法》　B.《宪法》　C.《中华人民共和国环境保护法》

D.《中华人民共和国环境影响评价法》

答：B

2. 环境法规的相互关系

《中华人民共和国宪法》是环境保护法律法规体系建立的依据和基础，法律层次不管是环境保护的综合法、单行法还是相关法，其对环境保护的要求、法律效力是一样的。如果法律规定中有不一致的地方，应遵循后法大于先法。环境保护法律法规体系框架图见图1-1。

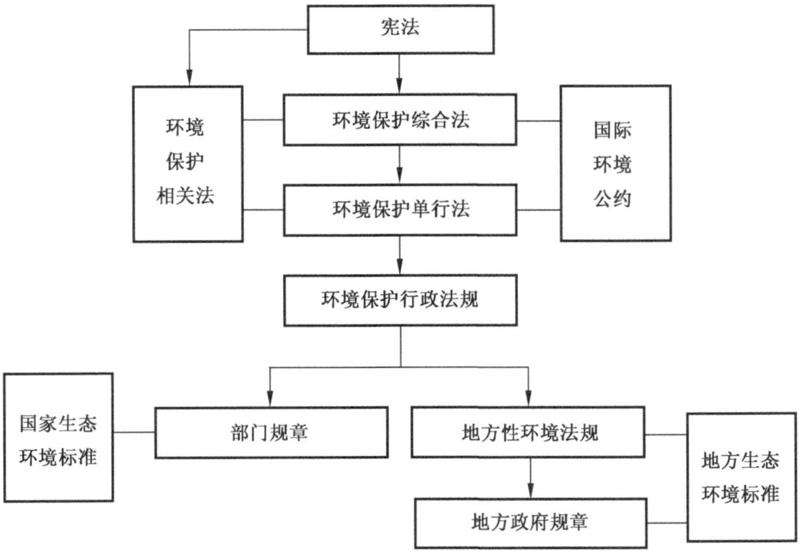

图1-1　环境保护法律法规体系框架图

国务院环境保护行政法规的法律地位仅次于法律。部门行政规章、地方环境法规和地方规章均不得违背法律和行政法规的规定。地方法规和地方政府规章只在制定法规、规章的辖区内有效。

二、生态环境标准

1. 生态环境标准的概念及作用

（1）生态环境标准的概念

生态环境标准，是指由国务院生态环境主管部门和省级人民政府依法制定的生态环境保护工作中需要统一的各项技术要求。

生态环境标准是国家环境政策在技术方面的具体体现，是行使环境技术管理和进行环境规划的主要依据，是推动环境科技进步的动力。由此可以看出，生态环境标准随环境问题的产生而出现，随科技进步和环境科学的发展而发展，体现在种类和数量上是越来越多。生态环境标准为社会生产力的发展创造良好的条件，又受社会生产力发展水平的制约。

（2）生态环境标准的作用

① 既是环境保护的工作目标，又是环境保护的手段。它是制定环境保护规划和计划的重要依据。

② 是判断环境质量和衡量环保工作优劣的准绳。评价一个地区环境质量的优劣、评价一个企业对环境的影响，只有与生态环境标准相比较才能有意义。

③ 是执法的依据。不论是环境问题的诉讼、排污费的收取、污染治理的目标等执法的依据都是生态环境标准。

④ 是组织现代化生产的重要手段和条件。通过实施生态环境标准可以制止任意排污，促使企业对污染进行治理和管理；采用先进的无污染、少污染工艺；更新设备；资源和能源的综合利用等。

⑤ 是环境保护科技进步的推动力。生态环境标准与其他标准一样，是以科学技术与实践的综合成果为依据制定的，具有科学性和先进性，代表了今后一段时期内科学技术的发展方向，使标准在某种程度上成为判断污染防治技术、生产工艺与设备是否先进可行的依据，成为筛选、评价环保科技成果的一个重要尺度，对技术进步起到导向作用。标准的实施还可以起到强制推广先进科技成果的作用，加速科技成果转化，使污染治理新技术、新工艺、新设备尽快得到推广应用。

2. 生态环境标准体系

生态环境标准体系是根据环境监督管理的需要，将各种不同的环境标准，依其性质、功能及相互间的内在联系，有机组织、合理构成的系统整体。生态环境标准体系内的各类标准，从其内在联系出发，相互支持、相互匹配，发挥体系整体的综合作用，作为环境监督管理的依据和有效手段，为控制污染、改善环境质量服务。生态环境标准体系依据国际或国家不同时期的社会经济状况和科学技术发展水平而不断修订、补充和发展。

根据《生态环境标准管理办法》(2021 年 2 月 1 日起施行)，生态环境标准分为国家生态环境标准和地方生态环境标准。

国家生态环境标准包括：国家生态环境质量标准、国家生态环境风险管控标准、国家污染物排放标准、国家生态环境监测标准、国家生态环境基础标准和国家生态环境管理技术规范。国家生态环境标准在全国范围或者标准指定区域范围执行。

地方生态环境标准包括：地方生态环境质量标准、地方生态环境风险管控标准、地方污染物排放标准和地方其他生态环境标准。地方生态环境标准在发布该标准的省、自治区、直辖市行政区域范围或者标准指定区域范围执行。有地方生态环境质量标准、地方生态环境风险管控标准和地方污染物排放标准的地区，应当依法优先执行地方标准。

国家和地方生态环境质量标准、生态环境风险管控标准、污染物排放标准和法律法规规定强制执行的其他生态环境标准，以强制性标准的形式发布。法律法规未规定强制执行的国家和地方生态环境标准，以推荐性标准的形式发布。

强制性生态环境标准必须执行。推荐性生态环境标准被强制性生态环境标准或者规章、行政规范性文件引用并赋予其强制执行效力的，被引用的内容必须执行，推荐性生态环境标准本身的法律效力不变。

(1) 国家生态环境标准

① 生态环境质量标准

为保护生态环境，保障公众健康，增进民生福祉，促进经济社会可持续发展，限制环境中有害物质和因素，制定生态环境质量标准。生态环境质量标准包括：大气环境质量标准、水环境质量标准、海洋环境质量标准、声环境质量标准、核与辐射安全基本标准。如：《地表水环境质量标准》(GB 3838—2002)、《环境空气质量标准》(GB 3095—2012)、《声环境质量标准》(GB 3096—2008)等。

生态环境质量标准应当包括下列内容：功能分类；控制项目及限值规定；监测要求；生态环境质量评价方法；标准实施与监督等。

实施大气、水、海洋、声环境质量标准，应当按照标准规定的生态环境功能类型划分功能区，明确适用的控制项目指标和控制要求，并采取措施达到生态环境质量标准的要求。实施核与辐射安全基本标准，应当确保核与辐射的公众暴露风险可控。

② 生态环境风险管控标准

为保护生态环境，保障公众健康，推进生态环境风险筛查与分类管理，维护生态环境安全，控制生态环境中的有害物质和因素，制定生态环境风险管控标准。生态环境风险管控标准包括：土壤污染风险管控标准以及法律法规规定的其他环境风险管控标准。如：《土壤环境质量　农用地土壤污染风险管控标准(试行)》(GB 15618—2018)。

生态环境风险管控标准应当包括下列内容：功能分类；控制项目及风险管控值规定；监测要求；风险管控值使用规则；标准实施与监督等。

生态环境风险管控标准是开展生态环境风险管理的技术依据。实施土壤污染风险管控标准，应当按照土地用途分类管理，管控风险，实现安全利用。

③ 污染物排放标准

为改善生态环境质量，控制排入环境中的污染物或者其他有害因素，根据生态环境质量标准和经济、技术条件，制定污染物排放标准。国家污染物排放标准是对全国范围内污染物排放控制的基本要求。地方污染物排放标准是地方为进一步改善生态环境质量和优化经济社会发展，对本行政区域提出的国家污染物排放标准补充规定或者更加严格的规定。

污染物排放标准包括：大气污染物排放标准、水污染物排放标准、固体废物污染控制标准、环境噪声排放控制标准和放射性污染防治标准等。如：《大气污染物综合排放标准》(GB 16297—1996)、《无机化学工业污染物排放标准》(GB 31573—2015)、《石油炼制工业污染物排放标准》(GB 31570—2015)、《工业企业厂界环境噪声排放标准》(GB 12348—2008)、《医疗机构水污染物排放标准》(GB 18466—2005)、《生活垃圾填埋场污染控制标准》(GB 16889—2008)等。

水和大气污染物排放标准，根据适用对象分为行业型、综合型、通用型、流域(海域)或者区域型污染物排放标准。行业型污染物排放标准适用于特定行业或者产品污染源的排放控制；综合型污染物排放标准适用于行业型污染物排放标准适用范围以外的其他行业污染源的排放控制；通用型污染物排放标准适用于跨行业通用生产工艺、设备、操作过程或者特定污染物、特定排放方式的排放控制；流域(海域)或者区域型污染物排放标准适用于特定流域(海域)或者区域范围内的污染源排放控制。

污染物排放标准应当包括下列内容：适用的排放控制对象、排放方式、排放去向等情形；排放控制项目、指标、限值和监测位置等要求，以及必要的技术和管理措施要求；适用的监测技术规范、监测分析方法、核算方法及其记录要求；达标判定要求；标准实施与监督等。

污染物排放标准按照下列顺序执行：

a. 地方污染物排放标准优先于国家污染物排放标准；地方污染物排放标准未规定的项目，应当执行国家污染物排放标准的相关规定。

b. 同属国家污染物排放标准的，行业型污染物排放标准优先于综合型和通用型污染物排放标准;行业型或者综合型污染物排放标准未规定的项目,应当执行通用型污染物排放标准的相关规定。

c. 同属地方污染物排放标准的,流域(海域)或者区域型污染物排放标准优先于行业型污染物排放标准,行业型污染物排放标准优先于综合型和通用型污染物排放标准。流域(海域)或者区域型污染物排放标准未规定的项目,应当执行行业型或者综合型污染物排放标准的相关规定;流域(海域)或者区域型、行业型或者综合型污染物排放标准均未规定的项目,应当执行通用型污染物排放标准的相关规定。

污染物排放标准规定的污染物排放方式、排放限值等是判定污染物排放是否超标的技术依据。排放污染物或者其他有害因素,应当符合污染物排放标准规定的各项控制要求。

④ 生态环境监测标准

为监测生态环境质量和污染物排放情况,开展达标评定和风险筛查与管控,规范布点采样、分析测试、监测仪器、卫星遥感影像质量、量值传递、质量控制、数据处理等监测技术要求,制定生态环境监测标准。生态环境监测标准包括:生态环境监测技术规范、生态环境监测分析方法标准、生态环境监测仪器及系统技术要求、生态环境标准样品等。如:《水质　亚胺类化合物的测定　气相色谱法》(HJ 809—2016)、《环境空气颗粒物($PM_{2.5}$)手工监测方法(重量法)技术规范》(HJ 656—2013)、《机场周围飞机噪声测量方法》(GB/T 9661—1988)、《气体标准样品——空气中甲烷》(GSB 07-1411-2001)、《汽油机动车怠速排气监测仪技术条件》(HJ/T 3—1993)等。

生态环境监测分析方法标准应当包括:试剂材料、仪器与设备、样品、测定操作步骤、结果表示等内容。

对地方生态环境质量标准、地方生态环境风险管控标准或者地方污染物排放标准中规定的控制项目,国务院生态环境主管部门尚未制定适用的国家生态环境监测分析方法标准的,可以在地方生态环境质量标准、地方生态环境风险管控标准或者地方污染物排放标准中规定相应的监测分析方法,或者采用地方生态环境监测分析方法标准。适用于该控制项目监测的国家生态环境监测分析方法标准实施后,地方生态环境监测分析方法不再执行。

⑤ 生态环境基础标准

为统一规范生态环境标准的制定技术工作和生态环境管理工作中具有通用指导意义的技术要求,制定生态环境基础标准,包括生态环境标准制定技术导则,生态环境通用术语、图形符号、编码和代号(代码)及其相应的编制规则等。如:《集中式饮用水水源编码规范》(HJ 747—2015)、《环境保护标准编制出版技术指南》(HJ 565—2015)等。

制定生态环境标准制定技术导则,应当明确标准的定位、基本原则、技术路线、技术方法和要求，以及对标准文本及编制说明等材料的内容和格式要求。

⑥ 生态环境管理技术规范

为规范各类生态环境保护管理工作的技术要求，制定生态环境管理技术规范，包括大气、水、海洋、土壤、固体废物、化学品、核与辐射安全、声与振动、自然生态、应对气候变化等领域的管理技术指南、导则、规程、规范等。生态环境管理技术规范为推荐性标准，在相关领域环境管理中实施。

(2) 地方生态环境标准

地方生态环境质量标准、地方生态环境风险管控标准和地方污染物排放标准可以对国家相应标准中未规定的项目作出补充规定，也可以对国家相应标准中已规定的项目作出更加严格的规定。对本行政区域内没有国家污染物排放标准的特色产业、特有污染物，或者国家有明确要求的特定污染源或者污染物，应当补充制定地方污染物排放标准。如：《辽宁省污水综合排放标准》(DB 21/1627—2008)、《河北省农村生活污水排放标准》(DB 13/2171—2020)等。

有下列情形之一的，应当制定比国家污染物排放标准更严格的地方污染物排放标准：①产业密集、环境问题突出的；②现有污染物排放标准不能满足行政区域内环境质量要求的；③行政区域环境形势复杂，无法适用统一的污染物排放标准的。

地方生态环境质量标准、地方生态环境风险管控标准和地方污染物排放标准发布后，省级人民政府或者其委托的省级生态环境主管部门应当依法报国务院生态环境主管部门备案。标准编制说明应当设立专章，说明与该标准适用范围相同或者交叉的国家生态环境标准中控制要求的对比分析情况。

新发布实施的国家生态环境质量标准、生态环境风险管控标准或者污染物排放标准规定的控制要求严于现行的地方生态环境质量标准、生态环境风险管控标准或者污染物排放标准的，地方生态环境质量标准、生态环境风险管控标准或者污染物排放标准，应当依法修订或者废止。

【例 1-12】 (不定项选择)关于国家生态环境标准与地方生态环境标准关系的说法，正确的有(　)。

A. 对于国家生态环境质量标准未规定的项目，可以制定地方生态环境质量标准

B. 对于国家生态环境质量标准未规定的项目，不得制定地方生态环境质量标准

C. 对于国家污染物排放标准未规定的项目，可以制定地方生态环境质量标准

D. 对于国家污染物排放标准未规定的项目，不得制定地方生态环境质量标准

答：A、C

【例 1-13】 执行国家综合性污染物排放标准和行业性污染物排放标准应遵循的原则是(　)。

A. 优先执行行业性污染物排放标准

B. 优先执行综合性污染物排放标准

C. 执行两者中排放控制要求较严格的

D. 按标准实施时间先后顺序取后者执行

答：A

3. 常用生态环境标准

(1) 环境空气质量标准(GB 3095—2012)

环境空气功能区分为两类，一类区适用一级浓度限值，二类区适用二级浓度限值。一类区为自然保护区、风景名胜区和其他需特殊保护的区域；二类区为居住区、商业交通居民混合区、文化区、工业区和农村地区。具体浓度限值见表 1-3。

表 1-3　环境空气污染物浓度限值

序号	污染物类别	污染物名称	取值时间 一级标准	浓度限值 二级标准		单位
1	基本污染物	二氧化硫(SO_2)	年平均	20	60	μg/m³
			24 h 平均	50	150	
			1 h 平均	150	500	
2		二氧化氮(NO_2)	年平均	40	40	
			24 h 平均	80	80	
			1 h 平均	200	200	
3		一氧化碳(CO)	24 h 平均	4	4	mg/m³
			1 h 平均	10	10	
4		臭氧(O_3)	日最大 8 h 平均	100	160	μg/m³
			1 h 平均	160	200	
5		颗粒物(粒径≤10 μm)	年平均	40	70	
			24 h 平均	50	150	
6		颗粒物(粒径≤2.5 μm)	年平均	15	35	
			24 h 平均	35	75	
7	其他污染物	总悬浮颗粒物(TSP)	年平均	80	200	μg/m³
			24 h 平均	120	300	
8		氮氧化物(NO_x)	年平均	50	50	
			24 h 平均	100	100	

续表 1-3

序号	污染物类别	污染物名称	取值时间 一级标准	浓度限值 二级标准		单位
8	其他污染物	氮氧化物(NO_x)	1 h平均	250	250	μg/m³
9		铅(Pb)	年平均	0.5	0.5	
			季平均	1	1	
10		苯并[*a*]芘(BaP)	年平均	0.001	0.001	
			24 h平均	0.002 5	0.002 5	

(2) 地表水环境质量标准(GB 3838—2002)

依据地表水水域环境功能和保护目标,按功能高低依次划分为五类:

Ⅰ类:主要适用于源头水、国家自然保护区;

Ⅱ类:主要适用于集中式生活饮用水地表水源地一级保护区、珍稀水生生物栖息地、鱼虾类产卵场、仔稚幼鱼的索饵场等;

Ⅲ类:主要适用于集中式生活饮用水地表水源地二级保护区、鱼虾类越冬场、洄游通道、水产养殖区等渔业水域及游泳区;

Ⅳ类:主要适用于一般工业用水区及人体非直接接触的娱乐用水区;

Ⅴ类:主要适用于农业用水区及一般景观要求水域。

对应地表水上述五类水域功能,将地表水环境质量标准基本项目标准值分为五类,不同功能类别分别执行相应类别的标准值。水域功能类别高的标准值严于水域功能类别低的标准值。同一水域兼有多类使用功能的,执行最高功能类别对应的标准值。

地表水环境质量标准基本项目标准限值具体见表 1-4。

表 1-4　地表水环境质量标准基本项目标准限值　　单位:mg/L

序号	项目		Ⅰ类	Ⅱ类	Ⅲ类	Ⅳ类	Ⅴ类
1	水温/℃		人为造成的环境水温变化应限制在:周平均最大温升≤1; 周平均最大温降≤2				
2	pH(无量纲)		6～9				
3	溶解氧	≥	饱和率 90% (或 7.5)	6	5	3	2
4	高锰酸盐指数	≤	2	4	6	10	15
5	化学需氧量(COD)	≤	15	15	20	30	40

续表 1-4 单位:mg/L

序号	项目		Ⅰ类	Ⅱ类	Ⅲ类	Ⅳ类	Ⅴ类
6	五日生化需氧量(BOD_5)	≤	3	3	4	6	10
7	氨氮(NH_3-N)	≤	0.15	0.5	1.0	1.5	2.0
8	总磷(以P计)	≤	0.02(湖、库0.01)	0.1(湖、库0.025)	0.2(湖、库0.05)	0.3(湖、库0.1)	0.4(湖、库0.2)
9	总氮(湖、库,以N计)	≤	0.2	0.5	1.0	1.5	2.0
10	铜	≤	0.01	1.0	1.0	1.0	1.0
11	锌	≤	0.05	1.0	1.0	2.0	2.0
12	氟化物(以F^-计)	≤	1.0	1.0	1.0	1.5	1.5
13	硒	≤	0.01	0.01	0.01	0.02	0.02
14	砷	≤	0.05	0.05	0.05	0.1	0.1
15	汞	≤	0.000 05	0.000 05	0.000 1	0.001	0.001
16	镉	≤	0.001	0.005	0.005	0.005	0.01
17	铬(六价)	≤	0.01	0.05	0.05	0.05	0.1
18	铅	≤	0.01	0.01	0.05	0.05	0.1
19	氰化物	≤	0.005	0.05	0.2	0.2	0.2
20	挥发酚	≤	0.002	0.002	0.005	0.01	0.1
21	石油类	≤	0.05	0.05	0.05	0.5	1.0
22	阴离子表面活性剂	≤	0.2	0.2	0.2	0.3	0.3
23	硫化物	≤	0.05	0.1	0.2	0.5	1.0
24	粪大肠菌群/(个/L)	≤	200	2 000	10 000	20 000	40 000

(3) 地下水质量标准(GB/T 14848—2017)

依据我国地下水质量状况和人体健康风险,参照生活饮用水、工业、农业等用水质量要求,依据各组分含量高低(pH除外)分为五类。

Ⅰ类:地下水化学组分含量低,适用于各种用途。

Ⅱ类:地下水化学组分含量较低,适用于各种用途。

Ⅲ类:地下水化学组分含量中等,以《生活饮用水卫生标准》(GB 5749—2006)为依据,主要适用于集中式生活饮用水水源及工农业用水。

Ⅳ类:地下水化学组分含量较高,以农业和工业用水质量要求以及一定水平的人体健康风险为依据,适用于农业和部分工业用水,适当处理后可作生活饮用水。

Ⅴ类：地下水化学组分含量高，不宜作为生活饮用水水源，其他用水可根据使用目的选用。

部分地下水质量常规指标及限值见表1-5。

表1-5　部分地下水质量常规指标及限值

序号	指标	Ⅰ类	Ⅱ类	Ⅲ类	Ⅳ类	Ⅴ类
1	色（铂钴色度单位）	≤5	≤5	≤15	≤25	>25
2	嗅和味	无	无	无	无	有
3	浑浊度/NTU	≤3	≤3	≤3	≤10	>10
4	肉眼可见物	无	无	无	无	有
5	pH	6.5≤pH≤8.5			5.5≤pH<6.5 8.5<pH≤9.0	pH<5.5或 pH>9.0
6	总硬度（以 $CaCO_3$ 计）/(mg/L)	≤150	≤300	≤450	≤650	>650
7	溶解性总固体/(mg/L)	≤300	≤500	≤1 000	≤2 000	>2 000
8	硫酸盐/(mg/L)	≤50	≤150	≤250	≤350	>350
9	氯化物/(mg/L)	≤50	≤150	≤250	≤350	>350
10	耗氧量（COD_{Mn} 法，以 O_2 计）/(mg/L)	≤1.0	≤2.0	≤3.0	≤10.0	>10.0
11	硝酸盐（以N计）/(mg/L)	≤2.0	≤5.0	≤20.0	≤30.0	>30.0
12	亚硝酸盐（以N计）/(mg/L)	≤0.01	≤0.10	≤1.00	≤4.80	>4.80
13	氨氮（以N计）/(mg/L)	≤0.02	≤0.10	≤0.50	≤1.50	>1.50
14	铬（六价）/(mg/L)	≤0.005	≤0.01	≤0.05	≤0.10	>0.10

（4）海水水质标准（GB 3097—1997）

按照海域的不同使用功能和保护目标，海水水质分为四类：

第一类：适用于海洋渔业水域，海上自然保护区和珍稀濒危海洋生物保护区。

第二类：适用于水产养殖区，海水浴场，人体直接接触海水的海上运动或娱乐区，以及与人类食用直接有关的工业用水区。

第三类：适用于一般工业用水区，滨海风景旅游区。

第四类：适用于海洋港口水域，海洋开发作业区。

（5）声环境质量标准（GB 3096—2008）

按区域的使用功能特点和环境质量要求，声环境功能区分为以下五种类型：

0 类声环境功能区：指康复疗养区等特别需要安静的区域。

1 类声环境功能区：指以居民住宅、医疗卫生、文化体育、科研设计、行政办公为主要功能，需要保持安静的区域。

2 类声环境功能区：指以商业金融、集市贸易为主要功能，或者居住、商业、工业混杂，需要维护住宅安静的区域。

3 类声环境功能区：指以工业生产、仓储物流为主要功能，需要防止工业噪声对周围环境产生严重影响的区域。

4 类声环境功能区：指交通干线两侧一定区域之内，需要防止交通噪声对周围环境产生严重影响的区域，包括 4 a 类和 4 b 类两种类型。4 a 类为高速公路、一级公路、二级公路、城市快速路、城市主干路、城市次干路、城市轨道交通（地面段）、内河航道两侧区域；4 b 类为铁路干线两侧区域。

声环境质量标准中的环境噪声限值见表 1-6。

表 1-6　环境噪声限值　　单位：dB(A)

声环境功能区类别		时段	
		昼间	夜间
0 类		50	40
1 类		55	45
2 类		60	50
3 类		65	55
4 类	4 a 类	70	55
	4 b 类	70	60

注：表中 4 b 类声环境功能区类别环境噪声限值，适用于 2011 年 1 月 1 日起环境影响评价文件通过审批的新建铁路（含新开廊道的增建铁路）干线建设项目两侧区域。

（6）城镇污水处理厂污染物排放标准（GB 18918—2002）

根据城镇污水处理厂排入地表水域环境功能和保护目标，以及污水处理厂的处理工艺，将基本控制项目的常规污染物标准值分为一级标准、二级标准、三级标准。一级标准分为 A 标准和 B 标准。一类重金属污染物和选择控制项目不分级。

一级标准的 A 标准是城镇污水处理厂出水作为回用水的基本要求。当污水处理厂出水引入稀释能力较小的河湖作为城镇景观用水和一般回用水等用途时，执行一级标准的 A 标准。城镇污水处理厂出水排入 GB 3838 地表水Ⅲ类功能水域（划定的饮用水水源保护区和游泳区除外）、GB 3097 海水二类功能水域和湖、库等封闭或半封闭水域时，执行一级标准的 B

标准。

城镇污水处理厂出水排入 GB 3838 地表水Ⅳ、Ⅴ类功能水域或 GB 3097 海水三、四类功能海域，执行二级标准。非重点控制流域和非水源保护区的建制镇的污水处理厂，根据当地经济条件和水污染控制要求，采用一级强化处理工艺时，执行三级标准。但必须预留二级处理设施的位置，分期达到二级标准。

城镇污水处理厂污染物排放标准中的基本控制项目最高允许排放浓度见表 1-7。

表 1-7　基本控制项目最高允许排放浓度(日均值)　　单位:mg/L

序号	基本控制项目		一级标准		二级标准	三级标准
			A 标准	B 标准		
1	化学需氧量(COD)		50	60	100	120①
2	生化需氧量(BOD_5)		10	20	30	60①
3	悬浮物(SS)		10	20	30	50
4	动植物油		1	3	5	20
5	石油类		1	3	5	15
6	阴离子表面活性剂		0.5	1	2	5
7	总氮(以 N 计)		15	20	—	—
8	氨氮(以 N 计)②		5(8)	8(15)	25(30)	—
9	总磷(以 P 计)	2005 年 12 月 31 日前建设的	1	1.5	3	5
		2006 年 1 月 1 日起建设的	0.5	1	3	5
10	色度(稀释倍数)		30	30	40	50
11	pH		6～9			
12	粪大肠菌群数/(个/L)		10^3	10^4	10^4	—

注：① 下列情况下按去除率指标执行：当进水 COD 大于 350 mg/L 时，去除率应大于 60%；BOD 大于 160 mg/L 时，去除率应大于 50%。

② 括号外数值为水温>12 ℃时的控制指标，括号内数值为水温≤12 ℃时的控制指标。

【例 1-14】 下列水体中，不适用《地表水环境质量标准》的是(　)。

A. 运河　B. 渠道　C. 鱼塘　D. 水库

答:C

【例 1-15】 (不定项选择)《环境空气质量标准》中 Pb 的浓度限值包括(　)。

A. 24 小时平均质量浓度　　B. 日平均质量浓度

C. 季平均质量浓度　　D. 年平均质量浓度

答:C、D

三、相关技术导则与规范

1. 环境影响评价技术导则

为了贯彻《中华人民共和国环境保护法》《中华人民共和国环境影响评价法》和《建设项目环境保护管理条例》,保护环境、指导建设项目环境影响评价工作,原环境保护部于2016年修订并于2017年1月1日开始正式实施的《建设项目环境影响评价技术导则　总纲》(HJ 2.1—2016),对建设项目环境影响评价的一般性原则、内容、工作程序、方法及要求进行了统一的规定。环境影响评价技术导则体系是由总纲、专项环境影响评价技术导则和行业建设项目环境影响评价技术导则构成的,总纲对后两项导则有指导作用,后两项导则的制定要遵循总纲总体要求。

专项环境影响评价技术导则包括环境要素和专题两种形式,如:《环境影响评价技术导则　大气环境》(HJ 2.2—2018)、《环境影响评价技术导则　地表水环境》(HJ 2.3—2018)、《环境影响评价技术导则　地下水环境》(HJ 610—2016)、《环境影响评价技术导则　土壤环境(试行)》(HJ 964—2018)、《环境影响评价技术导则　声环境》(HJ 2.4—2021)、《环境影响评价技术导则　生态影响》(HJ 19—2022)等为环境要素的环境影响评价技术导则;《建设项目环境风险评价技术导则》(HJ 169—2018)、《规划环境影响评价技术导则　总纲》(HJ 130—2019)等为专题的环境影响评价技术导则。

《环境影响评价技术导则　输变电工程》(HJ 24—2014)、《环境影响评价技术导则　水利水电工程》(HJ/T 88—2003)、《环境影响评价技术导则　民用机场建设工程》(HJ/T 87—2002)、《环境影响评价技术导则　石油化工建设项目》(HJ/T 89—2003)、《环境影响评价技术导则　钢铁建设项目》(HJ 708—2014)、《环境影响评价技术导则　农药建设项目》(HJ 582—2010)等为行业建设项目环境影响评价技术导则。

2. 环境影响评价技术规范

我国已经颁布的环境影响评价技术规范主要有:《环境质量报告书编写技术规范》(HJ 641—2012)、《生态环境状况评价技术规范》(HJ 192—2015)、《环境空气质量评价技术规范(试行)》(HJ 663—2013)、《水华遥感与地面监测评价技术规范(试行)》(HJ 1098—2020)等。

模块三　环境影响评价程序

一、环境影响评价程序的基本概念

环境影响评价程序是指按一定的顺序或步骤指导完成环境影响评价工作的过程。其程序可分为管理程序和工作程序,经常用流程图来表示。前者主要用于指导环境影响评价的监督与管理,后者用于指导环境影响评价的工作内容和进程。

二、环境影响评价的管理程序

拟建项目单位从环境影响评价申报(咨询)到环境影响报告书(表)审查通过或环境影响登记表进行备案的全过程,每一步都必须按照法定的程序要求执行。我国环境影响评价的管理程序见图 1-2。

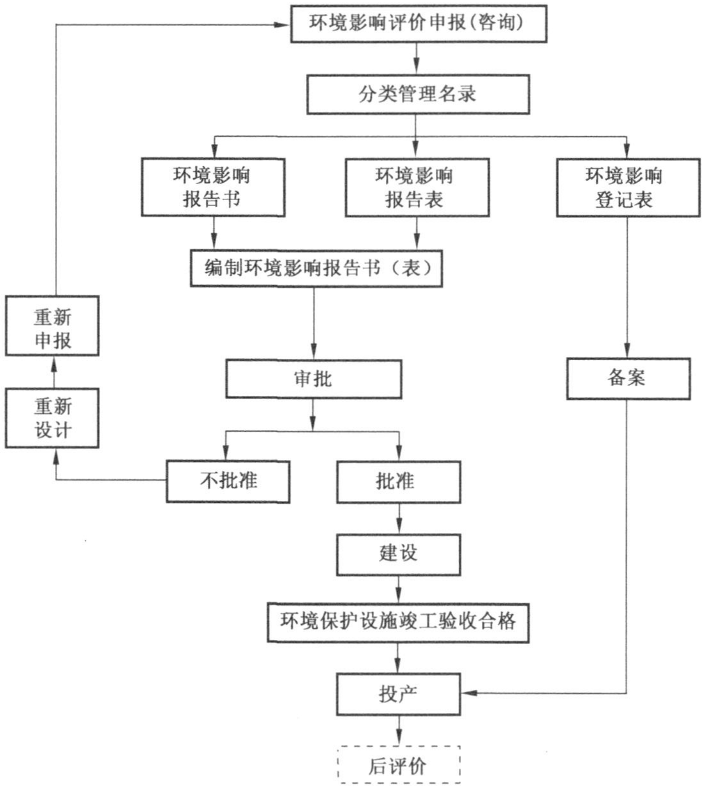

图 1-2　建设项目环境影响评价管理程序

环境影响评价的管理依据《建设项目环境保护管理条例》(2017 年 10 月 1 日起施行)进行。相关内容如下:

1. 环境影响报告书(表)的审批

应当编制环境影响报告书(表)的建设项目建设单位可以采取公开招标的方式,选择从事环境影响评价工作的单位,对建设项目进行环境影响评价,编制环境影响评价报告书(表)。

建设单位应当在建设项目开工建设前,将环境影响评价报告书(表)报有审批权的环境保护行政三管部门审批。审批部门应当自收到环境影响报告书之日起 60 日内、收到环境影响报告表之日起 30 日内,分别作出审批决定并书面通知建设单位。

2. 环境影响登记表的备案

应当填报环境影响登记表(见表 1-8)的建设项目,建设单位应当按照国务院环境保护行政主管部门的规定将环境影响登记表报建设项目所在地的县级环境保护行政主管部门备案。

表 1-8　建设项目环境影响登记表　　　填报日期:

<table>
<tr><td>项目名称</td><td colspan="3"></td></tr>
<tr><td>建设地点</td><td></td><td>占地(建筑、营业)面积(m^2)</td><td></td></tr>
<tr><td>建设单位</td><td></td><td>法定代表人或者主要负责人</td><td></td></tr>
<tr><td>联系人</td><td></td><td>联系电话</td><td></td></tr>
<tr><td>项目投资(万元)</td><td></td><td>环保投资(万元)</td><td></td></tr>
<tr><td>拟投入生产运营日期</td><td colspan="3"></td></tr>
<tr><td>项目性质</td><td colspan="3">□新建　□改建　□扩建</td></tr>
<tr><td>备案依据</td><td colspan="3">该项目属于《建设项目环境影响评价分类管理名录》中应当填报环境影响登记表的建设项目,属于第××类××项中××。</td></tr>
<tr><td>建设内容及规模</td><td colspan="3">□工业生产类项目□生态影响类项目□餐饮类项目□畜禽养殖类项目□核工业类项目(核设施的非放射性和非安全重要建设项目)□核技术利用类项目□电磁辐射类项目</td></tr>
<tr><td>主要环境影响</td><td>□废气
□废水
□生活污水
□生产废水
□固废
□噪声
□生态影响
□辐射环境影响</td><td>采取的环保措施及排放去向</td><td>□无环保措施:
____直接通过____排放至____。
□有环保措施:
□____采取____措施后通过____排放至____。
□其他措施:____。</td></tr>
<tr><td colspan="4">承诺:××(建设单位名称及法定代表人或者主要负责人姓名)承诺所填写各项内容真实、准确、完整,建设项目符合《建设项目环境影响登记表备案管理办法》的规定。如存在弄虚作假、隐瞒欺骗等情况及由此导致的一切后果由××(建设单位名称及法定代表人或者主要负责人姓名)承担全部责任。
法定代表人或者主要负责人签字:</td></tr>
<tr><td colspan="4">备案回执
该项目环境影响登记表已经完成备案,备案号:××××××。</td></tr>
</table>

3. 环境影响报告书(表)不予批准的情形

建设项目有下列情形之一的,环境保护行政主管部门应当对环境影响报告书(表)作出不予批准的决定:

(1) 建设项目类型及其选址、布局、规模等不符合环境保护法律法规和相关法定规划;

(2) 所在区域环境质量未达到国家或者地方环境质量标准,且建设项目拟采取的措施不能满足区域环境质量改善目标管理要求;

(3) 建设项目采取的污染防治措施无法确保污染物排放达到国家和地方排放标准,或者未采取必要措施预防和控制生态破坏;

(4) 改建、扩建和技术改造项目,未针对项目原有环境污染和生态破坏提出有效防治措施;

(5) 建设项目环境影响报告书(表)的基础资料数据明显不实,内容存在重大缺陷、遗漏,或者环境影响评价结论不明确、不合理。

4. 环境影响报告书(表)重新报批

建设项目环境影响报告书(表)经批准后,建设项目的性质、规模、地点、采用的生产工艺或者防治污染、防止生态破坏的措施发生重大变动的,建设单位应当重新报批建设项目环境影响报告书(表)。

5. 环境影响报告书(表)重新审核

建设项目环境影响报告书(表)自批准之日起满 5 年,建设项目方开工建设的,其环境影响报告书(表)应当报原审批部门重新审核。原审批部门应当自收到建设项目环境影响报告书(表)之日起 10 日内,将审核意见书面通知建设单位;逾期未通知的,视为审核同意。

6. 环境保护设施建设

建设项目需要配套建设的环境保护设施,必须与主体工程同时设计、同时施工、同时投产使用,简称"三同时"制度。

7. 环境保护设施工程验收

编制环境影响报告书(表)的建设项目竣工后,建设单位应当按照国务院环境保护行政主管部门规定的标准和程序,对配套建设的环境保护设施进行验收,编制验收报告。

建设单位在环境保护设施验收过程中,应当如实查验、监测、记载建设项目环境保护设施的建设和调试情况,不得弄虚作假,除按照国家规定需要保密的情形外,建设单位应当依法向社会公开验收报告。

编制环境影响报告书(表)的建设项目,其配套建设的环境保护设施经验收合格,方可投入生产或者使用；未经验收或者验收不合格的，不得投入生产或者使用。

8. 环境影响后评价

建设项目投入生产或者使用后，应按照国务院环境保护主管部门发布的《建设项目环境影响后评价管理办法(试行)》(2016 年 1 月 1 日起施行)的规定开展环境影响后评价。

下列建设项目在运行过程中产生不符合已审批的环境影响报告书情形的，应当开展环境影响后评价：水利、水电、采掘、港口、铁路行业中实际环境影响程度和范围较大，且主要环境影响在项目建成运行一定时期后逐步显现的建设项目，以及其他行业中穿越重要生态环境敏感区的建设项目；冶金、石化和化工行业中有重大环境风险，建设地点敏感，且持续排放重金属或者持久性有机污染物的建设项目；审批环境影响报告书的环境保护主管部门认为应当开展环境影响后评价的其他建设项目。

建设单位或者生产经营单位负责组织开展环境影响后评价工作，编制环境影响后评价文件，并对环境影响后评价结论负责。建设单位或者生产经营单位可以委托环境影响评价机构、工程设计单位、大专院校和相关评估机构等编制环境影响后评价文件。编制该建设项目环境影响报告书的单位，原则上不得承担该建设项目环境影响后评价文件的编制工作。

建设单位或者生产经营单位应当将环境影响后评价文件报原审批环境影响报告书的环境保护主管部门备案，并接受环境保护主管部门的监督检查。

【例 1-16】 依据《环境影响评价法》，建设项目环境影响报告书应当由(　)报批。

A. 专家评审组　B. 地方人民政府　C. 建设单位　D. 评价单位

答：C

【例 1-17】 依据《环境影响评价法》，应当将建设项目的环境影响评价文件报原审批部门重新审核的情形是(　)。

A. 建设项目采用的生产工艺发生重大变动

B. 建设项目的规模发生重大变动

C. 环境影响评价文件自审批之日起超过五年方决定开工建设

D. 环境影响评价文件自审批之日起超过三年方决定开工建设

答：C

三、环境影响评价的工作程序

建设项目环境影响评价是一项复杂的、程序化的系统性工作；其工作程序可依据《建设项目环境影响评价技术导则　总纲》(HJ 2.1—2016)执行。

分析判定建设项目选址选线、规模、性质和工艺路线等与国家和地方有关环境保护法律法规、标准、政策、规范、相关规划、规划环境影响评价结论及审查意见的符合性,并与生态保护红线、环境质量底线、资源利用上线和环境准入负面清单进行对照,作为开展环境影响评价工作的前提和基础。

环境影响评价工作一般分为三个阶段:调查分析和工作方案制订阶段,分析论证和预测评价阶段,环境影响报告书(表)编制阶段。具体流程见图 1-3。

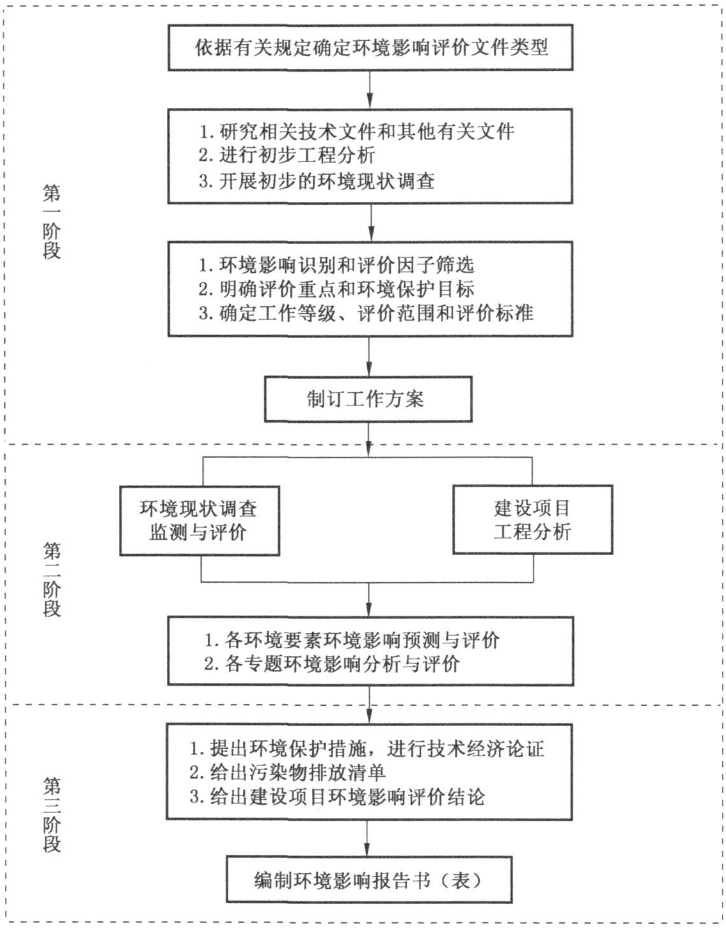

图 1-3　建设项目环境影响评价工作程序图

调查分析和工作方案制订阶段:主要工作为研究有关文件,进行初步的工程分析和环境现状调查,筛选重点评价项目,确定各单项环境影响评价的工作等级,制订工作方案。

分析论证和预测评价阶段:主要工作为详细的工程分析和环境现状调查,并进行环境影响预测和环境影响评价。

环境影响评价文件编制阶段:其主要工作为汇总、分析第二阶段工作所得到的各种资料、数据,给出结论,完成环境影响评价文件的编制。

1. 环境影响识别与评价因子筛选

(1) 环境影响因素识别

列出建设项目的直接和间接行为，结合建设项目所在区域发展规划、环境保护规划、环境功能区划、生态功能区划及环境现状，分析可能受上述行为影响的环境影响因素。

应明确建设项目在建设阶段、生产运行、服务期满后(可根据项目情况选择)等不同阶段的各种行为与可能受影响的环境要素间的作用效应关系、影响性质、影响范围、影响程度等，分析建设项目对各环境要素可能产生的污染影响与生态影响，包括有利与不利影响、长期与短期影响、可逆与不可逆影响、直接与间接影响、累积与非累积影响等。

环境影响因素识别可采用矩阵法、网络法、地理信息系统支持下的叠加图法等。

(2) 评价因子筛选

根据建设项目的特点、环境影响的主要特征，结合区域环境功能要求、环境保护目标、评价标准和环境制约因素，筛选确定评价因子。

2. 环境影响评价等级的划分及评价范围的确定

评价等级是对环境影响评价工作深度的划分。各环境要素、各专题评价等级划分为三级。一级评价要求全面、详细、深入，一般采用定量化计算来完成；二级评价次之，只要求对单项环境要素的重点环境影响进行评价，一般采用定量化计算和定性的描述来完成；三级评价较简略，可通过定性的描述来完成。具体由环境要素或专题环境影响评价技术导则规定。工作等级的划分依据如下：

(1) 建设项目的特点(项目性质、规模，能源与资源的使用，主要污染物种类、源强、排放方式等)；

(2) 所在地区的环境特征(自然环境、生态环境和社会环境状况，环境敏感程度等)；

(3) 有关法律法规、规划，环境功能区划与标准(环境质量标准、污染物排放标准等)。

对于某一具体建设项目，评价等级可根据实际情况作适当调整，但调整的幅度不超过一级，并说明调整的具体理由。

环境影响评价范围指建设项目整体实施后可能对环境造成的影响范围，具体根据环境要素和专题环境影响评价技术导则的要求确定。环境影响评价技术导则中未明确具体评价范围的，根据建设项目可能影响范围确定。

3. 环境保护目标及环境影响评价标准的确定

依据环境影响因素识别结果，附图并列表说明评价范围内各环境要素涉及的环境敏感区、需要特殊保护对象的名称、功能、与建设项目的位置关系以及环境保护要求等。

根据环境影响评价范围内各环境要素的环境功能区划确定各评价因子适用的环境质量标准及相应的污染物排放标准。尚未划定环境功能区的区域，由地方人民政府环境保护主管部门确认各环境要素应执行的环境质量标准和相应的污染物排放标准。

4. 建设项目工程分析

建设项目工程分析包括建设项目概况、影响因素分析、污染源源强核算。建设项目概况概要说明建设项目的基本情况、项目组成、主要工艺路线、工程布置及原有工程的关系；影响因素分析包括污染影响因素分析和生态影响因素分析；污染源源强核算是选用可行的方法确定建设项目单位时间内污染物的产生量或排放量。

5. 环境现状调查与评价

根据环境影响因素识别结果，开展相应的现状调查与评价。

（1）自然环境现状调查与评价

自然环境现状调查与评价包括地形地貌、气候与气象、地质、水文、大气、地表水、地下水、声、生态、土壤、海洋、放射性及辐射（如必要）等调查内容。根据环境要素和专题设置情况选择相应内容进行详细调查。

（2）环境保护目标调查

调查评价范围内的环境功能区划和主要的环境敏感区，详细了解环境保护目标的地理位置、服务功能、四至范围、保护对象和保护要求等。

（3）环境质量现状调查与评价

① 根据建设项目特点、可能产生的环境影响和当地环境特征选择环境要素进行调查与评价。

② 评价区域环境质量现状。说明环境质量的变化趋势，分析区域存在的环境问题及产生的原因。

（4）区域污染源调查

选择建设项目常规污染因子和特征污染因子、影响评价区环境质量的主要污染因子和特殊污染因子作为主要调查对象，注意不同污染源的分类调查。

6. 环境影响预测与评价

重点预测建设项目生产运行阶段正常工况和非正常工况等情况的环境影响。当建设阶段的大气、地表水、地下水、噪声、振动、生态以及土壤等影响程度较重、影响时间较长时，应进行建设阶段的环境影响预测和评价。可根据工程特点、规模、环境敏感程度、影响特征等选择开展建设项目服务期满后的环境影响预测和评价。当建设项目排放污染物对环境存在累积影响时，应明确累积影响的影响源，分析项目实施可能发生累积影响的条件、方式和途径，预测项目实施在时间和空间上的累积环境影响。

对以生态影响为主的建设项目，应预测生态系统组成和服务功能的变化趋势，重点分析项目建设和生产运行对环境保护目标的影响。对存在环境风险的建设项目，应分析环境风险源项，计算环境风险后果，开展环境风险评价。对存在较大潜在人群健康风险的建设项目，应分析人群主要暴露途径。

7. 环境保护措施及其可行性论证

明确提出建设项目建设阶段、生产运行阶段和服务期满后（可根据项目情况选择）拟采取的具体污染防治、生态保护、环境风险防范等环境保护措施；分析论证拟采取措施的技术可行性、经济合理性、长期稳定运行和达标排放的可靠性、满足环境质量改善和排污许可要求的可行性、生态保护和恢复效果的可达性。

给出各项污染防治、生态保护等环境保护措施和环境风险防范措施的具体内容、责任主体、实施时段，估算环境保护投入，明确资金来源。环境保护投入应包括为预防和减缓建设项目不利环境影响而采取的各项环境保护措施和设施的建设费用、运行维护费用，直接为建设项目服务的环境管理与监测费用以及相关科研费用。

8. 环境影响评价结论

对建设项目的建设概况、环境质量现状、污染物排放情况、主要环境影响、公众意见采纳情况、环境保护措施、环境影响经济损益分析、环境管理与监测计划等内容进行概括总结，结合环境质量目标要求，明确给出建设项目的环境影响可行性结论。

对存在重大环境制约因素、环境影响不可接受或环境风险不可控、环境保护措施经济技术不满足长期稳定达标及生态保护要求、区域环境问题突出且整治计划不落实或不能满足环境质量改善目标的建设项目，应提出环境影响不可行的结论。

9. 环境影响报告书（表）的编制

（1）环境影响报告书的编制

① 一般包括概述、总则、建设项目工程分析、环境现状调查与评价、环境影响预测与评价、环境保护措施及其可行性论证、环境影响经济损益分析、环境管理与监测计划、环境影响评价结论和附录附件等内容。

概述可简要说明建设项目的特点、环境影响评价的工作过程、分析判定相关情况、关注的主要环境问题及环境影响、环境影响评价的主要结论等。总则应包括编制依据、评价因子与评价标准、评价工作等级和评价范围、相关规划及环境功能区划、主要环境保护目标等。附录和附件应包括项目依据文件、相关技术资料、引用文献等。

② 应概括地反映环境影响评价的全部工作成果，突出重点。工程分析应体现工程特点，环境现状调查应反映环境特征，主要环境问题应阐述清楚，影响预测方法应科学，预测结果应可信，环境保护措施应可行、有效，评价结论应明确。

③ 文字应简洁、准确，文本应规范，计量单位应标准化，数据应真实、可信，资料应翔实，应强化先进信息技术的应用，图表信息应满足环境质量现状评价和环境影响预测评价的要求。

（2）环境影响报告表的编制

环境影响报告表应采用规定格式。可根据工程特点、环境特征，有针对性地突出环境要素或设置专题开展评价。环境影响报告书（表）内容涉及国家秘密的，按国家涉密管理有关规定处理。

根据建设项目环境影响特点，将报告表分为污染影响类和生态影响类：

① 污染影响类建设项目环境影响评价报告表的内容包括：建设项目基本情况，建设项目工程分析，区域环境质量现状、环境保护目标及评价标准，主要环境影响和保护措施，环境保护措施监督检查清单，结论以及附表等，如表 1-9 所示。

② 生态影响类建设项目环境影响评价报告表的内容包括：建设项目基本情况，建设内容，生态环境现状、保护目标及评价标准，生态环境影响分析，主要生态环境保护措施，生态环境保护措施监督检查清单，结论以及附表等。

表 1-9 建设项目环境影响评价报告表（污染影响类）提纲

一、建设项目基本情况

建设项目名称			
项目代码			
建设单位联系人		联系方式	
建设地点	____省（自治区）____市____县（区）____乡（街道）____（具体地址）		
地理坐标	（____度____分____秒，____度____分____秒）		
国民经济行业类别		建设项目行业类别	
建设性质	□新建（迁建） □改建 □扩建 □技术改造	建设项目申报情形	□首次申报项目 □不予批准后再次申报项目 □超五年重新审核项目 □重大变动重新报批项目

续表 1-9

项目审批(核准/备案)部门(选填)		项目审批(核准/备案)文号(选填)	
总投资/万元		环保投资/万元	
环保投资占比/%		施工工期	
是否开工建设	□否 □是	用地(用海)面积/m^2	
专项评价设置情况			
规划情况			
规划环境影响评价情况			
规划及规划环境影响评价符合性分析			
其他符合性分析			

二、建设项目工程分析

建设内容	
工艺流程和生产排污环节	
与项目有关的原有环境污染问题	

三、区域环境质量现状、环境保护目标及评价标准

区域环境质量现状	
环境保护目标	
污染物排放控制标准	
总量控制指标	

四、主要环境影响和保护措施

施工期环境保护措施	
运营期环境影响和保护措施	

五、环境保护措施监督检查清单

内容 要素	排放口(编号、名称)/污染源	污染物项目	环境保护措施	执行标准
大气环境				

续表 1-9

要素 \ 内容	排放口(编号、名称)/污染源	污染物项目	环境保护措施	执行标准
地表水环境				
声环境				
电磁辐射				
固体废物				
土壤及地下水污染防治措施				
生态保护措施				
环境风险防范措施				
其他环境管理要求				

六、结论

【例 1-18】 根据《环境影响评价导则　总纲》,下列工作中,不属于第二阶段(分析论证和预测评价阶段)环境影响评价工作内容的是(　)。

A. 建设项目工程分析　　B. 确定环境保护目标

C. 各专题环境影响评价分析与评价　　D. 公众参与

答:B

模块四　环境影响评价方法

环境影响评价方法是指在环境影响评价的实际工作中,按照环境影响评价技术导则和评价工作规律,为解决某些特殊问题而创建的方法。环境影响评价方法具有多样性、交叉性的特点,主要包括:环境影响识别方法、环境影响预测方法和环境影响综合评价方法。

一、环境影响识别的内容与方法

环境影响识别就是要找出所受到的影响的环境因素，以减少环境影响预测的盲目性、增加环境影响综合分析的可靠性，使污染防治对策更具针对性。

1. 环境影响识别的内容

(1) 环境影响因素识别及评价因子筛选

列出建设项目的直接和间接行为，结合建设项目所在区域发展规划、环境保护规划、环境功能区划、生态功能区划及环境现状，分析可能受上述行为影响的环境影响因素。

根据建设项目的特点、环境影响的主要特征，结合区域环境功能要求、环境保护目标、评价标准和环境制约因素，筛选确定评价因子。

项目的建设阶段、生产运行阶段和服务期满后对环境的影响内容是各不相同的，因此有不同的环境影响识别表。

① 建设阶段：项目在建设阶段的环境影响主要是施工期间的建筑材料、设备、运输、装卸、贮存的影响；施工机械、车辆噪声和振动的影响；土地利用、填埋疏浚的影响，以及施工期污染物对环境的影响。

② 生产运行阶段：项目生产运行阶段的环境影响主要是物料流、能源流、污染物对自然环境（大气、水体、土壤、生物）和社会、文化环境的影响，对人群健康和生态系统的影响以及危险设备事故的风险影响，此外还有环保设备（措施）的环境、经济影响等。

③ 服务期满后：服务期满后（如矿山）的环境影响主要是对水环境和土壤环境的影响，如水土流失所产生的悬浮物和以各种形式存在于废渣、废矿中的污染物。

(2) 环境影响类型识别

① 有利影响与不利影响：有利影响一般用正号表示，不利影响常用负号表示。有利、不利是针对效益而言的，这两种影响有时会同时存在。识别不利影响是环境影响评价的重点，但同样也应识别有利影响。

② 直接影响与间接影响：一般不利影响都是直接影响，如污染物对人类健康及自然环境的影响；而如污染物造成水体污染后通过食物链的生物富集作用而影响人体健康等属于间接影响。

③ 短期影响与长期影响：短期影响，如施工阶段的某些影响随着施工结束后自行停止；长期影响，如工厂废气排放随着项目运行长期存在。

④ 可逆影响与不可逆影响：可逆影响是可以恢复的；不可逆影响是不可恢复的，如物种灭绝。

(3) 环境影响程度识别

环境影响识别中,可以使用一些定性的,具有"程度"判断的词语来表征影响的程度,如"重大""轻度""微小"等。通常按 3 个等级或 5 个等级来定性地划分影响程度。如按 5 级划分不利环境影响。

① 极端不利:外界压力引起某个环境因子无法替代、恢复与重建的损失,此种损失是永远的,不可逆的。

② 非常不利:外界压力引起某个环境因子严重而长期的损害或损失,其代替、恢复和重建非常困难和昂贵,并需很长的时间。

③ 中度不利:外界压力引起某个环境因子的损害或破坏,其替代或恢复是可能约,但相当困难且可能要较高的代价,并需比较长的时间。

④ 轻度不利:外界压力引起某个环境因子的轻微损失或暂时性破坏,其再生、恢复与重建可以实现,但需要一定的时间。

⑤ 微弱不利:外界压力引起某个环境因子暂时性破坏或受干扰,此级敏感度中的各项是人类能够忍受的,环境的破坏或干扰能较快地、自动地恢复或再生,或者其替代与重建比较容易实现。

2. 环境影响识别方法

(1) 核查表法(清单法)

1971 年由 Little 等提出,将可能受开发方案影响的环境因子和可能产生的影响性质在一张表上一一列出。

① 简单型清单:仅是一个可能受影响的环境因子表,不作其他说明,可作定性的环境影响识别分析,但不能作为决策依据。

② 描述型清单:比简单型清单多环境因子如何度量的准则。主要有两种类型:一类是环境资源分类清单,即对受环境影响的环境因素(资源)先作简单的划分,以突出有价值的环境因子;另一类是问卷式清单,它是以一系列问题的回答为基础的。

③ 分级型清单:在描述型清单基础上又增加对环境影响程度进行分级。

表 1-10 为单条内陆公路建设的环境影响的简单核查表。

(2) 矩阵法

矩阵法是由清单法发展而来的。最著名的量值矩阵类型是 Leopold 等人于 1971 年开发的 Leopold 矩阵。它将清单中所列内容系统地加以排列,把拟建设项目的各项"活动"和受影响的环境要素组成一个矩阵,在拟建设项目的各项"活动"和环境影响之间建立起直接的因果关系,以定性或半定量的方式说明拟建项目的环境影响。矩阵法的特点是简明扼要,将行为与影响联系起来评估，以直观的形式表达了拟建项目的环境影响。该类方法主要有相关矩阵法和迭代矩阵法两种。

表 1-10　单条内陆公路建设的环境影响的简单核查表

可能受影响的环境因子	可能产生影响的性质									
	不利影响						有利影响			
	短期	长期	可逆	不可逆	局部	大范围	短期	长期	显著	一般
水生生态系统		○		○	○					
森林		○		○	○					
渔业		○		○	○					
稀有及濒危物种		○		○		○				
陆地野生生物		○		○		○				
空气质量	○				○					
……										

注：表中符号○表示有影响。

① 相关矩阵法

在环境影响识别中，一般采用相关矩阵法，在横轴系统地列出拟建项目各阶段的各项“活动”，纵轴列出可能受拟建项目各项“活动”影响的环境要素，构造矩阵确定各项“活动”和环境要素及环境因子的相互作用关系。如果认为某项“活动”可能对某一环境要素产生影响，则在矩阵相应交叉的格点将环境影响标注出来。为了反映各个环境要素在环境中重要性的不同，通常还采用加权的方法。

以某公路项目为例，典型的相关矩阵如表 1-11 所示。矩阵中的每个元素用斜线隔开，左边表示影响的大小 m_{ij}，右边表示影响权重(重要性)w_{ij}；有利影响用“+”表示，不利影响用“-”表示。Leopold 将影响大小分为 10 级，“10”最大，“1”最小；将影响权重也分为 10 个等级，“10”表示最重要，“1”表示影响重要性最低。由每行的元素累加得到总影响 $\sum_{j=1}^{m} m_{ij}w_{ij}$，表示开发行为的所有活动对环境因子 i 的总影响；由每列的元素累加得到总影响 $\sum_{i=1}^{n} m_{ij}w_{ij}$，表示某项活动 j 对整个环境的总影响；行和列元素累加得到矩阵的加权分值 $\sum_{i=1}^{n}\sum_{j=1}^{m} m_{ij}w_{ij}$，即为该拟议工程项目涉及的所有活动对整个环境的影响。

表 1-11　某公路项目的相关矩阵

环境因子		前期		施工期					运营期		总影响
		征地	拆迁安置	取弃土石方	桥涵工程	道路工程	服务区建设	材料运输	车辆行驶	服务区运营	
大气环境	大气质量		−1/6	−4/4	−2/2	−6/4	−2/2	−3/4	−8/8	−1/2	−132
水环境	水文		…								…
	水质										
声环境	噪声										
生态环境	土地利用	−5/6									
	水土保持	−2/2									
	植被	−5/4									
	动物	−2/2									
	景观	−3/3									
社会环境	就业劳务										
	社会经济	8/10									
	交通运输						m_{ij}/w_{ij}				
	农业生产	−7/5									
	旅游发展	3/5									
	居住条件									…	
总影响		−7	…								…

② 迭代矩阵法

迭代矩阵法的步骤：

a. 首先列出开发活动(或工程)的基本行为清单及基本环境因素清单。

b. 将两清单合成一个关联矩阵。把基本行为和基本环境因素进行系统的对比，找出全部“直接影响”，即某开发行为对某环境因素造成的影响。

c. 进行“影响”评价，每个“影响”都给定一个权重 G，区分“有意义影响”和“可忽略影响”，以此反映影响的大小问题。

d. 进行迭代。迭代就是把经过评价认为是不可忽略的全部一级影响，形式上当作“行为”处理，再同全部环境因素建立关联矩阵进行鉴定评价，得出全部二级影响……循此步骤继续进行迭代，直到鉴定出至少有一个影响是“不可忽路”，其他全部“可以忽略”为止。

(3) 图形叠置法

美国生态规划师麦克哈格最早提出图形叠置法。此法最初应用于手工作业，在一张透明图片上画出项目位置及评价区域的轮廓基图。另有一份可能受建设项目影响的当地环境要素一览表，由专家判断各环境要素受影响的程度和区域。每一个待评价的因素都有一张透明图片，受影响的程度可以用一种专门的黑白色码阴影的深浅来表示。将表征各种环境要素受影响情况的阴影图叠置到基图上，就可以看出该项工程的总体影响。不同地址的综合影响差别可由阴影的相对深度表示。

（4）网络法

网络法是采用因果关系分析网络来解释和描述拟建项目的各项“活动”和环境要素之间的关系。除了具有相关矩阵法的功能外，还可识别累积影响或间接影响。其优势在于可以较好地描述环境影响的复杂关系，追踪拟开发活动产生的较为显著的影响。例如，公路的填挖会使土壤进入河流，泥沙的增加将提高河流的浑浊度、淤塞航道、改变河流流向，从而会增加潜在的洪水危险，阻塞水生生物通道，使水生生物栖息地退化。影响网络能以简要的形式，给出人类某活动及其有关的行为产生或诱发的环境影响全貌。

网络图法将多级影响逐步展开，呈树枝状，因此又称为关系树枝或影响树枝，可以表述和记载第二、第三以及更高层次上的影响。典型的网络图如图 1-4 所示。

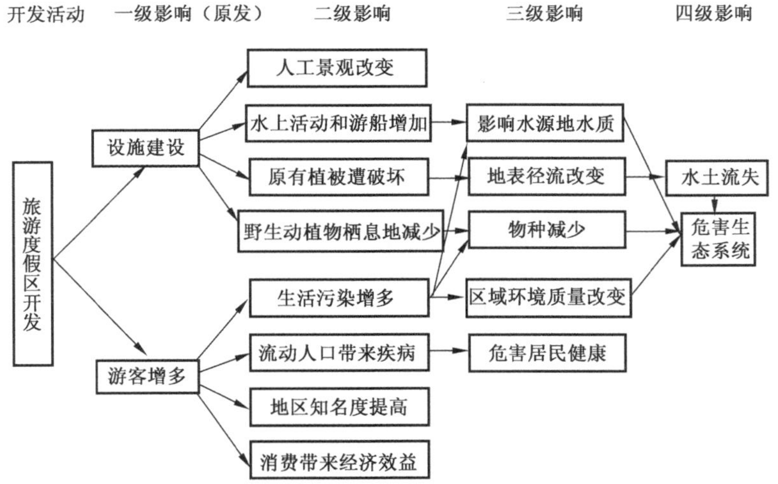

图 1-4　环境影响网络图

二、环境影响预测方法

经过环境影响识别后，主要环境影响因子已经确定。这些环境因子在人类活动开展以后，究竟受到多大影响，需进行环境影响预测。

1. 数学模式法

数学模式法试图通过使用数学函数来表达环境行为。通常是以科学定律、统计分析或者两者的结合为依据，以计算机为基础。基础函数既可以是单一直接的输入输出关系，也可以是一系列表达相互关系的、更加复杂的动态数学模型。数学模型包括网络模型、图表模型、逻辑模型和解析模型。网络模型是用网络图来描述系统的组成元素以及元素之间的相互关系；图表模型是用图和表格描述的模型；逻辑模型是表达逻辑关系的模型，如方框图、程序单等；解析模型是用数学方程式表示的模型，也是环境影响评价中应用最多的模型。数学模型因其建模快、耗费人力和财力少、计算结果可重复、便于检验等特点，在环境影响预测分析中得到了广泛的应用。

按照不同的分类方法，可对数学模型进不同的分类，见表 1-12。

表 1-12　数学模型的分类

划分依据	模型类型	划分依据	模型类型
变量与时间关系	稳态模型、动态模型	参量性质	集中参数模型、分布参数模型
变量间关系	线性模型、非线性模型	模型用途	模拟模型、管理模型
变量变化规律	确定性模型、随机性模型	模型结构	白箱模型、灰箱模型、黑箱模型

与预测质量最直接相关的影响因素是输入数据的质量，包括源、汇项数据（如源、汇强度）、环境数据（如风速、水速、气温、水温）以及用于模式参数确定的原始测量数据（如监测数据）的质量，这些数据必须经过严格的质量把关检查。选用数学模式时要注意模式的应用条件，如实际情况不能很好地满足模式的应用条件而又拟采用时，要对模式进行修正并验证。

2. 物理模型法

物理模型包括实体模型、相似模型和仿真模型。实体模型就是系统本身，当系统大小适合作研究又不存在危险时就可以把系统本身作为模型；相似模型是把系统放大或缩小，使之适合于研究，如果把系统的纵横尺寸都按相同比例缩放就构成正态模型，如果系统纵横尺寸按不同比例缩放就构成了变态模型；仿真模型是利用一种系统去模仿另一系统，例如用电路系统模仿热力学系统。物理模型法定量化程度较高，再现性好，能反映比较复杂的环境特征，但需要有合适的试验条件和必要的基础数据，且制作复杂的环境模型需要较多的人力、物力和时间。在无法利用数学模式法预测而又要求预测结果定量精度较高时，应选用此方法。

该方法的关键在于原型与模型的相似，包括几何相似、运动相似、热力相似、动力相似。

① 几何相似：就是模型流场与原型流场中的地形地物（建筑物、烟囱）的几何形状、对应部分的夹角和相对位置要相同，尺寸要按相同比例缩小。几何相似是其他相似的前提条件。

② 运动相似：就是模型流场与原型流场在各对应点上的速度方向相同，并且大小（包括平均风速与湍流强度）成常数比例，即风洞模拟的模型流场的边界层风速垂直廓线、湍流强度要与原型流场的相似。

③ 热力相似：就是模型流场的温度垂直分布要与原型流场的相似。

④ 动力相似：就是模型流场与原型流场在对应点上受到的力要求方向一致，并且大小成

常数比例。

3. 对比法与类比法

(1) 对比法

这是最简单的主观预测法。此法通过对工程兴建前后,对某些环境因子影响机制及变化过程进行对比分析,例如:预测水库对库区小气候的影响,目前还无客观、定量的预测模式,但可通过小气候形成的成因分析与库区小气候现状进行对比,研究其变化的可能性及其趋势,并确定其变化的程度,也可作出建库后的小气候预测。距库区不同距离处受到建库影响的大小,也可用对比法作出预测。

(2) 类比法

它是将拟建工程对环境的影响在性质上作出全面分析和在总体上作出判断的一种方法。其基本原理是将拟建工程同选择的已建工程进行比较,根据已建工程对环境产生的影响,作为评价拟建工程对环境影响的主要依据。类比法是一种比较常用的定性和半定量预测方法。类比对象是进行对比分析或者预测评价的基础,也是该法的关键所在。类比对象的选择条件有以下几点:具有与评价的拟建项目相似的自然地理环境;具有与评价的拟建项目相似的工程性质、工艺、规模;类比工程应具有一定的运行年限,所产生的影响已基本全部显现。类比对象确定后,需要选择和确定类比因子及指标,并对类比对象开展调查与评价,然后分析拟建项目与类比对象的差异。根据类比对象同拟建项目的比较,作出分析结论。

由于环境问题的复杂性,对比法与类比法可更多地用于预测生态环境问题的发生与发展趋势及其危害、确定环保目标和寻求最有效最可行的环境保护措施等方面。

4. 专业判断法

环境影响评价中所有的预测方法都会用到专家评判。在不能应用客观的预测方法时(如缺乏足够的数据、资料,无法客观地进行统计分析),只能采用主观的预测方法。最简单的就是召开专家咨询会,综合专家的实践经验,进行类比、对比分析以及归纳、演绎、推理,来预测拟建项目的环境影响。

专家调查法是指组织环境评价相关领域的专家,运用专业方面的知识和经验,对被评价者的过去、现状及发展趋势等进行研究,从而对被评价者的整体发展趋势和状况作出科学的判断。专家调查法是一种预测性的环评调查方法,专家调查法的具体形式有许多类型,如头脑风暴法、特尔菲法、广议法、集体商议法、圆桌仲议法等。

20 世纪 40 年代,美国兰德公司与道格拉斯公司协作,研究如何通过有控制的反馈更为可靠地搜集有关专家意见的方法时,以“特尔菲”(Delphi)为代号,特尔菲法由此得名。特尔菲法是采用函询调查的办法，将讨论的问题和必要的背景材料编制成调查表，采用通信的方式寄给各位专家，利用专家的智慧和经验进行信息交流，而后将他们的意见进行归纳、整理，匿名反馈给大家再次征求意见。然后再进行归纳、反馈。这样经过多次循环以后，就可以得到意见比较一致且可靠性较大的意见。在环境评价中，利用特尔菲法可以获取与研究课题相关的专家提供的宝贵信息。

三、环境影响综合评价方法

所谓环境影响综合评价是按照一定的评价目的，把人类活动对环境的影响从总体上综合起来，对环境影响进行定性或定量的评定。由于人类活动的多样性与各环境要素之间关系的复杂性，评价各项活动对环境的综合影响是一个十分复杂的问题。这里仅介绍部分较为常用、具有代表性的方法。一些专门领域内的环境影响评价综合方法则由后面各章详述。

1. 指数法

环境现状评价中常采用能代表环境质量好坏的环境质量指数进行评价。具体有单因子指数评价、多因子指数评价和环境质量综合指数评价等方法。其中单因子指数分析评价是基础。

（1）普通指数法

① 单因子法

先引入环境质量标准，然后对评价对象进行处理，通常就以实测值（或预测值）c 与标准值 c_s 的比值作为其数值：

$$P = c/c_s \tag{1-1}$$

单因子指数法用于分析该环境因子的达标（$P_i \leqslant 1$）或超标（$P_i > 1$）及其程度。

② 综合指数法

在各单因子的影响评价已经完成的基础上，为求所有因子的综合评价，可引入综合指数，所用方法称为综合指数法，综合过程可以分层次进行，如先综合得出大气环境影响分指数、水体环境影响分指数、土壤环境影响分指数，然后再综合得出总的环境影响综合指数：

$$P = \sum_{i=1}^{n} \sum_{j=1}^{m} P_{ij} \tag{1-2}$$

$$P_{ij} = c_{ij}/c_{sij} \tag{1-3}$$

式中：

i ——第 i 个环境要素；

n ——环境要素总数；

j ——第 i 个环境要素中的第 j 个环境因子；

m ——第 i 个环境要素中的环境因子总数。

以上综合方法是等权综合，即各影响因子的权重完全相等。各影响因子权重不同的综合方法可采用如下公式：

$$P=\frac{\sum_{i=1}^{n}\sum_{j=1}^{m}W_{ij}P_{ij}}{\sum_{i=1}^{n}\sum_{j=1}^{m}W_{ij}} \tag{1-4}$$

式中：

W_{ij}——权重因子，根据有关专门研究或专家咨询确定。

指数评价方法的作用：P 值求得后，又可根据其数值与健康、生态影响之间的关系进行分级，转化为健康、生态影响的综合评价，如：格林空气污染指数、橡树岭空气质量指数、英哈巴尔水质指数等均有此功能；指数评价方法可以评价环境质量好坏与影响大小的相对程度。采用同一指数，还可作不同地区、不同方案间的相互比较。

（2）巴特尔指数法

巴特尔指数不是引入环境质量标准，而是引入评价对象的变化范围，把此变化范围定为横坐标，把环境质量指数定为纵坐标，且把纵坐标标准化为 0～1，以“0”表示质量最差，“1”表示质量最好。每个评价因子，均有其质量指数函数图，各评价因子若已得出预测值，便可根据此图得出该因子的质量影响评价值。

2. 矩阵法

矩阵法在前面的环境影响识别方法中已经作了介绍，矩阵法不仅具有环境影响识别功能，还有影响综合分析评价功能，可以定量或半定量地说明拟建项目对环境的影响，目前广泛应用于铁路、公路、水电、供水系统、输气、输油、输电、矿山开发、流域开发、区域开发、资源开发等工程项目和开发项目的环境影响评价中。

3. 图形叠置法

图形叠置法在环境影响评价中的应用包括：通过应用一系列的环境、资源图件叠置来识别、预测环境影响，标示环境要素、不同区域的相对重要性以及表征对不同区域和不同环境要素的影响。该方法直观性强、易于理解，适用于空间特征明显的开发活动，尤其在选址、选线类的建设项目上有着得天独厚的优势。常用于地理空间较大的建设项目，如“线型”影响项目（公路、铁道、管道等）和区域开发项目。但是，该法有一定的局限性，因为它没有考虑诸如影响的可能性、次级影响或可恢复与不可恢复影响之间的区别等情况，因此不能真实地反映各种情况。

手工叠置图有明显不足，如当评价因子过多时，透明图数量激增，使得颜色杂乱，难以分辨；另外简单的叠置不能体现评价因子重要性的区别。随着科技发展，图形叠置法开始借助于计算机，逐渐成为地理信息系统可视化技术中的一部分，由此克服了手工叠置图存在的缺点，使得图形叠置法的环境影响评估优势日益显现。

4. 网络法

网络法不但可以识别环境影响，还可以通过定量、半定量的方法对环境影响进行预测和评价，即在网络的箭头上标出该路线发生的概率，并将网络路线终点的影响赋予权重（“＋”表示正面影响，“－”表示负面影响），然后计算该网络各个路线的权重期望值，对各个替代方案进行排序比较，从而得出评价结果。

任务实践

一、项目由来

某造纸厂始建于1990年，2009年12月企业进行技术改造，在淘汰3台1092型纸机的基础上安装2台3500型纸机、3台1575型纸机，年产卫生纸1.1万t。

随着人民生活水平的提高，对生活用纸的需求量也随之加大，该造纸厂决定抓住市场机遇，投资4 500万元进行扩建，收购某纸业有限公司1.5万t产能，将产能扩大至2.6万t。本次扩建工程在原有厂区内进行，不需新征土地。扩建方案为：新建2座造纸车间和1座办公楼，淘汰原有3台1575纸机；保留3500型纸机2台、新上3500型纸机6台；在原有污水处理站前端增设浆水分离塔1座；淘汰原有的1台4 t/h备用锅炉和1台10 t/h蒸汽锅炉，扩建项目用热全部使用集中供热，扩建项目完成后达到年产卫生纸2.6万t的生产规模。

二、环境影响要素识别与评价因子筛选

1. 环境影响要素识别

根据该项目工程特点及区域环境特征，采用矩阵法进行识别，其结果见附表1-1。

附表1-1　环境影响因素与污染因子识别表

项目阶段	影响因素	自然环境				生态环境			社会环境		
		环境空气	地下水	地表水	声环境	陆地植被	农业生态	水土流失	就业机会	农业生产	生活水平
施工期	设备改造				－1				＋1		
	房基开挖	－1			－1			－1	＋1		
	车间建设	－1			－1				＋1		
运营期	设备噪声				－1						
	生产排水		－1	－1							

注：“＋”表示有利影响；“－”表示不利影响；“1”表示轻度影响；“2”表示中等影响。

附表 1-1 表明：扩建项目建设施工过程将对当地空气环境、声环境产生一定不利影响，但其影响是短暂的、局部的，随着施工期的结束，影响亦随之消失；营运期对环境的影响是长期的，主要表现为：生产设备、各种泵类对声环境的影响，造纸废水排放对水环境的影响。

2. 评价因子筛选

根据环境影响要素识别结果，结合建设项目工程特征、排污种类、排污去向及周围地区环境质量概况，确定本次评价因子包括污染源评价因子、环境质量评价因子和影响分析因子，见附表 1-2。

附表 1-2　环境影响评价因子一览表

环境要素	项目	评价因子
环境空气	污染源评价	—
	现状评价	PM_{10}、SO_2、NO_2
	影响分析	—
声环境	污染源评价	等效连续 A 声级
	现状评价	等效连续 A 声级
	影响分析	等效连续 A 声级
地表水	污染源分析	COD、氨氮、SS
	现状评价	pH、COD、氨氮
	影响分析	COD、氨氮
地下水	现状评价	pH、总硬度、高锰酸盐指数、溶解性总固体、硫酸盐、氨氮
	影响分析	COD、氨氮
固体废物	污染源评价	除尘灰、废纸边、污泥、生活垃圾
	影响分析	除尘灰、废纸边、污泥、生活垃圾

三、评价标准

1. 环境质量标准

环境空气执行《环境空气质量标准》(GB 3095—2012)二级标准；

地表水环境执行《地表水环境质量标准》(GB 3838—2002)Ⅳ类标准；

地下水环境执行《地下水质量标准》(GB/T 14848—2017)Ⅲ类标准；

厂界执行《声环境质量标准》(GB 3096—2008)3 类标准、东厂界执行 4 a 类标准。

环境质量标准见附表 1-3。

2. 污染物排放标准

废水排放执行《制浆造纸工业水污染物排放标准》(GB 3544—2008)中排入城镇污水处理

厂相关标准，SS 排放浓度限值满足 D 污水处理厂进水水质要求，COD 排放浓度、单位产品基准排水量应符合 M 区环境保护局《关于造纸企业技改环评有关问题的要求》（满环字〔2009〕58 号）的规定，氨氮排放浓度限值执行《制浆造纸工业水污染物排标准》（GB 3544—2008）附表 1-3 造纸企业标准要求。

厂界噪声执行《工业企业厂界环境噪声排放标准》（GB 12348—2008）3 类标准，东厂界执行 4 类标准。污染物排放标准见附表 1-4。

附表 1-3　环境质量评价标准

类别	项目	评价因子	标准值	来源
环境质量标准	大气环境	SO_2	年平均≤60 $\mu g/m^3$ 日平均≤150 $\mu g/m^3$ 小时平均≤500 $\mu g/m^3$	《环境空气质量标准》（GB 3095—2012）二级
		PM_{10}	年平均≤70 $\mu g/m^3$ 日平均≤150 $\mu g/m^3$	
		NO_x	年平均≤40 $\mu g/m^3$ 日平均≤80 $\mu g/m^3$ 小时平均≤200 $\mu g/m^3$	
	地表水	pH	6～9	《地表水环境质量标准》（GB 3838—2002）Ⅳ类
		COD	≤30 mg/L	
		氨氮	≤1.5 mg/L	
	地下水	pH	6.5≤pH≤8.5	《地下水质量标准》（GB/T 14848—2017）Ⅲ类
		耗氧量（COD_{Mn} 法，以 O_2 计）	≤3.0 mg/L	
		氨氮（以 N 计）	≤0.50 mg/L	
		溶解性总固体	≤1 000 mg/L	
		总硬度（以 $CaCO_3$ 计）	≤450 mg/L	
		硫酸盐	≤250 mg/L	
	声环境	Leq(A)	昼间≤70 dB(A) 夜间≤55 dB(A)	《声环境质量标准》（GB 3096—2008）4a 类
			昼间≤65 dB(A) 夜间≤55 dB(A)	《声环境质量标准》（GB 3096—2008）3 类

附表 1-4　污染物排放标准一览表

类别	项目	评价因子	标准值	来源
污染物排放标准	废水	单位产品基准排水量	10 t/t 纸	《M 区环保局关于造纸企业技改环评有关问题的要求》(M 环字〔2009〕58 号)
		COD	300 mg/L	D 污水处理厂进水质要求、M 环字〔2009〕58 号文要求
		SS	700 mg/L	
		氨氮	5 mg/L	《制浆造纸工业水污染物排放标准》(GB 3544—2008)
	噪声	Leq(A)	昼间≤65 dB(A) 夜间≤55 dB(A)	《工业企业厂界环境噪声排放标准》(GB 12348—2008)3 类
		Leq(A)	昼间≤70 dB(A) 夜间≤55 dB(A)	《工业企业厂界环境噪声排放标准》(GB 12348—2008)4 类
	固废	一般工业固体废物	—	《一般工业固体废物贮存、处置场污染控制标准》(GB 18599—2001)

习题：

1. 什么是环境影响？什么是环境影响评价？
2. 环境影响评价有哪些功能？
3. 简述环境影响评价的原则。
4. 简述环境影响评价的重要性。
5. 简述我国环境影响评价制度的特点。
6. 我国环境影响评价制度的形成大致可分为哪几个阶段？
7. 我国环境保护法法规体系是如何构成的？其相互之间的关系如何？
8. 什么是生态环境标准？
9. 我国生态环境标准体系是如何构成的？
10. 简述环境影响评价工作程序及各阶段的主要工作内容。
11. 环境影响评价工作等级划分的依据是什么？
12. 环境影响识别包括哪些内容？
13. 核查表法有哪几种形式？
14. 环境影响预测方法主要有哪些？
15. 常用的环境影响综合评价方法有哪些？

项目二　工程分析

项目背景

工程分析是环境影响评价工作的关键环节，是环境影响预测和评价的基础，贯穿于整个评价工作的全过程。因此，在环境影响评价工作中，工程分析常作为评价工作的独立专题。根据建设项目对环境影响的表现，可将建设项目工程分析分为以污染影响为主的污染型建设项目的工程分析和以生态破坏为主的生态影响型建设项目的工程分析。

项目任务

某医院现有建筑面积 50 000 m^2，病床数 570 张，门诊量约 5 000 人次/天。为改善医疗环境，缓解基础设施长期超负荷运转的困境，拟对该医院进行扩建改造。改造教学楼，其他包括门诊楼、住院楼、急诊楼、制剂楼、食堂、锅炉房、污水处理站、太平间、洗衣房、车库等原有建筑拆除重建，扩建后建筑面积为 160 000 m^2，病床数 800 张，门诊量可达 8 000 人次/天。新增医用核磁共振成像设备、X 线电子计算机断层扫描装置、数字减影血管造影 X 线机、血液透析设备、体外震波碎石机、ECT 装置等设备。试对该医院改扩建项目进行工程分析，为该项目环境影响预测和评价提供基础数据，为项目环保设计提供优化建议。

完成任务需要的知识

在针对某一具体建设项目进行工程分析之前，首先应明确三点：为什么要做工程分析？如何对该项目展开工程分析？应分析哪些内容？具体如下：

1. 为什么要对这个项目进行工程分析？工程分析能为后续的评价工作解决哪些问题？
2. 如何进行该项目的工程分析，即明确工程分析的方法。
3. 该类型项目的工程分析应包括哪些内容？

知识模块

模块一 工程分析的意义及重点

一、工程分析的意义

工程分析为建设项目的环境影响预测和评价提供数据，为建设项目的环境管理和采取的相应环境措施提供基础，并为建设项目的环境决策提供服务。

1. 是建设项目决策的重要依据

工程分析是建设项目决策的重要依据之一。对于污染型建设项目，工程分析从项目建设性质、产品结构、生产规模、原料路线、工艺技术、设备选型、能源结构、技术经济指标、总图布置方案等基础资料入手，确定工程建设和运行过程中的产污环节、核算污染源强、计算排放总量。对于生态影响型建设项目，工程分析从工程性质及规模、建设地点、经济技术指标、工程施工和运营设计方案等基础资料入手，识别及分析影响源，并进行环境影响识别。从环境保护的角度分析环境保护方案的技术经济先进性、污染治理措施的可行性、总图布置合理性、达标排放可能性。衡量建设项目是否符合国家产业政策、环境保护政策和相关法律法规的要求，确定建设该项目的环境可行性。

2. 为各专题预测评价提供基础数据

工程分析专题是环境影响评价的基础，工程分析给出的产污节点、污染源坐标、源强、污染物排放方式和排放去向等技术参数是大气环境、水环境、噪声等环境影响预测计算的依据，为定量评价建设项目对环境影响的程度和范围提供了可靠的保证，为评价污染防治对策的可行性提出完善的改进建议，从而为实现污染物排放总量控制创造了条件。

3. 为建设项目的环保设计提供优化建议

建设项目的环境保护设计是在已知生产工艺过程中产生污染物的环节和数量的基础上，采取必要的治理措施，实现达标排放，一般很少考虑对环境质量的影响，对于改扩建项目则更少考虑原有生产装置环保"欠账"问题以及环境承载能力。环境影响评价中的工程分析需要对生产工艺进行优化论证，提出满足清洁生产要求的清洁生产工艺方案，使环境质量得以改善或不使环境质量恶化，起到对环保设计优化的作用。分析所采取的污染防治措施的先进性、可靠性，必要时要提出进一步完善、改进治理措施的建议，对改扩建项目尚需提出"以新带老"的计划，并反馈到设计当中去予以落实。

4. 为科学的环境管理提供依据

工程分析筛选的主要污染因子是建设项目生产单位和环境管理部门日常管理的对象，所提出的环境保护措施是工程验收的重要依据，为保护环境所核定的污染物排放总量是开发建设活动进行污染控制的目标。

二、工程分析的重点和阶段划分

1. 工程分析的重点

污染型建设项目主要以污染物排放对大气环境、水环境、土壤环境和声环境的影响为主，其工程分析是以分析项目的工艺过程为重点，核心是确定工程污染源及其源强；生态影响型建设项目主要是以建设期、运营期对生态环境的影响为主，其工程分析是以对建设期的施工方式及运营期的运行方式分析为重点，核心是确定工程主要的生态影响因素。

2. 阶段划分

根据实施过程的不同阶段可将建设项目分为建设期、生产运营期和服务期满后三个阶段进行工程分析。

所有建设项目均应分析生产运行阶段带来的环境影响，包括正常工况排放和非正常工况排放两种情况。对随着时间的推移环境影响有可能较大的建设项目，同时它的评价工作等级、环境保护要求均较高时，可将生产运行阶段分为运行初期和运行中后期，运行初期和运行中后期的划分应视具体工程特性而定。个别建设项目在建设阶段和服务期满后的环境影响不容忽视，也应对这类项目的这些阶段进行工程分析。

模块二　工程分析的常用方法

一般地讲，建设项目的工程分析都应根据项目规划、可行性研究和设计方案等技术资料进行工作。有些项目在可行性研究阶段所能提供的工程技术资料不能满足工程分析的需要时，可以根据具体情况选用其他适用的方法进行工程分析。目前常用的方法有类比法、物料衡算法和查阅参考资料分析法。

一、类比法

类比法是用于与拟建项目类型相同的现有项目的设计资料或实测数据进行工程分析的一种常用方法。采用此法时，为提高类比数据的准确性，应充分注意分析对象与类比对象之间的相似性和可比性。如：

1. 工程一般特征的相似性

所谓工程一般特征，包括建设项目的性质、建设规模、车间组成、产品结构、工艺路线、生产方法、原料燃料成分与消耗量、用水量和设备类型等。

2. 污染物排放特征的相似性

污染物排放特征包括污染物排放类型、浓度、强度与数量，排放方式与去向以及污染方式与途径等。

3. 环境特征的相似性

环境特征的相似性包括气象条件、地貌状况、生态特点、环境功能区划以及区域污染情况等方面的相似性。

类比法也常用单位产品的经验排污系数去计算污染物排放量。但是采用此法时必须注意，一定要根据生产规模等工程特征和生产管理以及外部因素等实际情况进行必要的修正。

经验排污系数公式如下：

$$TP = DP \times TC \tag{2-1}$$

$$DP = IP - (aP + bP + cP + dP) \tag{2-2}$$

式中：

TP ——某污染物的排放总量；

DP ——单位产品某污染物的排放定额；

TC ——产品总产量；

IP ——单位产品投入或生成的某污染物量；

aP ——单位产品中某污染物的量；

bP ——单位产品所生成的副产物、回收品中某污染物的量；

cP ——单位产品分解转化掉的污染物量；

dP ——单位产品被净化处理掉的污染物量。

采用经验排污系数法计算污染物排放量时，必须对生产工艺、化学反应、副反应和管理等情况进行全面了解，掌握原料、辅助材料、燃料的成分和消耗定额。一些项目计算结果可能与实际存在一定的误差，在实际工作中应注意修正。

【例 2-1】 某企业年烧柴油 205 t，重油 270 t，柴油燃烧排放系数为 1.2 万 m^3/t，重油燃烧排放系数为 1.5 万 m^3/t，求废气排放量为多少？

解：废气排放量＝205×1.2＋270×1.5＝651 万 m^3

答：废气排放量为 651 万 m^3。

【例 2-2】 某厂上报的统计资料显示新鲜工业用水 1.0 万 t，但其水费单显示新鲜工业用水 1.2 万 t，无监测排水流量，排污系数取 0.7，该厂工业废水排放为多少？

解：该厂工业废水排放量＝1.2×0.7＝0.84 万 t

答：该厂工业废水排放量为 0.84 万 t。

注：新鲜工业用水如有自来水厂的数据应优先使用自来水厂的数据，若无则用企业上报的数据。

二、物料衡算法

物料衡算法是用于计算污染物排放量的常规方法，该法是在建设项目产品方案、工艺路线、生产规模、原材料和能源消耗，及治理措施确定的情况下，运用质量守恒定律核算污染物排放量，即在生产过程中投入系统的物料总量必须等于产品总量和物料流失总量之和。其计算通式如下：

$$\sum M_{投入} = \sum M_{产品} + \sum M_{流失} \tag{2-3}$$

式中：

$\sum M_{投入}$——投入系统的物料总量；

$\sum M_{产品}$——产出产品总量；

$\sum M_{流失}$——物料流失总量。

当投入的物料在生产过程中发生化学反应时，可按下列总量法公式进行衡算：

（1）总物料衡算公式：

$$\sum P_{排放} = \sum P_{投入} - \sum P_{回收} - \sum P_{处理} - \sum P_{转化} - \sum P_{产品} \tag{2-4}$$

式中：

$\sum P_{排放}$——某污染物的排放量；

$\sum P_{投入}$——投入物料中的某污染物总量；

$\sum P_{回收}$——进入回收产品中的某污染物总量；

$\sum P_{处理}$——经净化处理掉的某污染物总量；

$\sum P_{转化}$——生产过程中被分解、转化的某污染物总量；

$\sum P_{产品}$——进入产品结构中的某污染物总量。

（2）单元工艺过程或单元操作的物料衡算

对某单元过程或某工艺操作进行物料衡算，可以确定这些单元工艺过程、单元操作的污染物产生量，例如对管道和泵输送、吸收过程、分离过程、反应过程等进行物料衡算，可以核定这些加工过程的物料损失量，从而了解污染物产生量。

工程分析中常用的物料衡算有：总物料衡算、有毒有害物料衡算、有毒有害元素物料衡算。

【例 2-3】 某除尘系统，如图 2-1 所示。已知每小时进入除尘系统的烟气量 Q_0 为 15 000 m^3，含尘浓度 $C_0=2\ 000\ mg/m^3$，每小时收下的粉尘量 G_2 为 25 kg，若不考虑除尘系统漏气影响，试求净化后的废气含尘浓度。

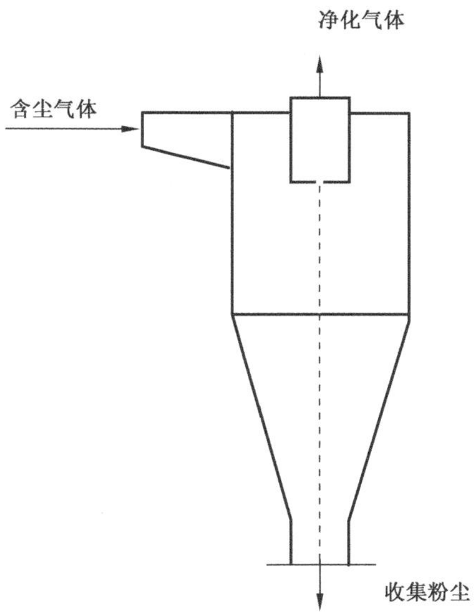

图 2-1　某除尘系统图

解：每小时进入某除尘系统的烟尘量为

$$G_0=Q_0C_0=15\ 000\times 2\ 000\times 10^{-6}=30\ kg$$

根据物料衡算，进入的烟尘量 G_0 = 排放的烟尘量 G_1 + 收集的烟尘量 G_2，所以

$$G_1=G_0-G_2=30-25=5\ kg$$

由于不考虑除尘系统漏气，净化后的废气量等于入口量，则

$$Q_1=Q_0=15\ 000\ m^3$$

净化后的废气含尘浓度为

$$C_1=G_1/Q_1=5\times 10^6/15\ 000=333.33\ mg/m^3$$

答：净化后的废气含尘浓度为 333.33 mg/m^3。

三、查阅参考资料分析法

此法是利用同类工程已有的环境影响评价资料或可行性研究报告等资料进行工程分析的方法。虽然此法较为简便，但所得数据的准确性很难保证，所以只能在评价工作等级较低的建设项目工程分析中使用。

模块三　污染型建设项目工程分析

对于污染型建设项目，工程分析的工作内容原则上应根据建设项目的工程特征，包括建设项目的类型、性质、规模、开发建设方式与强度、能源与资源用量、污染物排放特征以及项目所在地的环境条件来确定。其工作内容通常包括六部分，详见表 2-1。

表 2-1　污染型建设项目工程分析的基本工作内容

工程分析项目	工作内容
1. 工程概况	工程一般特征简介；物料与能源消耗定额；项目组成
2. 工艺流程及产污环节分析	工艺流程及污染物产生环节
3. 污染物分析	污染源分布及污染物源强核算（包括无组织排放和非正常排放源强统计及分析）；物料平衡与水平衡；污染物排放总量建议指标

续表 2-1

工程分析项目	工作内容
4. 清洁生产水平分析	清洁生产水平分析
5. 环保措施方案分析	分析环保措施方案及所选工艺及设备的先进水平和可靠程度；分析与处理工艺有关技术经济参数的合理性；分析环保设施投资构成及其在总投资中占有的比例
6. 总图布置方案分析	分析厂区与周围的保护目标之间所定防护距离的安全性；根据气象、水文等自然条件分析工厂和车间布置的合理性；分析环境敏感点(保护目标)处置措施的可行性

一、工程概况

首先对工程一般特征作简介，通过项目组成分析找出项目建设存在的主要环境问题，列出项目组成表(包括主体工程、辅助工程、公用工程、环保工程、储运工程等)，为项目产生的环境影响分析和提出合适的污染防治措施奠定基础。根据工程组成和工艺，给出主要原料与辅料的名称、单位产品消耗量、年总耗量和来源。对于含有毒有害物质的原料、辅料还应给出组分。对于分期建设项目，则应按不同建设期分别说明建设规模。改扩建项目应列出现有工程，说明依托关系。

以某新建精对苯二甲酸(PTA)项目为例，其项目组成表见表 2-2。

表 2-2　某新建精对苯二甲酸(PTA)目组成表(节选示例)

工程类型	项目名称	内容及规模
主体工程	生产装置	100 万 t/a PTA 装置，主要包括氧化单元、加氢精制单元、制氢单元、风送包装系统等
储运工程	原料罐区	对二甲苯 2×20 000 m^3；醋酸 2×1 000 m^3
	中间罐区	对二甲苯 2×1 000 m^3、醋酸 2×100 m^3、甲醇 1×100 m^3、醋酸正丙酯 20 m^3、氢氧化钠(32%)100 m^3
	成品库区	27 000 m^2
	化学品库	用于储存醋酸锰、醋酸钴、催化剂回收剂等
公用辅助工程	锅炉房	燃气锅炉，2 台×110 t/h，为项目提供蒸汽
	循环水场	41 250 m^3/h
	脱盐水站	600 m^3/h
环保工程	工艺废气处理设施	催化焚烧装置
	污水处理厂	450 m^3/h，污水处理装置；450 m^3/h，废水回用装置
	事故水池	2 座事故水池
	污泥焚烧炉	旋风式回转窑焚烧炉

二、工艺流程及产污环节分析

一般情况下，工艺流程应在设计单位或建设单位的可研或设计文件基础上，根据工艺过程的描述及同类项目生产的实际情况进行绘制。绘制污染工艺流程应包括涉及产生污染物的装置和工艺过程，不产生污染物的过程和装置可以简化，有化学反应发生的工序要列出主要化学反应和副化学反应方程式，并在总平面布置图上标出污染源的准确位置，以便为其他专题评价提供可靠的污染源资料。一般，大型项目绘制装置流程图，小型项目绘制方块流程图。图 2-2 为某新建涂装车间工艺流程及“三废”排放示意图。

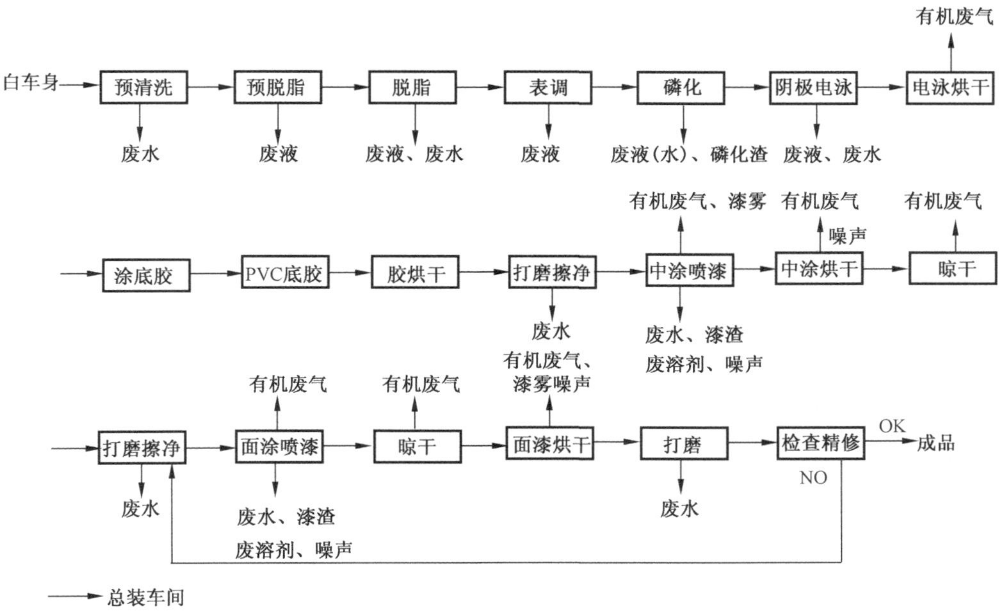

图 2-2 新建涂装车间生产工艺流程及排污节点图

三、污染物分析

1. 污染源分布及污染物源强核算

污染源分布和污染物类型及排放量是各专题评价的基础资料，必须按建设过程、运营过程两个时期详细核算和统计。根据项目评价需要，一些项目还应对服务期满后(退役期)影响源强进行核算，力求完善。因此，对于污染源分布应根据已经绘制的污染流程图，并按排放点标明污染物排放部位，然后列表逐点统计各种污染物的排放强度、浓度及数量。对于最终排入环境的污染物，确定其是否达标排放，达标排放必须以项目的最大负荷核算。比如燃煤锅炉二氧化硫、烟尘排放量，必须要以锅炉最大产汽量时所耗的燃煤量为基础进行核算。

(1) 源强核算程序

污染源源强核算程序包括污染源识别与污染物确定、核算方法及参数选定、源强核算、核算结果汇总等。源强核算程序见图 2-3。对于废气可按点源、面源、线源进行核算，说明源强、排放方式和排放高度及存在的有关问题。废水应说明种类、成分、浓度、排放方式、排放去向。按《中华人民共和国固体废物污染环境防治法》对废物进行分类，废液应说明种类、成分、浓度、是否属于危险废物、处置方式和去向等有关问题；废渣应说明有害成分、溶出物浓度、是否属于危险废物、排放量、处理和处置方式及贮存方法。噪声和放射性应列表说明源强、剂量和分布。

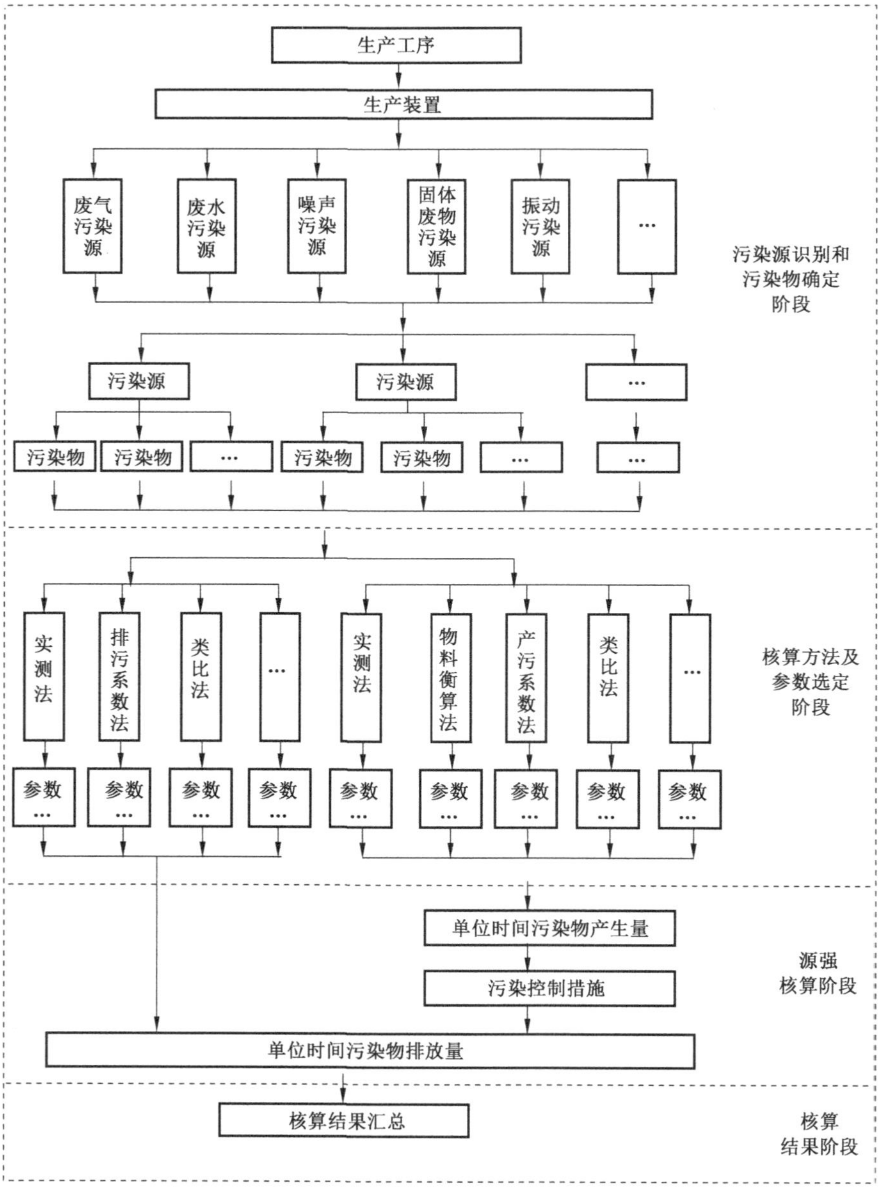

图 2-3　源强核算程序

(2) 源强核算方法

污染源源强核算可采用实测法、物料衡算法、产污系数法、排污系数法、类比法、实验法等方法。核算时应按照行业源强核算指南规定的优先级别选取适当的核算方法,合理选取或科学确定相关参数。

无组织排放是对应于有组织排放而言的,主要针对废气排放,表现为生产工艺工程中产生的污染物没有进入收集和排气系统,而通过厂房天窗或直接弥散到环境中。工程分析中将没有排气筒或排气筒高度低于 15 m 的排放源定为无组织排放。

非正常工况指生产设施非正常工况或污染防治(控制)设施非正常工况,其中生产设施非正常工况指开停炉(机)、设备检修、工艺设备运转异常等工况,污染防治(控制)设施非正常状况指达不到应有治理效率或同步运转率等情况。此类异常排污分析都应重点说明异常情况产生的原因、发生频率和处置措施。

以锅炉行业为例,其源强核算方法选取次序表见表 2-3。

表 2-3 锅炉行业源强核算方法选取次序表

<table>
<tr><th rowspan="2">环境要素</th><th rowspan="2">污染源</th><th rowspan="2">核算因子</th><th colspan="2">核算方法及选取优先次序</th></tr>
<tr><th>新(改、扩)建工程污染源</th><th>现有工程污染源①</th></tr>
<tr><td>有组织废气(正常工况)</td><td>锅炉烟囱</td><td>颗粒物、二氧化硫、氮氧化物、汞及其化合物②</td><td>1. 物料衡算法
2. 类比法
3. 产污系数法</td><td>1. 实测法</td></tr>
<tr><td rowspan="3">有组织废气(非正常工况)</td><td rowspan="3">锅炉烟囱</td><td>颗粒物、氮氧化物</td><td rowspan="3">1. 类比法</td><td>1. 实测法
2. 产污系数法</td></tr>
<tr><td>二氧化硫</td><td>1. 实测法
2. 物料衡算法</td></tr>
<tr><td>汞及其化合物②</td><td>1. 实测法
2. 类比法</td></tr>
<tr><td rowspan="2">无组织废气</td><td>煤场/油(气)罐、灰渣场等原辅料和副产物储存、卸载、运输、制备系统</td><td>燃料为煤、生物质:颗粒物
燃料为油、气:非甲烷总烃</td><td rowspan="2">1. 类比法</td><td rowspan="2">1. 类比法</td></tr>
<tr><td>液氨/氨水储存系统</td><td>氨</td></tr>
<tr><td>废水③</td><td>锅炉房废水排口</td><td>化学需氧量、氨氮、悬浮物、石油类、氟化物、硫化物、挥发酚、总磷等</td><td>1. 类比法
2. 产污系数法</td><td rowspan="2">1. 实测法</td></tr>
<tr><td>噪声</td><td>锅炉风机、水泵、磨机等设备</td><td>噪声级</td><td>1. 类比法</td></tr>
</table>

续表 2-3

环境要素	污染源	核算因子	核算方法及选取优先次序	
			新（改、扩）建工程污染源	现有工程污染源①
固体废物	锅炉和除尘、脱硫系统等	灰渣、脱硫副产物等	1. 物料衡算法 2. 类比法 3. 产污系数法	1. 实测法
	脱硝系统	废脱硝催化剂	1. 类比法	

注：① 现有工程污染源未按照相关管理要求进行手工监测、安装污染物自动监测设备或者自动监测设备不符合规定的，环境影响评价管理过程中，应依法整改到位后按照《污染源源强核算技术指南　锅炉》（HJ 991）核算；排污许可管理过程中，按照排污许可相关规定进行核算。

② 废气核算因子根据 GB 13271 确定。

③ 废水核算因子根据 GB 8978、HJ 820 确定，外排废水不含生活污水时不核算总磷。间接排放的，由受纳的污水集中处理设施（单位）统一核算。

废气、废水和固体废物污染物产生或排放量为所有污染源产生或排放量之和，其中废气污染源强的核算应包括正常和非正常两种情况的产生或排放量，正常排放的污染物排放量为有组织和无组织排放量之和。

锅炉行业部分废气污染源源强核算方法示例如下：

① 物料衡算法

对于燃煤、燃生物质锅炉，颗粒物（烟尘）排放量按式（2-5）计算。

$$E_A=\frac{R\times\frac{A_{ar}}{100}\times\frac{d_{fh}}{100}\times\left(1-\frac{\eta_c}{100}\right)}{1-\frac{C_{fh}}{100}} \tag{2-5}$$

式中：

E_A——核算时段内颗粒物（烟尘）排放量，t；

R——核算时段内锅炉燃料耗量，t；

A_{ar}——收到基灰分的质量分数，%；

d_{fh}——锅炉烟气带出的飞灰份额，%；

η_c——综合除尘效率，%。

C_{fh}——飞灰中的可燃物含量，%。

二氧化硫排放量按式（2-6）计算。

$$E_{SO_2}=2R\times\frac{S_{ar}}{100}\times\left(1-\frac{q_4}{100}\right)\times\left(1-\frac{\eta_s}{100}\right)\times K \tag{2-6}$$

式中：

E_{SO_2} ——核算时段内二氧化硫排放量，t；

R ——核算时段内锅炉燃料耗量，t；

S_{ar} ——收到基硫的质量分数，%；

q_4 ——锅炉机械不完全燃烧热损失，%；

η_s ——脱硫效率，%；

K ——燃料中的硫燃烧后氧化成二氧化硫的份额，量纲一的量。

② 产污系数法

污染物源强按式(2-7) 计算。

$$E_j = R \times \beta_j \times \left(1 - \frac{\eta}{100}\right) \times 10^{-3} \tag{2-7}$$

式中：

E_j ——核算时段内第 j 种污染物排放量，t。

R ——核算时段内燃料耗量，t 或万 m^3。

β_j ——产污系数，kg/t 或 kg/万 m^3，参见全国污染源普查工业污染源普查数据（以最新版本为准）和 HJ 953。采用罕见、特殊原料或工艺的，或手册中未涉及的，可类比国外同类工艺对应的产排污系数文件或咨询行业专业技术人员选取近似产品、原料、炉型的产污系数代替。

η ——污染物的脱除效率，%。

(3) 排放量统计

对于新建项目污染物排放量统计，需按废水和废气污染物分别统计各种污染物排放总量，固体废弃物按我国规定统计一般固体废物和危险废物，并应算清“两本账”，即生产过程中的污染物产生量和实现污染防治措施后的污染物削减量，二者之差为污染物最终排放量。统计时应以车间或工段为核算单元。对于泄漏和排放散量部分，原则上要求实测，实测有困难时，可以利用年均消耗定额的数据进行物料平衡推算。

对于技改扩建项目污染物排放量统计，应算清新老污染源“三本账”，即技改扩建前污染物排放量、技改扩建项目污染物排放量、技改扩建完成后（包括“以新带老”削减量）污染物排放量，其相互的关系可表示为：

技改扩建前排放量－“以新带老”削减量＋技改扩建项目排放量＝技改扩建完成后排放量

【例 2-4】 某企业拟进行锅炉技术改造并增容，现有工程 SO_2 排放量是 250 t/a（未加脱硫设施），改造后，SO_2 产生量为 300 t/a，安装了脱硫设施后 SO_2 最终排放量为 90 t/a，请问“以新带老”削减量为多少 t/a？

解：脱硫设施的 SO_2 处理效率：（300－90）÷300×100%＝70%；

“以新带老”削减量：250×70%＝175 t/a。

答：“以新带老”削减量为 175 t/a。

2. 物料平衡和水平衡

在进行工程分析时，必须根据不同行业的具体特点，选择若干有代表性的物料，主要是针对有毒有害的物料，进行物料衡算。水作为工业生产中的原料和载体，在任一用水单元内都存在着水量的平衡关系，也可以依据质量守恒定律，进行质量平衡计算，这就是水平衡。工业用水量和排水量的关系见图 2-4。水平衡式如下：

$$Q+A=H+P+L$$

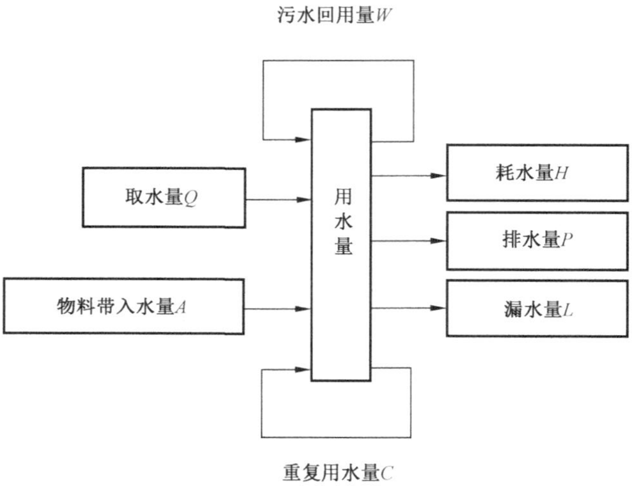

图 2-4　工业用水量和排水量的关系

（1）取水量 Q：工业用水的取水量是指取自地表水、地下水、自来水、海水、城市污水及其他水源的总水量。对于建设项目工业用水量包括生产用水和生活用水，生产用水又包括间接冷却水、工艺用水和锅炉用水。

工业取水量＝间接冷却水量＋工艺用水量＋锅炉给水量＋生活用水量

（2）重复用水量 C：指生产厂（建设项目）内部循环使用和循序使用的总水量。

（3）耗水量 H：指整个工程项目消耗掉的新鲜水量总和，即

$$H=Q_1+Q_2+Q_3+Q_4+Q_5+Q_6$$

式中：

Q_1——产品含水，即由产品带走的水；

Q_2——间接冷却水系统补充水量，即循环冷却水系统补充水量；

Q_3——洗涤用水（包括装置和生产区地坪冲洗水）、直接冷却水和其他工艺水量之和；

Q_4——锅炉运转消耗的水量；

Q_5——水处理用水量，指再生水处理装置所需的用水量；

Q_6——生活用水量。

【例 2-5】 某建设项目水平衡图如图 2-5 所示，求项目的工艺水回用率、工业用水重复利用率、间接冷却水循环率、污水回用率分别为多少？

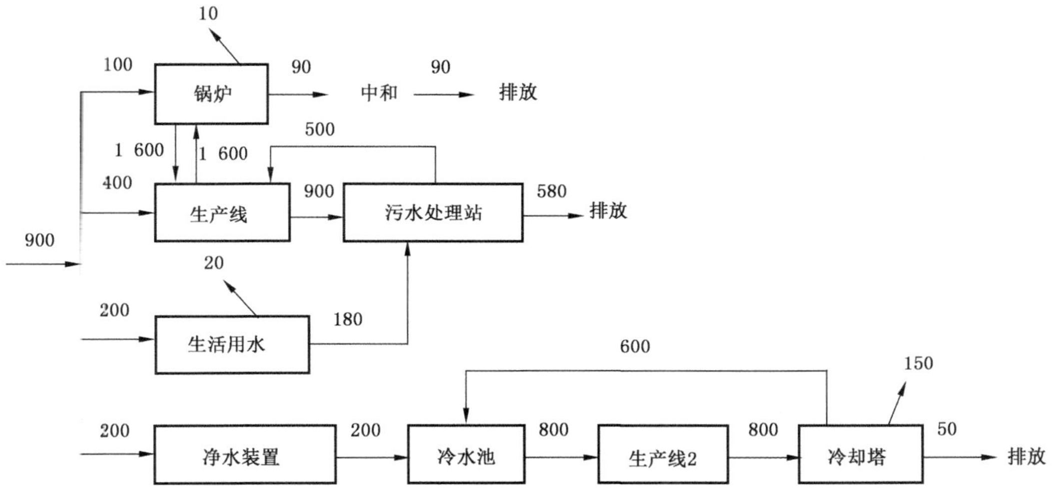

图 2-5 某建设项目水平衡图(m^3/d)

注：水重复利用率＝重复用水量/（重复用水量＋取用新鲜水量）

工艺水回用率＝工艺水回用量/（工艺水回用量＋工艺水取水量）

间接冷却水循环率＝间接冷却水循环量/（间接冷却水循环量＋间接冷却水取水量）

污水回用率＝污水回用量/（污水回用量＋直接排入环境的污水量）

解：工艺水回用量为(500＋600)m^3/d，工艺水取水量为(400＋200)m^3/d，所以该项目的工艺水回用率为：1 100÷(1 100＋600)×100%＝64.7%。

重复用水量为(1 600＋500＋600)m^3/d，取用新水量为(100＋400＋200＋200)m^3/d，所以该项目的工业用水重复利用率为：2 700÷(2 700＋900)×100%＝75.0%。

间接冷却水循环量为 600 m^3/d，间接冷却水系统取水量为 200 m^3/d，所以该项目的间接冷却水循环率为：600÷(600＋200)×100%＝75.0%。

污水回用量为 500 m^3/d，直接排入环境的污水量为(90＋580)m^3/d，冷却塔排放的为清净下水，不计入污水量。所以该项目的污水回用率为：500÷（500＋670）×100%＝42.7%。

答：项目的工艺水回用率、工业用水重复利用率、间接冷却水循环率、污水回用率分别为64.7％、75.0％、75.0％、42.7％。

3. 污染物排放总量控制建议指标

在核算污染物排放量的基础上，按国家对污染物排放总量控制指标的要求，提出工程污染物排放总量控制建议指标，污染物排放总量控制建议指标应包括国家规定的指标和项目的特征污染物，提出的工程污染物排放总量控制建议指标必须满足以下要求：满足达标排放的要求；符合其他环保要求（如特殊控制的区域与河段）；技术上可行。

四、清洁生产水平分析

清洁生产是一种新的污染防治战略，是指不断采用改进设计、使用清洁的能源和原料、采用先进的工艺技术与设备、改善管理、综合利用等措施，从源头削减污染，提高资源利用效率，减少或者避免生产、服务和产品使用过程中污染物的产生和排放，以减轻或者消除对人类健康和环境的危害。

根据生命周期分析的原则，环境影响评价中的清洁生产评价指标可分为六大类：生产工艺与装备要求、资源能源利用指标、产品指标、污染物产生指标、废物回收利用指标和环境管理要求。六类指标中既有定性指标，也有定量指标。资源能源利用指标和污染物产生指标在清洁生产审核中是非常重要的两类指标，因此，必须有定量指标，其余四类指标属于定性指标或者半定量指标。

目前，生态环境部推出的清洁生产标准中，将清洁生产指标分为三级：

一级代表国际清洁生产先进水平。当一个建设项目全部达到一级标准，证明该项目在生产工艺、装备选择、资源能源利用、产品设计使用、生产过程废弃物的产生量、废物回收利用和环境管理等方面做得非常好，达到国际先进水平，该项目在清洁生产方面是一个很好的项目。

二级代表国内清洁生产先进水平。当一个项目全部达到二级标准或以上时，表明该项目的清洁生产指标达到国内先进水平，从清洁生产角度衡量是一个好项目。

三级代表国内清洁生产基本水平。当一个项目全部达到三级标准，表明该项目清洁生产指标达到一定水平，但对于新建项目，尚需做出较大的调整和改进，使之达到国内先进水平，对于国家明令限制盲目发展的项目，应当在清洁生产方面达到更高的要求。

当一个项目大部分指标达到高一级标准，而有少部分指标尚处于较低水平，应分析原因，提出改进措施。

可选用的清洁生产分析方法：

（1）指标对比法：用我国已颁布的清洁生产标准，或选用国内外同类装置清洁生产指标，对比分析评价项目的清洁生产水平。目前,国内多采用此法,其评价程序为:收集相关行业清洁生产标准,如没有标准可参考,可与国内外同类装置清洁生产指标作比较;预测环评项目的清洁生产指标值;将预测值与清洁生产标准值对比;得出清洁生产评价结论;提出清洁生产改进方案和建议。

(2)分值评定法:将各项清洁生产指标逐项制定分值标准,再由专家按百分制打分,然后乘以各自权重值得总分,最后再按清洁生产等级分值对比分析清洁生产水平。

五、环保措施方案分析

环保措施方案分析首先对项目可研报告等文件提供的污染防治措施技术先进性、经济合理性及运行的可靠性进行评价,若所提措施有的不能满足环保要求,则需提出切实可行的改进完善建议,包括替代方案。分析要点如下:

1. 分析建设项目可研阶段环保措施方案的技术经济可行性

根据建设项目产生的污染物特点,充分调查同类企业的现有环保处理方案的经济技术运行指标,分析建设项目可研阶段所采用的环保措施的技术经济可行性、经济合理性及运行可靠性,在此技术上提出进一步改进的意见,包括替代方案。

2. 分析项目采用污染处理工艺、排放污染物达标的可靠性

根据现有的同类环保措施的运行技术经济指标,结合建设项目排放污染物的基本特点,和所采用污染防治措施的合理性分析建设项目环保设施运行参数是否合理,有无承受冲击负荷能力,能否稳定运行,确保污染物排放达标的可靠性,并提出进一步改进的意见。

3. 分析环保设施投资构成及其在总投资中占有的比例

汇总建设项目环保设施的各项投资,分析其投资结构,并计算环保投资在总投资中所占的比例。

4. 依托设施的可行性分析

对于改扩建项目,原有工程的环保设施有相当一部分是可以利用的,如现有污水处理厂、固废填埋厂、焚烧炉等。原有环保设施是否能满足改扩建后的要求,需要认真核实,分析依托的可靠性。随着经济的发展,依托公用环保设施已经成为区域环境污染防治的重要组成部分。对于项目产生废水,经过简单处理后排入区域或城市污水处理厂进一步处理或排放的项目,除了对其所采用的污染防治技术的可靠性、可行性进行分析评价外,还应对接纳排水的污水处理厂的工艺合理性进行分析,看其处理工艺是否与项目排水的水质相容;对于可以进一步利用的废气,要结合所在区域的社会经济特点,分析其集中、收集、净化、利用的可行性;对于固体废物,则要根据项目所在地的环境、社会经济特点,分析综合利用的可能性;对于危险

废物，则要分析能否得到妥善的处置。

六、总图布置方案与外环境关系分析

1. 分析厂区与周围的保护目标之间所定防护距离的可靠性

参考国家有关防护距离的规范，分析厂区与周围的保护目标之间所定防护距离的可靠性，合理布置建设项目的各构筑物及生产设施，给出总图布置方案与外环境关系图。图中应标明：保护目标与建设项目的方位关系；保护目标与建设项目的距离；保护目标（如学校、医院、集中居住区等）的内容与性质。

2. 根据气象、水文等自然条件分析工厂和车间布置的合理性

在充分掌握项目建设地点的气象、水文和地质资料的条件下，认真考虑这些因素对污染物的污染特性的影响，合理布置工厂和车间，尽可能减少对环境的不利影响。

3. 分析对周围环境敏感点处置措施的可行性

分析项目所产生的污染物的特点及其污染特征，结合现有的有关资料，确定建设项目对附近环境敏感点的影响程度，在此基础上提出切实可行的处置措施（如搬迁、防护等）。

模块四　生态影响型项目工程分析

一、工程分析时段

工程分析时段应涵盖勘察期、施工期、运营期和退役期，以施工期和运营期为调查分析的重点。不同阶段需要关注和解决不同的问题。

勘察设计期一般不晚于环评阶段结束，主要包括初勘、选址选线和工程可行性（预）研究报告。初勘和选址选线工作在进入环评阶段前已完成，其主要成果在工程可行性（预）研究报告会有体现；而工程可行性（预）研究报告与环评是一个互动阶段，环评以工程可行性（预）研究报告为基础，评价过程中发现初勘、选址选线和相关工程设计中存在环境影响问题应提出调整或修改建议，工程可行性（预）研究报告据此进行修改或调整，最终形成科学的工程可行性（预）研究报告与环评报告。

施工期时间跨度少则几个月，多则几年。对生态影响来说，施工期和运营期的影响同等重要且各具特点，施工期产生的直接生态影响一般属临时性质的，但在一定条件下，其产生的间接影响可能是永久性的。在实际工程中，施工期生态影响注重直接影响的同时，也不应忽略可能造成的间接影响。施工期是生态影响评价必须关注的时段。

运营期一般比施工期长得多，在工程可行性（预）研究报告中会有明确的期限要求。由

于时间跨度长，该时期的生态和污染影响可能会造成区域性的环境问题，如水库蓄水会使周边区域地下水位抬升，进而可能造成区域土壤盐渍化甚至沼泽化、井工采矿时大量疏干排水可能导致地表沉降和地面植被生长不良甚至荒漠化。运营期是环评必须重点关注的时段。

退役期不仅包括主体工程的退役，也涉及主要设备和相关配套工程的退役。如矿井（区）闭矿、渣场封闭、设备报废更新等，也可能存在环境影响问题需要解决。

【例 2-6】（不定项选择）生态影响型项目工程分析时，下列（　）应纳入分析中。

A. 建设期　　B. 选址选线期　　C. 运营期　　D. 运营后期

答：A、B、C、D

二、工程分析的内容

工程分析的内容应包括：项目所处的地理位置、工程的规划依据和规划环评依据、工程类型、项目组成、占地规模、总平面及现场布置、施工方式、施工时序、运行方式、替代方案、工程总投资与环保投资、设计方案中的生态保护措施等（见表 2-4）。根据评价项目自身特点、区域的生态特点以及评价项目与影响区域生态系统的相互关系，确定工程分析的重点，分析生态影响的源及其强度。主要内容应包括：可能产生重大生态影响的工程行为，与特殊生态敏感区和重要生态敏感区有关的工程行为，可能产生间接、累积生态影响的工程行为，可能造成重大资源占用和配置的工程行为。

表 2-4　工程分析的主要内容

工程分析项目	工作内容	基本要求
1. 工程概况	一般特征简介 工程特征 项目组成 施工和营运方案 工程布置示意图 比选方案	工程组成全面，突出重点工程
2. 项目初步论证	法律法规、产业政策、环境政策和相关规划符合性 总图布置和选址选线的合理性 清洁生产和循环经济的可行性	从宏观方面进行论证，必要时应提出替代或调整方案
3. 影响源识别	工程行为识别 污染源识别 重点工程识别 原有工程识别	从工程本身的环境影响特点进行识别，确定项目环境影响的来源和强度
4. 环境影响识别	社会环境影响识别 生态影响识别 环境污染识别	应结合项目自身环境影响特点、区域环境特点和具体环境敏感目标综合考虑

续表 2-4

工程分析项目	工作内容	基本要求
5. 环境保护方案分析	施工和营运方案的合理性 工艺和设施的先进性和可靠性 环境保护措施的有效性 环保设施处理效率的合理性和可靠性 环境保护投资的合理性	从经济、环境、技术和管理方面来论证环境保护方案的可行性
6. 其他分析	非正常工况分析 事故风险识别 防范与应急措施	可在工程分析中专门分析，也可纳入其他部分或专题进行分析

1. 工程概况

介绍工程的名称、建设地点、性质、规模、经济技术指标；介绍工程特征，给出工程特征表；介绍工程项目组成，包括施工期临时工程，给出项目组成表；阐述工程施工和运营设计方案，给出施工期和运营期的工程布置示意图；有比选方案时，在上述内容中均应有介绍。

应给出地理位置图、总平面布置图、施工平面布置图、物料（含土石方）平衡图和水平图等工程基本图件。

2. 初步论证

主要从宏观上进行项目可行性论证，必要时提出替代或调整方案。初步论证主要包括以下三方面内容：

（1）建设项目和法律法规、产业政策、环境政策和相关规划的符合性；

（2）建设项目选址选线、施工布置和总图布置的合理性；

（3）清洁生产和区域循环经济的可行性，提出替代或调整方案。

3. 影响源识别

生态影响型建设项目影响源识别主要从工程自身的影响特点出发，识别可能带来生态影响或污染影响的来源，包括工程行为和污染源。影响源分析时，应尽可能给出定量或半定量数据。

工程行为分析时，应明确给出土地征用量、临时用地量、地表植被破坏面积、取土量、弃渣量、库区淹没面积和移民数量等。

污染源分析时，原则上按污染型建设项目要求进行，从废水、废气、固体废弃物、噪声与振动、电磁等方面分别考虑，明确污染源位置、属性、产生量、处理处置量和最终排放量。

对于改扩建项目，还应分析原有工程存在的环境问题，识别原有工程影响源和源强。

4. 环境影响识别

生态影响型建设项目的生态影响识别不仅要识别工程行为造成的直接生态影响，而且要注意污染影响造成的间接生态影响,甚至要求识别工程行为和污染影响在时间或空间上的累积效应(累积影响)。明确各类影响的性质(有利/不利)和属性(可逆/不可逆、临时/长期等)。见表 2-5。

表 2-5　某水库工程影响源分析与环境影响识别

影响时段	影响源		可能产生的环境影响
施工期	工程施工	施工占地	1. 破坏施工区植被,新增水土流失 2. 对周边水体水质有一定影响 3. 对施工区植物有较大影响 4. 对施工区周围动植物有轻微影响 5. 对土地资源、人群健康及社会经济有一定影响 6. 隧洞开挖影响地下水
		废水	
		弃渣	
		施工废气	
		施工噪声	
		施工人员进驻	
	移民安置	移民生产开发	1. 破坏植被、引起水土流失 2. 对人群健康的影响 3. 安置点污水排放和垃圾堆放的影响
		专项设施复建	
运行期	水库运行	大坝拦截	1. 水库蓄水初期和枯水期下游河段减水 2. 对库区及下游河段水环境、水生生物和水文情势产生影响 3. 水库水温分层的影响 4. 对不稳定库岸产生影响 5. 对工程所在地社会经济有利
		水库调整	
		引水灌溉	
	水库淹没	淹没植被	1. 淹没耕地、林地资源,对库周居民生活造成一定的影响 2. 迫使库区野生动物迁移
		淹没野生动物生境	
		淹没土地资源	
	渠系占地	工程占地	1.使灌区内土地格局发生较大的变化
	灌区运行	渠系供水	1. 灌溉用水影响地下水水质 2. 灌溉回归水影响地表水水质 3. 灌溉对土壤环境产生一定影响,改善居民生存环境
		农田灌溉	

5. 环境保护方案分析

生态影响型建设项目的环境保护方案要求从经济、环境、技术和管理方面来论证环境保护措施和设施的可行性,必须满足达标排放、总量控制、环境规划和环境管理要求,技术先进且与社会经济发展水平相适宜,确保环境保护目标可达性。环境保护方案分析至少应有以下五方面内容:

(1) 施工和运营方案的合理性分析;

(2) 工艺和设施的先进性和可靠性分析;

(3) 环境保护措施的有效性分析;

(4) 环保设施处理效率的合理性和可靠性分析;

(5) 环境保护投资估算及合理性分析。

经过环境保护方案分析,对于不合理的环境保护措施应剔除比选方案,进行比选分析后提出推荐方案或替代方案。对于改扩建工程,应明确"以新带老"环保措施。

6. 其他分析

包括非正常工况类型及源强、事故风险识别和源项分析以及防范与应急措施说明。

【例 2-7】(不定项选择)生态影响型项目工程分析的基本内容有( )。

A. 工程概况　B. 施工合理性　C. 生态环境影响源强分析

D. 主要污染物排放量　E. 替代方案

答:A、B、C、D、E

任务实践

根据项目任务所述,该项目为医院改扩建项目,为社会区域类建设项目。以污染影响为主,属于污染型建设项目。部分工程分析内容简述如下:

一、工程概况

本次改扩建项目在医院现有用地范围内进行。在本次改扩建中,保留办公小院,改造教学楼,拆除其他建筑,新建住院综合楼、门急诊综合楼、锅炉房、污水处理站等工程。改造后的总建筑面积 16 000 m^2,绿化面积 8 000 m^2,设置 800 张床位,门诊量达到 8 000 人/d。工程经济技术指标列表(略)。新增医用核磁共振成像设备、X 线电子计算机断层扫描装置、数字减影血管造影 X 线机、血液透析设备、体外震波碎石机、ECT 装置等设备。

项目公用工程包括给排水、采暖、制冷及蒸汽、锅炉房、食堂及燃气供应。项目建成后,医院职工总人数增加 100 人,增加后人员编制为 1 150 人。另外有学生 1 600 名。

二、拟建项目运营期主要污染源分析

1. 废气

(1) 锅炉烟气。锅炉房设置 1 根烟囱,高度 45 m,内径 1.0 m。天然气用量为 90 万 Nm^3/a,高峰期小时用气负荷为 2 000 Nm^3/h。锅炉房污染物排放情况见附表 2-1。

附表 2-1　高峰期锅炉房大气污染物源强及排放浓度

项目		本项目锅炉房情况	标准值
燃气量/(Nm^3/h)		2 000	—
排气量/(Nm^3/h)		24 620	—
源强/(kg/h)	NO_x	2.5	—
	SO_2	0.001	—
排放浓度/(mg/m^3)	NO_x	101.5	200
	SO_2	0.04	50

由上表可见，本项目锅炉房烟囱大气污染物的排放可以达到《锅炉大气污染物排放标准》(GB 13271—2014)中的要求。

经核算，本项目锅炉房废气中各污染物的年排放总量见附表 2-2。

附表 2-2　锅炉房大气污染物年排放量

年耗气总量/(万 m^3/a)	年排气总量/(万 m^3/a)	NO_x 总量/(t/a)	SO_2 总量/(t/a)
90	1 107.9	1.12	0.000 5

(2) 地下停车场汽车尾气。(略)

(3) 食堂油烟。(略)

(4) 污水处理站恶臭。(略)

2. 废水

(1) 用水量估算。拟建项目用水量及排水量情况见表(略)，水平衡图见附图 2-1。本项目废水产生及排放情况，见附表 2-3。

由附表 2-3 可见，本项目排放污水中各污染物均能达到《医疗机构水污染物排放标准》(GB 18466—2016)及《污水综合排放标准》(GB 8978—1996)中的要求。

3. 噪声

本项目主要噪声源有锅炉房站水泵、风机，污水处理站水泵和污泥泵、污水处理站鼓风机以及油烟净化设施排风机等。主要噪声源及治理措施(略)。

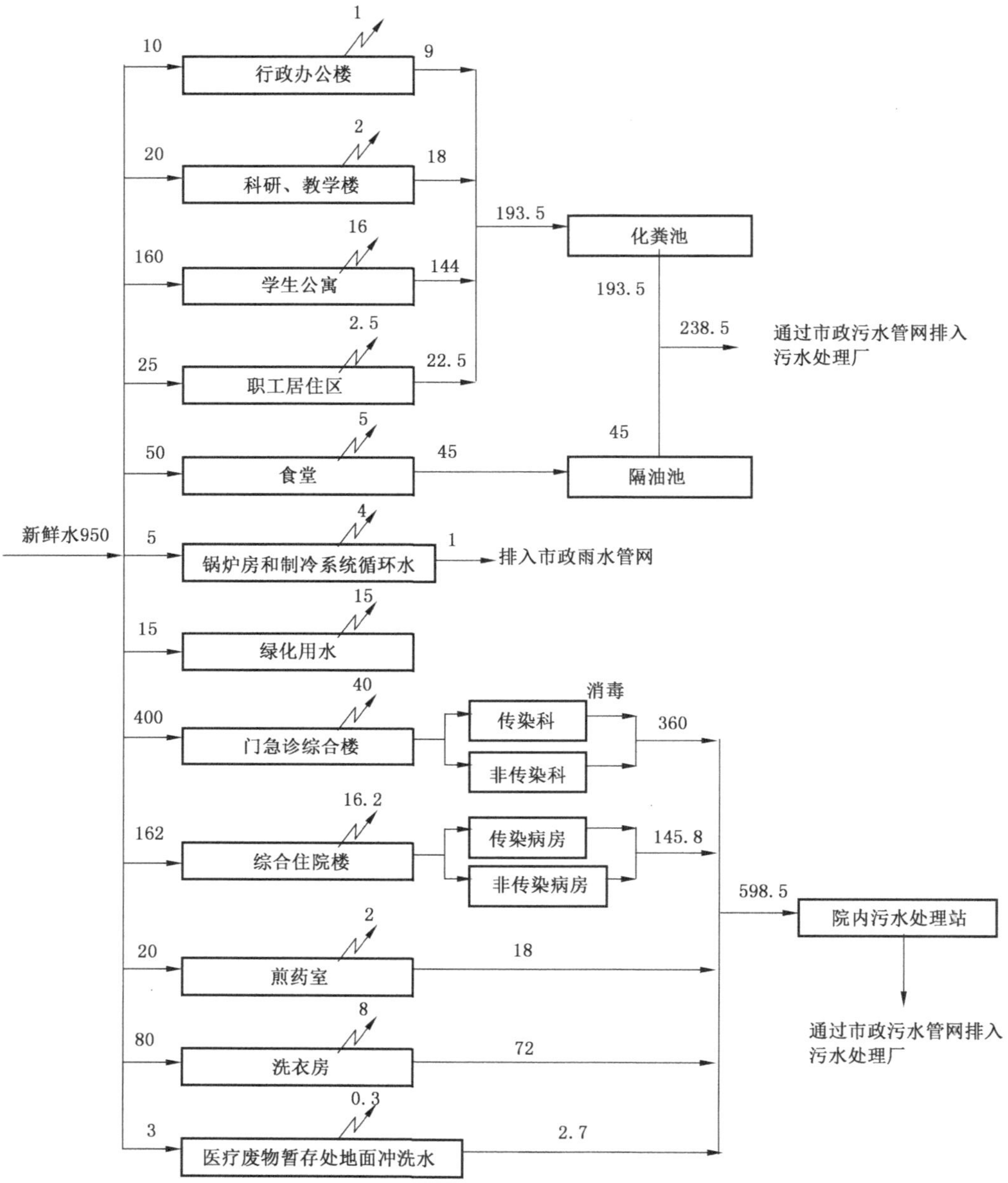

附图 2-1　拟建项目水平衡（m^3/d）

附表 2-3　废水产生及排放情况

废水来源	废水量/(t/a)	组成特征					排放方式及去向
		污染因子	产生浓度/(mg/L)	产生量/(t/a)	排放浓度/(mg/L)	排放量/(t/a)	
非病区生活污水	85 860	COD	400	34.34	400	34.34	污水处理厂
		BOD_5	220	18.89	220	18.89	
		NH_3-N	25	2.15	25	2.15	
		SS	200	17.17	200	17.17	
医疗机构废水	215 460	COD	400	86.18	92.85	20.01	经院内污水处理站处理后排入污水处理厂
		BOD_5	220	47.40	50	10.77	
		NH_3-N	25	5.39	3	0.65	
		SS	200	43.09	30	6.46	
		粪大肠菌群数(MPN/L)	1.6×10^8	—	<3	—	
		总余氯	—	—	7.34	—	
锅炉房及循环水站排污水	360	清净下水					市政雨水管网

4．固体废物

本项目固体废物产生情况见附表 2-4。

附表 2-4　固体废物产生情况及治理措施

序号	名称	产量/(t/a)	固废性质	废物代码	拟采取的处置措施
1	医疗废物	29.2	危险固废	851-001-01	分置于防渗漏、防锐器穿透的专用包装物或者密闭的容器内，暂存于医院医疗垃圾存放点，最终由专业公司统一消纳处理
2	污泥	80		851-001-01	
3	生活垃圾	1 000	一般固废	—	送往环卫部门处置

5．本项目建成后污染物排放“三本账”统计

本项目实施后，污染物排放变化情况见附表 2-5。

附表 2-5　拟建项目运行后污染物排放“三本账”

污染物		现有工程排放量	拟建工程排放量	“以新带老”削减量	全院排放总量	排放增减量
废气	SO_2/(t/a)	0	0.000 5	0	0.000 5	+0.000 5
	NO_x/(t/a)	0	1.12	0	1.12	+1.12
	其他(略)	—	—	—	—	—
废水	废水量/(万 t/a)	22.420 8	30.132 0	22.420 8	30.132 0	+7.711 2
	COD/(t/a)	44.80	54.35	44.80	54.35	+9.55
	BOD_5/(t/a)	24.48	29.66	24.48	29.66	+5.18
	NH_3-N/(t/a)	3.25	2.80	3.25	2.80	-0.45
	SS/(t/a)	20	23.63	20	23.63	+3.63
固体废物	医疗废物/(t/a)	20.82	29.2	20.82	29.2	+8.38
	污泥/(t/a)	41	80	41	80	+39
	生活垃圾/(t/a)	967.4	1 000	967.4	1 000	+32.6

由附表 2-5 可知，改扩建完成后，由于医院规模的扩大并新建锅炉房，除氨氮外，其他污染物的排放量均有所增加。

习题：

1. 工程分析的主要作用是什么？

2. 工程分析的主要方法有哪些？

3. 污染型项目工程分析的主要内容有哪些？

4. 生态影响型项目工程分析的主要内容有哪些？

5. 某电镀企业每年用铬酸酐(CrO_3)3.5 t，其中约 15 %的铬沉淀在镀件上，约有 25%的铬以铬酸雾的形式排入大气，约有 50 %的铬从废水中流失，其余的损耗在镀槽上，则全年从废水排放的六价铬是多少 t？

6. 某企业年烧柴油 210 t，重油 305 t，柴油燃烧排放系数 1.2 万 m^3/t，重油燃烧排放系数 1.5 万 m^3/t，废气年排放量为多少？

7. 某造纸厂日产凸版纸 3 500 t，吨纸耗水量 480 t，经工艺改革后，生产工艺中采用了逆流漂洗和白水回收重复利用，吨纸耗水降至 220 t。该厂每日的重复水利用率是多少？

项目三　大气环境影响评价

项目背景

建设项目在施工期、运营期和服务期满后（部分项目）会排放大气污染物，可能会对大气环境质量带来负面影响。大气环境影响评价是从预防大气污染、保证大气环境质量的目的出发，通过调查、预测等手段，分析、评价拟建的建设项目所带来的环境影响的程度和范围，提出避免、消除或减少负面影响的对策，为建设项目的选址选线、排放方案、大气污染治理设施与预防措施制定、排放量核算，以及其他有关的工程设计、项目实施环境监测等提供科学依据或指导性意见。

项目任务

某新建焦炭项目位于大气环境质量不达标区，不达标因子为 PM_{10}、$PM_{2.5}$，政府已出具削减源情况说明，为本项目获取区域削减污染源。项目拟投资 6 亿元，年产冶金焦 50 万 t，新建 1×50 孔 6.0 m JL 6053D 型捣固焦炉，焦炉为双联火道、废气循环、三段加热、焦炉煤气下喷、贫煤气侧入的复热式焦炉，同时建设配套的除尘地面站、干法熄焦、湿法熄焦装置，保留原煤化烟道气余热利用装置和烟道气脱硫脱硝装置、煤气净化装置。经工程分析，已获取污染源及源强数据。试确定大气现状评价和环境影响评价因子，确定大气评价工作等级和评价范围，选择合适的预测模型对预测范围不同时段的大气环境影响展开预测与评价，并给出评价结论。

完成任务需要的知识

在针对某一具体建设项目进行大气环境影响预测与评价之前，应明确以下几点：

1. 建设项目的大气环境影响评价如何开展？包括哪些内容？工作程序是怎样的？
2. 如何筛选确定大气评价因子？
3. 如何判定建设项目大气环境影响评价工作等级，并根据评价等级确定评价范围？
4. 如何进行大气环境影响预测与评价？

知识模块

模块一 基础知识

一、大气污染与污染物

大气污染通常是指由于人类活动或自然过程引起某些物质进入大气中，呈现出足够的浓度、达到足够的时间，并因此危害了人体的舒适、健康和福利或环境的现象。自然过程包括火山活动、森林火灾、土壤和岩石风化等，人类活动主要指生活和生产活动。一般自然过程造成的大气污染经过一段时间的自净作用能够自动消除，因而大气污染主要指人类活动造成的污染。

大气污染物是指由于人类活动或自然过程排入大气的，并对人和环境产生有害影响的物质。按照存在形态大气污染物可分为颗粒态污染物（气溶胶态污染物）和气态污染物。按生成机理分为一次污染物和二次污染物。由人类或自然活动直接产生，由污染源直接排入环境的污染物称为一次污染物，如 SO_2、NO_2、CO 等。排入环境中的一次污染物在物理、化学因素的作用下发生变化，或与环境中的其他物质发生反应所形成的新污染物称为二次污染物，如硫酸烟雾、光化学烟雾、O_3 和部分二次生成的 $PM_{2.5}$ 等。

大气污染物分为基本污染物和其他污染物。基本污染物指 GB 3095 中所规定的二氧化硫（SO_2）、可吸入颗粒物（PM_{10}）、细颗粒物（$PM_{2.5}$）、臭氧（O_3）、二氧化氮（NO_2）、一氧化碳（CO）。其他污染物指除基本污染物以外的其他项目污染物。

二、大气污染源

污染源从排放形式上可分为点源（含火炬源，即直接由明火排放的源，如炼油厂火炬）、面源、线源、体源、网格源等。点源是通过某种装置集中排放的固定点状源，如烟囱、集气筒等；面源是在一定区域范围内，以低矮密集的方式自地面或近地面的高度排放污染物的源，如无组织排放、储存堆、渣场、居民住宅区众多小炉灶等排放源；线源是污染物呈线状排放或由移动源构成线状排放的源，如城市道路的机动车排放源等；体源是由源本身或附近建筑物的空气动力学作用使污染物呈一定体积向大气排放的源，如焦炉炉体、屋顶天窗等。

污染源从排放时间上可分为连续源、间断源、偶发源等。连续排放污染源是指昼夜内每时每刻不间断地向环境排放污染物的污染源。可分为稳定排放与不稳定排放；间断排放污染源是指昼夜时断时续或呈季节性不连续地向环境排放污染物的污染源。

污染源从排放的运动形式上可分为固定源和移动源，其中移动源包括道路移动源和非道路移动源。

此外还有一些特殊排放形式，比如烟塔合一源、机场源、网格污染源。烟塔合一源是指锅炉产生的烟气经除尘、脱硫、脱硝后引至自然通风冷却塔排放的源；机场源是指民用机场大气污染物排放源；网格污染源一般指排放城市和区域尺度的大气污染物，需进行网格化的污染源，如光化学转化的二次污染物的排放源。

在开展大气环境影响预测时应根据污染源排放形式选择合适的预测模型。

三、大气污染物扩散预测模型的发展

气载污染物在大气中的浓度和分布，不仅取决于污染物的排放量和距离排放源的远近，还决定于大气对气载污染物的扩散能力。常用的大气环境影响预测方法是通过建立数学模型来模拟各种气象条件、地形条件下的污染物在大气中输送、扩散、转化和清除等物理、化学机制，通常由专业预测模型软件完成。大气环境影响预测模型不断发展与完善，自 1970 年到现在，US EPA（美国环保局）或其他机构共资助开发了三代空气质量模型：

20 世纪 70 年代到 80 年代，EPA 推出了第一代空气质量模型，这些模型又分为箱式模型、高斯扩散模型和拉格朗日轨迹模型，其中高斯扩散模型主要有 ISC、AERMOD、ADMS 等，拉格朗日模型如 OZIP/EKMA、CALPUFF 等。这些模型结构简单、运算速度快、长期浓度模拟的准确度高，至今仍在常规污染物模拟方面被广泛使用。值得注意的是第一代空气质量模型的划分并不是非常明确，例如 ADMS、AERMOD、CALPUFF 模型应用了 90 年代以来大气研究的最新成果，与传统的第一代模型已有很大不同。

随着对大气边界层湍流特征的研究，研究者开展了大量室内试验、数值试验和现场野外观测等工作，发现高斯模型对许多问题都无法解答，这逐渐推动了第二代空气质量模型的发展。80 年代到 90 年代的第二代空气质量模型主要包括 UAM、ROM、RADM 在内的欧拉网格模型。第二代欧拉数值空气质量模型中加入了比较复杂的气象模式和非线性反应机制，并将被模拟的区域分成许多三维网格单元。模型将模拟每个单元格大气层中的化学变化过程、云雾过程，以及位于该网格周边的其他单元格内的大气状况，这包括污染源对网格区域内的影响以及所产生的干、湿沉降作用等。

第二代空气质量模型在设计上仅考虑了单一的大气污染问题，对于各污染物间的相互转化和相互影响考虑不全面，而实际大气中各种污染物之间存在着复杂的物理、化学反应过程。因此，2C 世纪 90 年代末 US EPA 基于"一个大气"理念，设计研发了第三代空气质量模式系统 Medels-3/CMAQ。CMAQ 是一个多模块集成、多尺度网格嵌套的三维欧拉模型，突破了传统模式针对单一物质或单相物质的模拟，考虑了实际大气中不同物质之间的相互转换和互相影响，开创了模型发展的新理念。当前主流的第三代空气质量模型还包括 CAMx、WRF-

CHEM、NAQPMS 等。特别是美国大气研究中心 NCAR 开发的 WRF-CHEM 模式考虑了气象和大气污染的双向反馈过程，在一定程度上代表了区域大气模型未来发展的主流方向。

从实践应用来看，ADMS、AREMOD、CALPUFF 模型多用于环境影响评价和城市尺度一次污染物的模拟，在国内外环境影响评价领域发挥了主力军作用，已被多个国家定为法规化模型。《环境影响评价技术导则　大气环境》(HJ 2.2—2018)推荐模型清单中模型按模拟尺度可分为三类，即局地尺度(50 km 以下)、城市尺度(几十到几百 km)、区域尺度(几百 km 以上)模型。模拟局地尺度环境空气质量影响时，一般选用估算模型、AERMOD、ADMS、AUSTAL2000 等模型；在模拟城市尺度环境空气质量影响时，一般选用 CALPUFF 模型；在模拟区域尺度空气质量影响或需考虑对二次 $PM_{2.5}$ 及 O_3 有显著影响的排放源时，一般选用区域光化学网格模型。AERMOD、ADMS 及 CALPUFF 等模型可直接模拟点源、面源、线源、体源，AUSTAL2000 可模拟烟塔合一源，EDMS/AEDT 可模拟机场源。

四、高斯扩散模型基本计算公式

对于一般建设项目的环境影响评价，多数采用基于统计理论的大气扩散模型。高斯模式是这类模型的重要基础。本书简要介绍几种常用的高斯模型。

高斯模式是一类简单实用的大气扩散模式。高斯模式的建立需要满足以下四点假设：污染物在空间呈正态分布；气流场均匀定常，不随时间变化，同时在空间是均匀的，平均风速、扩散参数随下风距离的变化到处都一样，在空间是常值；源强连续均匀；在扩散过程中污染物质量守恒。实际上大气通常不满足均匀定常条件，因此，高斯模式应用于下垫面均匀平坦、气流稳定的小尺度扩散问题更为有效。

1. 有界空间假设下的高架连续点源扩散模型

污染物在大气中的扩散必须考虑地面对扩散的影响，假设地面像镜面一样，对污染物起全反射作用，按像源法原理，假设地平线为一镜面，在其下方有一与真实源完全对称的虚源，两个源叠加后的效果和真实源考虑到地面反射的结果是等价的。

$$C(x,y,z,H_e)=\frac{Q}{2\pi u\sigma_y\sigma_z}\exp\left(-\frac{y^2}{2\sigma_y^2}\right)\left\{\exp\left[-\frac{(z-H_e)^2}{2\sigma_z^2}\right]+\exp\left[-\frac{(z+H_e)^2}{2\sigma_z^2}\right]\right\} \tag{3-1}$$

式中：

C ——污染物浓度，mg/m^3；

x、y、z ——预测点的空间坐标，m；

Q ——单位时间的排放量(即排放率或源强)，mg/s；

σ_y ——y 轴水平方向扩散参数，m，通常表示为 $\sigma_y=\gamma_1 x^{\alpha_1}$，$\gamma_1$、$\alpha_1$ 是与大气稳定度等有关的常数；

σ_z ——z 轴垂直方向扩散参数，m，通常表示为 $\sigma_z=\gamma_2 x^{\alpha_2}$，$\gamma_2$、$\alpha_2$ 是与大气稳定度等有关的常数；

u ——平均风速，m/s，一般取烟囱出口处的平均风速；

H_e ——烟囱有效高度，m，$H_e=H+\Delta H$；

H ——烟囱的几何高度，m；

ΔH ——烟气抬升高度，m。

在大气环境影响预测中人们更关心烟囱排放的污染物对近地面的影响。令式(3-1)中 $z=0$ 得到

$$C(x,y,0,H_e)=\frac{Q}{\pi u\sigma_y\sigma_z}\exp\left(-\frac{y^2}{2\sigma_y^2}\right)\exp\left(-\frac{H_e^2}{2\sigma_z^2}\right) \tag{3-2}$$

下风向 x 轴线上（$y=0$）的地面浓度 $C(x,0,0,H_e)$：

$$C(x,0,0,H_e)=\frac{Q}{\pi u\sigma_y\sigma_z}\exp\left(-\frac{H_e^2}{2\sigma_z^2}\right) \tag{3-3}$$

【例 3-1】 城市工业区一点源，排放的主要污染物为 SO_2，其排放量为 200 g/s，排气筒几何高度 100 m，有效源高为 200 m，排气筒出口风速为 2.83 m/s，求下风距离 800 m 处的地面轴线浓度（$\sigma_y=127.2$ m，$\sigma_z=85.3$ m）。

解：
$$\begin{aligned}C(x,0,0,H_e)&=\frac{Q}{\pi u\sigma_y\sigma_z}\exp\left(-\frac{H_e^2}{2\sigma_z^2}\right)\\&=\frac{200\ 000}{3.141\ 59\times2.83\times127.2\times85.3}\exp\left(-\frac{200^2}{2\times85.3^2}\right)\\&=0.13\ \text{mg/m}^3\end{aligned}$$

答：下风距离 800 m 处的地面轴线浓度为 0.13 mg/m^3。

2. 最大地面浓度 $C_{\max}$ 及其距排气筒距离 X_m

σ_y、σ_z 是距离 x 的函数，随 x 的增大而增大，式(3-3)中 $\frac{Q}{\pi u\sigma_y\sigma_z}$ 项随 x 的增大而减小，$\exp\left(-\frac{H_e^2}{2\sigma_z^2}\right)$ 项则随 x 增大而增大，两项共同作用的结果，必然在某一距离处出现浓度 C 的最大值。为了简化运算，假设 σ_z/σ_y 为一常数，把式(3-3)对 σ_z 求导数，令其等于零，再经过一些简单运算，即可求出地面最大浓度为

$$C_{\max}=\frac{2Q}{\pi euH_e^2}\cdot\frac{\sigma_z}{\sigma_y} \tag{3-4}$$

若 $\sigma_z=\gamma_2 x^{\alpha_2}$，则

$$x_{\max}=\left(\frac{H_e^2}{\sqrt{2}\gamma_2}\right)^{1/\alpha_2} \tag{3-5}$$

3. 熏烟模式

熏烟型扩散模式，也称漫烟型扩散模式，在夜间辐射逆温存在时，由高架源排入稳定大气层的污染物，在源的上方形成一条狭长的高浓度区。日出以后，太阳辐射逐渐增加，地面逐渐变暖，逆温从地面开始破坏，逐渐向上发展。当逆温破坏到烟流下边稍高一些时，受到刚刚发展起来的势力湍流作用，逆温破坏处的污染物便发生强烈的向下混合作用，增大了地面污染物浓度。当逆温消退到烟流顶部时，则所有烟云在上部逆温下迅速向下扩散，造成地面高浓度，这个过程称为熏烟过程。整个过程一般持续半小时。为了估算在逆温破坏熏烟条件下的地面浓度，假设烟流原来是排入稳定层内的，当逆温消退到高度 h_f 时，在高度 h_f 以下，浓度的铅直分布是均匀的，这时地面浓度计算式为

$$C_f(x,y)=\frac{Q}{\sqrt{2\pi}uh_f\sigma_{yf}}\exp\left(-\frac{y^2}{2\sigma_{yf}^2}\right)\phi(P) \tag{3-6}$$

$$P=\frac{h_f-H_e}{\sigma_z} \tag{3-7}$$

$$\sigma_{yf}=\sigma_y+\frac{H_e}{8} \tag{3-8}$$

$$\phi(P)=\frac{1}{\sqrt{2\pi}}\int_{-\infty}^{P}\exp(-0.5p^2)\mathrm{d}p \tag{3-9}$$

式中：

σ_{yf} ——熏烟条件下的 y 向扩散参数，m；

$\phi(P)$——原稳定状态下的烟羽进入混合层的份额；

h_f ——逆温层消失的高度，m，$h_f=H_e+2.15\sigma_z$。

通常认为 $P=-2.15$ 时为烟羽的下边界，$\phi\approx 0$，烟羽未进入混合层；$P=2.15$ 时为烟羽的上边界，$\phi\approx 1$，烟羽全部进入混合层。

如果逆温消失在烟囱的有效高度 H_e 时，可以认为烟流的一半向下混合，而另一半则留在上部稳定的大气层中，这时地面浓度为

$$C_f(x,y,0)=\frac{Q}{2\sqrt{2\pi}uH_e\sigma_{yf}}\exp\left(-\frac{y^2}{2\sigma_{yf}^2}\right) \tag{3-10}$$

地面轴线浓度为

$$C_f(x,0,0)=\frac{Q}{2\sqrt{2\pi}uH_e\sigma_{yf}} \tag{3-11}$$

若逆温消退到高度 h_f，$h_f=H_e+2.15\sigma_z$，恰好等于烟流的上边源时，烟流全部向下垂直混合，使地面浓度达到极大值，其地面浓度公式为

$$C_f(x,y,0)=\frac{Q}{\sqrt{2\pi}uh_f\sigma_{yf}}\exp\left(-\frac{y^2}{2\sigma_{yf}^2}\right) \tag{3-12}$$

4. 烟气抬升公式

烟气抬升对高速或热量很大的烟气排放而言是非常重要的因素，烟气抬升高度有时可达烟囱本身高度的数倍，从而显著降低地面污染物的浓度。抬升后的烟气高度称为有效高度 H_e，可用式(3-13)表达：

$$H_e=H+\Delta H \tag{3-13}$$

式中：

H ——排气筒几何高度，m；

ΔH ——抬升高度，m。

(1) 有风时，中性和不稳定条件

当烟气热释放率 Q_h 大于或等于 2 100 kJ/s，且烟气温度与环境温度的差值 ΔT 大于或等于 35 K 时，

$$\Delta H=n_0Q_h^{n_1}H^{n_2}u^{-1} \tag{3-14}$$

$$Q_h=0.35P_aQ_v\frac{\Delta T}{T_s} \tag{3-15}$$

$$\Delta T=T_s-T_a \tag{3-16}$$

式中：

n_0 ——烟气热状况及地表状况系数，见表 3-1；

n_1 ——烟气热释放率指数，见表 3-1；

n_2 ——排气筒高度指数，见表 3-1；

Q_h ——烟气热释放率，kJ/s；

H ——排气筒距地面几何高度，m，超过 240 m 取 $H=240$ m；

P_a ——大气压力，hPa；

Q_v ——实际排烟率，m^3/s；

ΔT ——烟气出口温度与环境温度差，K；

T_s ——烟气出口温度，K；

T_a ——环境大气温度，K；

u ——排气筒出口处平均风速，m/s。

当 1 700 kJ/s<Q_h<2 100 kJ/s 时，

$$\Delta H=\Delta H_1+(\Delta H_2-\Delta H_1)\cdot\frac{Q_h-1\ 700}{400} \tag{3-17}$$

$$\Delta H_1=2(1.5V_sD+0.01Q_h)/u-0.048(Q_h-1\ 700)/u \tag{3-18}$$

式中：

V_s ——排气筒出口处烟气排出速度，m/s；

D ——排气筒出口直径，m；

ΔH_2——按式(3-14)计算。

当 Q_h≤1 700 kJ/s 或者 ΔT<35 K 时，

$$\Delta H=2(1.5V_sD+0.01Q_h)/u \tag{3-19}$$

表 3-1　n_0、n_1、n_2 的选取

Q_h/(kJ/s)	地表状况(平原)	n_0	n_1	n_2
Q_h≥21 000	农村或城市远郊区	1.427	1/3	2/3
	城市及近郊区	1.303	1/3	2/3
2 100≤Q_h<21 000 且 ΔT≥35 K	农村或城市远郊区	0.332	3/5	2/5
	城市及近郊区	0.292	3/5	2/5

(2) 有风时，稳定条件下

$$\Delta H=Q_h^{1/3}\left(\frac{\mathrm{d}T_a}{\mathrm{d}Z}+0.009\ 8\right)^{-1/3}u^{-1/3} \tag{3-20}$$

式中：

$\mathrm{d}T_a/\mathrm{d}Z$——排气筒几何高度以上的大气温度梯度，K/m。

(3) 静风和小风条件下

$$\Delta H=5.50Q_h^{1/4}\left(\frac{\mathrm{d}T_a}{\mathrm{d}Z}+0.009\ 8\right)^{-3/8} \tag{3-21}$$

【例 3-2】 某城市火电厂排气筒高 115 m，出口烟气量为 240 m³/s，烟气温度 135 ℃，当地大气温度 20 ℃，大气压为 1 010 hPa，烟气出口处风速为 4.0 m/s。试确定该电厂非烟的抬升高度及有效源高。

解：$Q_h=(0.35P_aQ_v\Delta T)/T_s=0.35\times1\ 010\times240\times(135-20)/(135+273)$

$=23\ 913$ kJ/s≥21 000，

查表得　　$n_0=1.303, n_1=1/3, n_2=2/3$

$$\Delta H = n_0 Q^{n_1} H^{n_1} u^{-1}$$
$$=(1.303\times 23\ 913^{1/3}\times 115^{2/3})/4$$
$$=221.9\ \text{m}$$
$$H_e = H+\Delta H = 115+221.9=336.9\ \text{m}$$

答：该电厂排烟的抬升高度为 221.9 m，有效源高为 336.9 m。

模块二　大气环境影响评价等级和评价范围的确定

大气环境影响评价的基本任务是通过调查、预测等手段，对项目在建设阶段、生产运行和服务期满后（可根据项目情况选择）所排放的大气污染物对环境空气质量影响的程度、范围和频率进行分析、预测和评估，为项目的选址选线、排放方案、大气污染治理设施与预防措施制定、排放量核算，以及其他有关的工程设计、项目实施环境监测等提供科学依据或指导性意见。

一、评价因子的筛选

筛选确定评价因子应根据建设项目的特点、环境影响的主要特征，结合区域环境功能要求、环境保护目标、评价标准和环境制约因素。大气环境影响评价因子主要为项目排放的基本污染物及其他污染物。

当建设项目排放的 SO_2 和 NO_x 年排放量大于或等于 500 t/a 时，评价因子应增加二次 $PM_{2.5}$，当规划项目排放的 SO_2、NO_x 及 VOCs 年排放量达到表 3-2 规定的量时，评价因子应相应增加二次 $PM_{2.5}$ 及 O_3。

表 3-2　二次污染物评价因子筛选

类别	污染物排放量/(t/a)	二次污染物评价因子
建设项目	SO_2+NO_x　≥500	$PM_{2.5}$
规划项目	SO_2+NO_x　≥500	$PM_{2.5}$
	NO_x+VOCs　≥2 000	O_3

二、评价等级与范围的确定

1. 划分评价等级

应选择项目污染源正常排放的主要污染物及排放参数，采用估算模型分别计算项目污染源的最大环境影响，然后按评价工作分级判据进行分级。

具体划分方法是：根据项目污染源初步调查结果，分别计算项目排放主要污染物的最大地面空气质量浓度占标率 P_i(%)（第 i 个污染物，简称“最大浓度占标率”），然后根据最大地面空气质量浓度占标率 P_i 的最大值 P_{max}，按表 3-3 评价等级判别表进行分级划分。

$$P_i = \frac{C_i}{C_{0i}} \times 100\% \tag{3-22}$$

式中：

P_i——第 i 个污染物的最大地面空气质量浓度占标率，%；

C_i——采用估算模型计算出的第 i 个污染物的最大 1 h 地面空气质量浓度，$\mu g/m^3$；

C_{0i}——第 i 个污染物的环境空气质量浓度标准，$\mu g/m^3$。

C_{0i} 一般选用《环境空气质量标准》(GB 3095—2012)中 1 h 平均质量浓度的二级浓度限值，如已有地方环境质量标准，应选用地方标准中的浓度限值；如项目位于一类环境空气功能区，应选择相应的一级浓度限值。

对仅有 8 h 平均质量浓度限值、日平均质量浓度限值或年平均质量浓度限值的，分别按 2 倍、3 倍、6 倍折算为 1 h 平均质量浓度限值。

对于 GB 3095 及地方环境质量标准中未包含的污染物，可参照《环境影响评价技术导则　大气环境》(HJ 2.2—2018)附录 D 中的浓度限值。

对于上述标准中都未包含的污染物，可参照选用其他国家、国际组织发布的环境质量浓度限值或基准值，但应作出说明，经生态环境主管部门同意后执行。

表 3-3　大气环境影响评价等级判别表

评价工作等级	评价工作分级判据
一级	$P_{max} \geq 10\%$
二级	$1 \leq P_{max} < 10\%$
三级	$P_{max} < 1\%$

评价等级的判定还应遵守以下规定：

(1) 同一项目有多个污染源(两个及以上)时，按各污染源分别确定评价等级，并取评价等级最高者作为项目的评价等级。

(2) 对电力、钢铁、水泥、石化、化工、平板玻璃、有色等高耗能行业的多源项目或以使用高污染燃料为主的多源项目，并且编制环境影响报告书的项目评价等级提高一级。

(3) 对公路、铁路项目，分别按项目沿线主要集中式排放源(如服务区、车站等大气污染源)排放的污染物计算评价等级。

(4) 对新建包含 1 km 及以上隧道工程的城市快速路、主干路等城市道路项目，按项目隧道主要通风竖井及隧道出口排放的污染物计算评价等级。

(5) 对新建、迁建及飞行区扩建的枢纽及干线机场项目，应考虑机场飞机起降及相关辅助设施排放源对周边城市的环境影响，评价等级取一级。

2. 确定评价范围

按照建设项目排放污染物的最远影响距离（$D_{10\%}$）确定大气环境影响评价范围。污染物 i 的最远影响距离 $D_{10\%}$ 为项目第 i 个污染物的地面空气质量浓度达到标准值的 10%时所对应的最远距离。

一级评价项目以项目厂址为中心区域，自厂界外延 $D_{10\%}$ 的矩形区域作为大气环境影响评价范围。当 $D_{10\%}$ 超过 25 km 时，确定评价范围为边长 50 km 的矩形区域；当 $D_{10\%}$ 小于 2.5 km 时，评价范围边长取 5 km。二级评价项目大气环境影响评价范围边长取 5 km。三级评价项目不需设置大气环境影响评价范围。

对于新建、迁建及飞行区扩建的枢纽及干线机场项目，评价范围还应考虑受影响的周边城市，最大取边长 50 km。规划的大气环境影响评价范围以规划区边界为起点，外延规划项目排放污染物的最远影响距离（$D_{10\%}$）的区域。

【例 3-3】 依据《环境影响评价技术导则　大气环境》（HJ 2.2—2018），经估算模式计算出某项目排放污染物的最大地面浓度占标率 P_{max} 为 3%，占标率 10%对应的落地浓度所处最远距离 $D_{10\%}$ 为 0.8 km（厂界内），则该项目的大气评价等级和评价范围边长分别是（　）。

A. 二级、5 km　B. 二级、1.6 km　C. 三级、5 km　D. 三级、1.6 km

答：A

三、评价基准年的筛选

依据评价所需环境空气质量现状、气象资料等数据的可获得性、数据质量、代表性等因素，选择近 3 年中数据相对完整的 1 个日历年作为评价基准年。

模块三　环境空气质量现状调查与评价

环境空气现状调查与评价主要包括污染源调查、环境空气质量现状调查与评价、环境空气保护目标调查三方面内容。

一、污染源调查

通过污染源调查，可以掌握污染源的类型、数量及其分布，掌握各类污染源排放的污染物种类、数量及其随时间的变化情况。通过污染源评价，可以确定一个区域内的主要污染物和主要污染源，然后提出具体可行的污染控制和治理方案，为政府决策提供技术依据。

1. 调查对象

评价级别不同污染源的调查对象也不同。

(1) 一级评价项目

① 调查本项目不同排放方案的有组织及无组织排放源。对于改建、扩建项目还应调查本项目现有污染源。本项目污染源调查包括正常排放和非正常排放,其中非正常排放调查内容包括非正常工况、频次、持续时间和排放量。

② 调查本项目所有拟被替代的污染源(如有),包括被替代污染源名称、位置、排放污染物及排放量、拟被替代时间等。

③ 调查评价范围内与评价项目排放污染物有关的其他在建项目、已批复环境影响评价文件的拟建项目等污染源。

④ 对于编制报告书的工业项目,分析调查受本项目物料及产品运输影响新增的交通运输移动源,包括运输方式、新增交通流量、排放污染物及排放量。

(2) 二级评价项目

参照一级评价项目中的①和②两项调查本项目现有及新增污染源和拟被替代的污染源。

(3) 三级评价项目

只调查本项目新增污染源和拟被替代的污染源。

(4) 其他要求

对于城市快速路、主干路等城市道路的新建项目,需调查道路交通流量及污染物排放量。对于采用网格模型预测二次污染物的,需结合空气质量模型及评价要求,开展区域现状污染源排放清单调查。

【例 3-4】 依据《环境影响评价技术导则 大气环境》(HJ 2.2—2018),大气环境影响评价工作等级为三级的扩建项目,其污染源调查对象至少应包括( )。

A. 评价范围内与项目排放污染物有关的其他在建项目　　B. 区域替代项目

C. 评价范围内所有工业污染源　　D. 所评价的项目

答:D

2. 调查方法与要求

新建项目的污染源调查,依据《建设项目环境影响评价技术导则总纲》(HJ 2.1—2016)、《规划环境影响评价技术导则总纲》(HJ 130—2014)、《排污许可证申请与核发技术规范总则》(HJ 942—2018)、行业排污许可证申请与核发技术规范及各污染源源强核算技术指南,并结合工程分析从严确定污染物排放量。

评价范围内在建和拟建项目的污染源调查，可使用已批准的环境影响评价文件中的资料；改建、扩建项目现状工程的污染源和评价范围内拟被替代的污染源调查，可根据数据的可获得性，依次优先使用项目监督性监测数据、在线监测数据、年度排污许可执行报告、自主验收报告、排污许可证数据、环评数据或补充污染源监测数据等。污染源监测数据应采用满负荷工况下的监测数据或者换算至满负荷工况下的排放数据。

网格模型模拟所需的区域现状污染源排放清单调查按国家发布的清单编制相关技术规范执行。污染源排放清单数据应采用近3年内国家或地方生态环境主管部门发布的包含人为源和天然源在内所有区域污染源清单数据。在国家或地方生态环境主管部门未发布污染源清单之前，可参照污染源清单编制指南自行建立区域污染源清单，并对污染源清单准确性进行验证分析。

3. 调查内容

污染源调查按点源、面源、体源、线源、火炬源、烟塔合一排放源、机场源等不同污染源排放形式，分别给出污染源参数，并按照导则要求列出污染源参数调查清单表。

对于网格污染源，按照源清单要求给出污染源参数，并说明数据来源。当污染源排放为周期性变化时，还需给出周期性变化排放系数。

（1）点源调查内容

点源调查包括：排气筒底部中心坐标（坐标可采用UTM坐标或经纬度），以及排气筒底部的海拔高度（m）；排气筒几何高度（m）及排气筒出口内径（m）；烟气流速（m/s）；排气筒出口处烟气温度（℃）；各主要污染物排放速率（kg/h），排放工况（正常排放和非正常排放），年排放小时数（h）。

（2）面源调查内容

面源调查包括：面源坐标；面源的海拔高度和有效排放高度（m）；各主要污染物排放速率（kg/h）、排放工况、年排放小时数（h）。其中矩形面源为初始点坐标，面源的长度（m），面源的宽度（m），与正北方向逆时针的夹角。多边形面源为多边形面源的顶点数或边数（3～20）以及各顶点坐标。近圆形面源为中心点坐标，近圆形半径（m），近圆形顶点数或边数。

（3）体源调查内容

体源调查包括：体源中心点坐标，以及体源所在位置的海拔高度（m）；体源有效高度（m）；体源排放速率（kg/h）、排放工况，年排放小时数（h）；体源的边长（m）（把体源划分为多个正方形的边长）；初始横向扩散参数（m）、初始垂直扩散参数（m）。

（4）线源调查内容

线源调查包括：线源几何尺寸（分段坐标）、线源宽度（m）、距地面高度（m）、有效排放高度（m）、街道街谷高度（可选）（m）；各种车型的污染物排放速率[kg/(km·h)]；平均车速

(km/h)、各时段车流量(辆/h)、车型比例。

二、环境空气质量现状调查与评价

1. 调查内容

(1) 一级评价项目

① 调查项目所在区域环境质量达标情况,作为项目所在区域是否为达标区的判断依据。

② 调查评价范围内有环境质量标准的评价因子的环境质量监测数据或进行补充监测,用于评价项目所在区域污染物环境质量现状,以及计算环境空气保护目标和网格点的环境质量现状浓度。

(2) 二级评价项目

① 调查项目所在区域环境质量达标情况。

② 调查评价范围内有环境质量标准的评价因子的环境质量监测数据或进行补充监测,用于评价项目所在区域污染物环境质量现状。

(3) 三级评价项目

只调查项目所在区域环境质量达标情况。

2. 调查数据来源

(1) 基本污染物环境质量现状数据

① 项目所在区域达标判定,优先采用国家或地方生态环境主管部门公开发布的评价基准年环境质量公告或环境质量报告中的数据或结论。

② 采用评价范围内国家或地方环境空气质量监测网中评价基准年连续 1 年的监测数据,或采用生态环境主管部门公开发布的环境空气质量现状数据。

③ 评价范围内没有环境空气质量监测网数据或公开发布的环境空气质量现状数据的,可选择符合《环境空气质量监测点位布设技术规范(试行)》(HJ 664—2013)规定,并且与评价范围地理位置邻近,地形、气候条件相近的环境空气质量城市点或区域点监测数据。

④ 对于位于环境空气质量一类区的环境空气保护目标或网格点,各污染物环境质量现状浓度可取符合《环境空气质量监测点位布设技术规范(试行)》(HJ 664—2013)规定,并且与评价范围地理位置邻近,地形、气候条件相近的环境空气质量区域点或背景点监测数据。

(2) 其他污染物环境质量现状数据

① 优先采用评价范围内国家或地方环境空气质量监测网中评价基准年连续 1 年的监测数据。

② 评价范围内没有环境空气质量监测网数据或公开发布的环境空气质量现状数据的,

可收集评价范围内近3年与项目排放的其他污染物有关的历史监测资料。

3. 补充监测

在没有相关监测数据或监测数据不能满足评价要求时，应进行补充监测。

(1) 监测时段

根据监测因子的污染特征，选择污染较重的季节进行现状监测。补充监测应至少取得7 d有效数据。对于部分无法进行连续监测的其他污染物，可监测其一次空气质量浓度，监测时次应满足所用评价标准的取值时间要求。

(2) 监测布点

以近20年统计的当地主导风向为轴向，在厂址及主导风向下风向5 km范围内设置1～2个监测点。如需在一类区进行补充监测，监测点应设置在不受人为活动影响的区域。

(3) 监测方法

应选择符合监测因子对应环境质量标准或参考标准所推荐的监测方法，并在评价报告中注明。

(4) 监测采样

环境空气监测中的采样点、采样环境、采样高度及采样频率，按《环境空气质量监测点位布设技术规范(试行)》(HJ 664—2013)及相关评价标准规定的环境监测技术规范执行。

4. 环境空气质量现状评价内容

环境空气质量现状评价内容包括项目所在区域达标判断、各污染物的环境质量现状评价和环境空气保护目标及网格点环境质量现状浓度计算。

(1) 项目所在区域达标判断

城市环境空气质量达标情况评价指标为SO_2、NO_2、PM_{10}、$PM_{2.5}$、CO和O_3，六项污染物全部达标即为城市环境空气质量达标。

根据国家或地方生态环境主管部门公开发布的城市环境空气质量达标情况，判断项目所在区域是否属于达标区。如项目评价范围涉及多个行政区(县级或以上)，需分别评价各行政区的达标情况，若存在不达标行政区，则判定项目所在评价区域为不达标区。

国家或地方生态环境主管部门未发布城市环境空气质量达标情况的，可按照《环境空气质量评价技术规范(试行)》(HJ 663—2013)中各评价项目的年评价指标进行判定。年评价指标中的年均浓度和相应百分位数24 h平均或8 h平均质量浓度满足《环境空气质量标准》(GB 3095—2012)中浓度限值要求的即为达标。

(2) 各污染物的环境质量现状评价

① 长期监测数据的现状评价内容，按《环境空气质量评价技术规范(试行)》(HJ 663—

2013)中的统计方法对各污染物的年评价指标进行环境质量现状评价。对于超标的污染物,计算其超标倍数和超标率。

短期浓度指某污染物的评价时段小于等于 24 h 的平均质量浓度,包括 1 h 平均质量浓度、8 h 平均质量浓度以及 24 h 平均质量浓度。长期浓度指某污染物的评价时段大于等于 1 个月的平均质量浓度,包括月平均质量浓度、季平均质量浓度和年平均质量浓度。

根据《环境空气质量评价技术规范(试行)》(HJ 663—2013),超标倍数按照式(3-23)计算:

$$B_i = \frac{C_i - C_{si}}{C_{si}} \tag{3-23}$$

式中:

B_i—— 超标项目 i 的超标倍数;

C_i—— 超标项目 i 的浓度值,mg/m^3;

C_{si}—— 超标项目 i 的环境质量标准浓度限值,mg/m^3,一类区采用一级浓度限值标准,二类区采用二级浓度限值标准。

在年度评价时,对于 SO_2 和 NO_2,分别计算年平均浓度和 24 h 平均的第 98 百分位数浓度相对于年均值标准和日均值标准的超标倍数;PM_{10} 和 $PM_{2.5}$,分别计算年平均浓度和 24 h 平均的第 95 百分位数浓度相对于年均值标准和日均值标准的超标倍数;对于 O_3,计算日最大 8 h 平均的第 90 百分位数浓度相对于 8 h 平均浓度限值标准的超标倍数;对于 CO,计算 24 h 平均的第 95 百分位数浓度相对于日均值标准的超标倍数。

超标率按式(3-24)计算:

$$\text{超标率} = \frac{\text{超标数据个数}}{\text{总监测数据个数}} \times 100\% \tag{3-24}$$

其中,未检出点位数计入总监测数据个数,不符合监测技术规范要求的监测数据不计入总监测数据个数。

② 补充监测数据的现状评价内容,分别对各监测点位不同污染物的短期浓度进行环境质量现状评价。对于超标的污染物,计算其超标倍数和超标率。

(3) 环境空气保护目标及网格点环境质量现状浓度计算

对采用多个长期监测点位数据进行现状评价的,取各污染物相同时刻各监测点位的浓度平均值,作为评价范围内环境空气保护目标及网格点环境质量现状浓度,计算方法如式(3-25):

$$C_{\text{现状}(x,y,t)} = \frac{1}{n}\sum_{j=1}^{n} C_{\text{现状}(j,t)} \tag{3-25}$$

式中:

$C_{\text{现状}(x,y,t)}$——环境空气保护目标及网格点(x,y)在 t 时刻环境质量现状浓度,μg/m^3;

$C_{现状(j,t)}$ ——第 j 个监测点位在 t 时刻环境质量现状浓度（包括短期浓度和长期浓度），$\mu g/m^3$；

n ——长期监测点位数。

对采用补充监测数据进行现状评价的，取各污染物不同评价时段监测浓度的最大值，作为评价范围内环境空气保护目标及网格点环境质量现状浓度。对于有多个监测点位数据的，先计算相同时刻各监测点位平均值，再取各监测时段平均值中的最大值，计算方法如式(3-26)：

$$C_{现状(x,y)} = \max\left[\frac{1}{n}\sum_{j=1}^{n} C_{监测(j,t)}\right] \tag{3-26}$$

式中：

$C_{现状(x,y)}$——环境空气保护目标及网格点（x，y）环境质量现状浓度，$\mu g/m^3$；

$C_{监测(j,t)}$——第 j 个监测点位在 t 时刻环境质量现状浓度(包括 1 h 平均、8 h 平均或日平均质量浓度），$\mu g/m^3$；

n ——现状补充监测点位数。

三、环境空气保护目标调查

环境空气保护目标是指评价范围内按《环境空气质量标准》(GB 3095—2012)规定划分为一类区的自然保护区、风景名胜区和其他需要特殊保护的区域，二类区中的居住区和文化区和农村地区中人群较集中的区域。

环境空气保护目标调查是指调查项目大气环境评价范围内主要环境空气保护目标。在带有地理信息(坐标)的底图中标注，并列表给出环境空气保护目标内主要保护对象的名称、保护内容、所在大气环境功能区划以及与项目厂址的相对距离、方位、坐标等信息。其中环境空气保护目标坐标取距离厂址最近点位位置。

模块四　大气环境影响预测与评价

大气环境影响预测用于判断项目建成后对评价范围内的大气环境影响程度。常用的大气环境影响预测方法是通过建立数学模型来模拟各种气象条件、地形条件下的污染物在大气中输送、扩散、转化和清除等物理、化学机制。一级评价项目应采用进一步预测模型开展大气环境影响预测与评价。二级评价项目不进行进一步预测与评价，只对污染物排放量进行核算。三级评价项目不进行进一步预测与评价。

一、预测因子、预测范围与周期

1. 预测因子

预测因子根据评价因子而定，选取有环境质量标准的评价因子作为预测因子。

2. 预测范围

(1) 预测范围应覆盖评价范围,并覆盖各污染物短期浓度贡献值占标率大于10%的区域。

(2) 对于经判定需预测二次污染物的项目,预测范围应覆盖 $PM_{2.5}$ 年平均质量浓度贡献值占标率大于1%的区域。

(3) 评价范围内包含环境空气功能区一类区的,预测范围应覆盖项目对一类区最大环境影响。

(4) 预测范围一般以项目厂址为中心,东西向为 X 坐标轴、南北向为 Y 坐标轴。

3. 预测周期

选取评价基准年作为预测周期,预测时段取连续1年。选用网格模型模拟二次污染物的环境影响时,预测时段应至少选取评价基准年1、4、7、10月。

二、预测模型及适用范围

一级评价项目应结合项目环境影响预测范围、预测因子及推荐模型的适用范围等选择空气质量模型。当推荐模型适用性不能满足需要时,可选择适用的替代模型。

《环境影响评价技术导则　大气环境》(HJ 2.2—2018)推荐的模型包括估算模型 AERSCREEN、进一步预测模型 AERMOD、ADMS、AUSTAL2000、EDMS/AEDT、CALPUFF 以及 CMAQ 等光化学网格模型。

模型选取需考虑模拟的范围。在模拟局地尺度(50 km 以下)环境空气质量影响时,一般选用估算模型、AERMOD、ADMS、AUSTAL2000 等模型;在模拟城市尺度(几十到几百 km)环境空气质量影响时,一般选用 CALPUFF 模型;在模拟区域尺度(几百 km 以上)空气质量影响或需考虑对二次 $PM_{2.5}$ 及 O_3 有显著影响的排放源时,一般选用导则推荐的包含有复杂物理、化学过程的区域光化学网格模型。

当模拟 SO_2、NO_2 等一次污染物时,可依据预测范围选用适合尺度的模型。当模拟二次 $PM_{2.5}$ 时,可采用系数法进行估算,或选用包括物理过程和化学反应机理模块的城市尺度模型。对于规划项目需模拟二次 $PM_{2.5}$ 和 O_3 时,也可选用区域光化学网格模型。

当项目评价基准年内存在风速≤0.5 m/s 的持续时间超过72 h 或近20年统计的全年静风(风速≤0.2 m/s)频率超过35%时,应采用 CALPUFF 模型进行进一步模拟。

当建设项目处于大型水体(海或湖)岸边3 km 范围内时,应首先采用估算模型判定是否会发生熏烟现象。如果存在岸边熏烟,并且估算的最大1 h 平均质量浓度超过环境质量标准,应采用 CALPUFF 模型进行进一步模拟。

各推荐模型的适用情况见表 3-4。

表 3-4　推荐模型适用情况表

模型名称	适用性	适用污染源	适用排放形式	推荐预测范围	适用污染物	输出结果	其他特性
AERSCREEN	用于评价等级及评价范围判定	点源（含火炬源）面源（矩形或圆形）、体源	连续源	局地尺度（≤50 km）	一次污染物、二次 $PM_{2.5}$（系数法）	短期浓度最大值及对应距离	可以模拟熏烟和建筑物下洗
AERMOD	用于进一步预测	点源（含火炬源）、面源、线源、体源	连续源、间断源			短期和长期平均质量浓度及分布	可以模拟建筑物下洗、干湿沉降
ADMS		点源、面源、线源、体源、网格源					可以模拟建筑物下洗、干湿沉降，包含街道窄谷模型
AUSTAL 2000		烟塔合一源					可以模拟建筑物下洗
EDMS/AEDT		机场源					可以模拟建筑物下洗、干湿沉降
CALPUFF		点源、面源、线源、体源		城市尺度（50 km 到几百 km）	一次污染物和二次 $PM_{2.5}$		可以用于特殊风场，包括长期静、小风和岸边熏烟
光化学网格模型（CMAQ 或类似模型）		网格源		区域尺度（几百 km）	一次污染物和二次 $PM_{2.5}$、O_3		网格化模型，可以模拟复杂化学反应及气象条件对污染物浓度的影响等

【例 3-5】　依据《环境影响评价技术导则　大气环境》（HJ 2.2—2018），推荐模式中可用

于城市尺度预测是(　)。

A. 估算模式　　B. ADMS 模式　　C. AERMOD 模式　　D. CALPUFF 模式

答:D

三、预测方法

应按照上述推荐模型预测建设项目或规划项目对预测范围不同时段的大气环境影响。其中当建设项目或规划项目排放 SO_2、NO_x 及 VOCs 年排放量达到表 3-2 规定的量时,可按表 3-5 推荐的方法预测二次污染物。

表 3-5　二次污染物预测方法

污染物排放量/(t/a)		预测因子	二次污染物预测方法
建设项目	$SO_2+NO_x \geqslant 500$	$PM_{2.5}$	AERMOD/ADMS(系数法)或 CALPUFF(模型模拟法)
规划项目	$500 \leqslant SO_2+NO_x < 2\ 000$	$PM_{2.5}$	AERMOD/ADMS(系数法)或 CALPUFF(模型模拟法)
	$SO_2+NO_x \geqslant 2\ 000$	$PM_{2.5}$	网格模型(模型模拟法)
	$NO_x+VOCs \geqslant 2\ 000$	O_3	网格模型(模型模拟法)

采用 AERMOD、ADMS 等模型模拟 $PM_{2.5}$ 时,需将模型模拟的 $PM_{2.5}$ 一次污染物的质量浓度,同步叠加按 SO_2、NO_2 等前体物转化比率估算的二次 $PM_{2.5}$ 质量浓度,得到 $PM_{2.5}$ 的贡献浓度。前体物转化比率可引用科研成果或有关文献,并注意地域的适用性。对于无法取得 SO_2、NO_2 等前体物转化比率的,可取 φ_{SO_2} 为 0.58,φ_{NO_2} 为 0.44。计算公式如下:

$$C_{二次PM_{2.5}} = \varphi_{SO_2} \times C_{SO_2} + \varphi_{NO_2} \times C_{NO_2} \tag{3-27}$$

式中:

$C_{二次PM_{2.5}}$ ——二次 $PM_{2.5}$ 质量浓度,$\mu g/m^3$;

φ_{SO_2}、φ_{NO_2} ——SO_2、NO_2 浓度换算为 $PM_{2.5}$ 浓度的系数;

C_{SO_2}、C_{NO_2} ——SO_2、NO_2 的预测质量浓度,$\mu g/m^3$。

采用 CALPUFF 或网格模型预测 $PM_{2.5}$ 时,模拟输出的贡献浓度应包括一次 $PM_{2.5}$ 和二次 $PM_{2.5}$ 质量浓度的叠加结果。对已采纳规划环评要求的规划所包含的建设项目,当工程建设内容及污染物排放总量均未发生重大变更时,建设项目环境影响预测可引用规划环评的模拟结果。

四、预测与评价内容

1. 达标区的评价项目

(1) 预测项目正常排放条件下,环境空气保护目标和网格点主要污染物的短期浓度和长期浓度贡献值，评价其最大浓度占标率。

（2）预测评价项目正常排放条件下，叠加环境空气质量现状浓度后，环境空气保护目标和网格点主要污染物的保证率日平均质量浓度和年平均质量浓度的达标情况；对于项目排放的主要污染物仅有短期浓度限值的，评价其短期浓度叠加后的达标情况。

如果是改建、扩建项目，还应同步减去“以新带老”污染源的环境影响。如果有区域削减项目，应同步减去削减源的环境影响。如果评价范围内还有其他排放同类污染物的在建、拟建项目，还应叠加在建、拟建项目的环境影响。

（3）预测评价项目非正常排放条件下，环境空气保护目标和网格点主要污染物的 1 h 最大浓度贡献值及占标率。

2. 不达标区的评价项目

（1）预测项目正常排放条件下，环境空气保护目标和网格点主要污染物的短期浓度和长期浓度贡献值，评价其最大浓度占标率。

（2）预测评价项目正常排放条件下，叠加大气环境质量限期达标规划（简称“达标规划”）的目标浓度后，环境空气保护目标和网格点主要污染物保证率日平均质量浓度和年平均质量浓度的达标情况；对于项目排放的主要污染物仅有短期浓度限值的，评价其短期浓度叠加后的达标情况。

如果是改建、扩建项目，还应同步减去“以新带老”污染源的环境影响。如果有区域达标规划之外的削减项目，应同步减去削减源的环境影响。如果评价范围内还有其他排放同类污染物的在建、拟建项目，还应叠加在建、拟建项目的环境影响。

（3）对于无法获得达标规划目标浓度场或区域污染源清单的评价项目，需评价区域环境质量的整体变化情况。

（4）预测项目非正常排放条件下，环境空气保护目标和网格点主要污染物的 1 h 最大浓度贡献值，评价其最大浓度占标率。

3. 区域规划

（1）预测评价区域规划方案中不同规划年叠加现状浓度后，环境空气保护目标和网格点主要污染物保证率日平均质量浓度和年平均质量浓度的达标情况；对于规划排放的其他污染物仅有短期浓度限值的，评价其叠加现状浓度后短期浓度的达标情况。

（2）预测评价区域规划实施后的环境质量变化情况，分析区域规划方案的可行性。

4. 污染控制措施

对于达标区的建设项目，按要求预测评价不同方案主要污染物对环境空气保护目标和网格点的环境影响及达标情况，比较分析不同污染治理设施、预防措施或排放方案的有效性。

对于不达标区的建设项目，按要求预测不同方案主要污染物对环境空气保护目标和网格点的环境影响，评价达标情况或评价区域环境质量的整体变化情况，比较分析不同污染治理设施、预防措施或排放方案的有效性。

5. 大气环境防护距离

对于项目厂界浓度满足大气污染物厂界浓度限值，但厂界外大气污染物短期贡献浓度超过环境质量浓度限值的，可以自厂界向外设置一定范围的大气环境防护区域，以确保大气环境防护区域外的污染物贡献浓度满足环境质量标准。

对于项目厂界浓度超过大气污染物厂界浓度限值的，应要求削减排放源强或调整工程布局，待满足厂界浓度限值后，再核算大气环境防护距离。

大气环境防护距离内不应有长期居住的人群。

大气环境防护距离评价要求在项目基本信息图上绘制最终确定的大气环境防护区域，并标示大气环境防护距离预测网格、厂界污染物贡献浓度、超标区域、敏感点分布等信息。

不同评价对象或排放方案对应预测内容和评价要求见表 3-6。

表 3-6 预测内容和评价要求

评价对象	污染源	污染源排放形式	预测内容	评价内容
达标区评价项目	新增污染源	正常排放	短期浓度 长期浓度	最大浓度占标率
	新增污染源－“以新带老”污染源（如有）－区域削减污染源（如有）＋其他在建、拟建污染源（如有）	正常排放	短期浓度 长期浓度	叠加环境质量现状浓度后的保证率日平均质量浓度和年平均质量浓度的占标率，或短期浓度的达标情况
	新增污染源	非正常排放	1 h 平均质量浓度	最大浓度占标率
不达标区评价项目	新增污染源	正常排放	短期浓度 长期浓度	最大浓度占标率
	新增污染源－“以新带老”污染源（如有）－区域削减污染源（如有）＋其他在建、拟建的污染源（如有）	正常排放	短期浓度 长期浓度	叠加达标规划目标浓度后的保证率日平均质量浓度和年平均质量浓度的占标率，或短期浓度的达标情况；评价年平均质量浓度变化率
	新增污染源	非正常排放	1 h 平均质量浓度	最大浓度占标率

续表 3-6

评价对象	污染源	污染源排放形式	预测内容	评价内容
区域规划	不同规划期/规划方案污染源	正常排放	短期浓度 长期浓度	保证率日平均质量浓度和年平均质量浓度的占标率，年平均质量浓度变化率
大气环境防护距离	新增污染源－“以新带老”污染源（如有）＋项目全厂现有污染源	正常排放	短期浓度	大气环境防护距离

五、评价方法

1. 环境影响叠加

(1) 达标区环境影响叠加

预测评价项目建成后各污染物对预测范围的环境影响，应用本项目的贡献浓度，叠加（减去）区域削减污染源以及其他在建、拟建项目污染源环境影响，并叠加环境质量现状浓度。公式如下：

$$C_{叠加(x,y,t)}=C_{本项目(x,y,t)}-C_{区域削减(x,y,t)}+C_{拟在建(x,y,t)}+C_{现状(x,y,t)} \tag{3-28}$$

式中：

$C_{叠加(x,y,t)}$ ——在 t 时刻，预测点 (x,y) 叠加各污染源及现状浓度后的环境质量浓度，$\mu g/m^3$；

$C_{本项目(x,y,t)}$ ——在 t 时刻，本项目对预测点 (x,y) 的贡献浓度，$\mu g/m^3$；

$C_{区域削减(x,y,t)}$ ——在 t 时刻，区域削减污染源对预测点 (x,y) 的贡献浓度，$\mu g/m^3$；

$C_{拟在建(x,y,t)}$ ——在 t 时刻，其他在建、拟建项目污染源对预测点 (x,y) 的贡献浓度，$\mu g/m^3$；

$C_{现状(x,y,t)}$ ——在 t 时刻，预测点 (x,y) 的环境质量现状浓度，$\mu g/m^3$，各预测点环境质量现状浓度按前环境空气保护目标及网格点环境质量现状浓度公式计算。

其中本项目预测的贡献浓度除新增污染源环境影响外，还应减去“以新带老”污染源的环境影响，计算方法如下：

$$C_{本项目(x,y,t)}=C_{新增(x,y,t)}-C_{以新带老(x,y,t)} \tag{3-29}$$

式中：

$C_{新增(x,y,t)}$ ——在 t 时刻，本项目新增污染源对预测点 (x,y) 的贡献浓度，$\mu g/m^3$；

$C_{以新带老(x,y,t)}$ ——在 t 时刻，“以新带老”污染源对预测点 (x,y) 的贡献浓度，$\mu g/m^3$。

(2) 不达标区环境影响叠加

对于不达标区的环境影响评价，应在各预测点上叠加达标规划中达标年的目标浓度，分析达标规划年的保证率日平均质量浓度和年平均质量浓度的达标情况。叠加方法可以用达标规划方案中的污染源清单参与影响预测，也可直接用达标规划模拟的浓度场进行叠加计算。

计算公式如下：

$$C_{叠加(x,y,t)}=C_{本项目(x,y,t)}-C_{区域削减(x,y,t)}+C_{拟在建(x,y,t)}+C_{规划(x,y,t)} \tag{3-30}$$

式中：

$C_{规划(x,y,t)}$——在 t 时刻，预测点 (x,y) 的达标规划年目标浓度，$\mu g/m^3$。

2. 保证率日平均质量浓度

对于保证率日平均质量浓度，首先按以上公式计算叠加后预测点上的日平均质量浓度，然后对该预测点所有日平均质量浓度从小到大进行排序，根据各污染物日平均质量浓度的保证率（p），计算排 p 百分位数的第 m 个序数，序数 m 对应的日平均质量浓度即为保证率日平均浓度 C_m。序数 m 计算公式如下：

$$m=1+(n-1)\times p \tag{3-31}$$

式中：

m——百分位数 p 对应的序数（第 m 个），向上取整数；

p——该污染物日平均质量浓度的保证率，按《环境空气质量评价技术规范（试行）》(HJ 663—2013)规定的对应污染物年评价中 24 h 平均百分位数取值，%；

n——1 个日历年内单个预测点上的日平均质量浓度的所有数据个数，个。

3. 浓度超标范围

以评价基准年为计算周期，统计各网格点的短期浓度或长期浓度的最大值，所有最大浓度超过环境质量标准的网格，即为该污染物浓度超标范围。超标网格的面积之和即为该污染物的浓度超标面积。

4. 区域环境质量变化评价

当无法获得不达标区规划达标年的区域污染源清单或预测浓度场时，也可评价区域环境质量的整体变化情况。按以下公式计算实施区域削减方案后预测范围的年平均质量浓度变化率 k。当 $k\leqslant -20\%$时，可判定项目建设后区域环境质量得到整体改善。

$$k=(\overline{C}_{本项目(a)}-\overline{C}_{区域削减(a)})/\overline{C}_{区域削减(a)}\times 100\% \tag{3-32}$$

式中：

k ——预测范围年平均质量浓度变化率，%；

$\overline{C}_{本项目(a)}$ ——本项目对所有网格点的年平均质量浓度贡献值的算术平均值，$\mu g/m^3$；

$\overline{C}_{区域削减(a)}$ ——区域削减污染源对所有网格点的年平均质量浓度贡献值的算术平均值，$\mu g/m^3$。

5. 大气环境防护距离的确定

采用进一步预测模型模拟评价基准年内，本项目所有污染源(改建、扩建项目应包括全厂现有污染源)对厂界外主要污染物的短期贡献浓度分布。厂界外预测网格分辨率不应超过50 m。

在底图上标注从厂界起所有超过环境质量短期浓度标准值的网格区域，以自厂界起至超标区域的最远垂直距离作为大气环境防护距离。

6. 污染控制措施有效性分析与方案比选

达标区建设项目选择大气污染治理设施、预防措施或多方案比选时，应综合考虑成本和治理效果，选择最佳可行技术方案，保证大气污染物能够达标排放，并使环境影响可以接受。

不达标区建设项目选择大气污染治理设施、预防措施或多方案比选时，应优先考虑治理效果，结合达标规划和替代源削减方案的实施情况，在只考虑环境因素的前提下选择最优技术方案，保证大气污染物达到最低排放强度和排放浓度，并使环境影响可以接受。

7. 污染物排放量核算

污染物排放量核算包括项目的新增污染源及改建、扩建污染源(如有)。

应根据最终确定的污染治理设施、预防措施及排污方案，确定项目所有新增及改建、扩建污染源大气排污节点、排放污染物、污染治理设施与预防措施以及大气排放口基本情况。

项目各排放口排放大气污染物的核算排放浓度、排放速率及污染物年排放量，应为通过环境影响评价，并且环境影响评价结论为可接受时对应的各项排放参数。

大气污染物年排放量包括项目各有组织排放源和无组织排放源在正常排放条件下的预测排放量之和。计算公式如下：

$$E_{年排放}=\sum_{i=1}^{n}(M_{i有组织}\times H_{i有组织})/1\,000+\sum_{j=1}^{m}(M_{j无组织}\times H_{j无组织})/1\,000 \tag{3-33}$$

式中：

$E_{年排放}$ ——项目年排放量，t/a；

$M_{i有组织}$ ——第 i 个有组织排放源排放速率，kg/h；

$H_{i有组织}$ ——第 i 个有组织排放源年有效排放小时数，h/a；

$M_{j无组织}$ ——第 j 个无组织排放源排放速率，kg/h；

$H_{j无组织}$ ——第 j 个无组织排放源全年有效排放小时数，h/a。

项目各排放口非正常排放量核算，应按照达标区或非达标区预测评价的环境空气保护目标和网格点主要污染物的 1 h 最大浓度贡献值及占标率，优先提出相应的污染控制与减缓措施。当出现 1 h 平均质量浓度贡献值超过环境质量标准时，应提出减少污染排放直至停止生产的相应措施。明确列出发生非正常排放的污染源、非正常排放原因、排放污染物、非正常排放浓度与排放速率、单次持续时间、年发生频次及应对措施等。

六、评价结果表达

大气环境影响评价结果包括以下几部分基本内容：

1. 基本信息底图

基本信息底图包含项目所在区域相关地理信息的底图，至少应包括评价范围内的环境功能区划、环境空气保护目标、项目位置、监测点位，以及图例、比例尺、基准年风频玫瑰图等要素。

2. 项目基本信息图

在基本信息底图上标示项目边界、总平面布置、大气排放口位置等信息。

3. 达标评价结果表

列表给出各环境空气保护目标及网格最大浓度点主要污染物现状浓度、贡献浓度、叠加现状浓度后保证率日平均质量浓度和年平均质量浓度、占标率、是否达标等评价结果。

4. 网格浓度分布图

网格浓度分布图包括叠加现状浓度后主要污染物保证率日平均质量浓度分布图和年平均质量浓度分布图。网格浓度分布图的图例间距一般按相应标准值 5%～100%进行设置。如果某种污染物环境空气质量超标，还需在评价报告及浓度分布图上标示超标范围与超标面积，以及与环境空气保护目标的相对位置关系等。

5. 大气环境防护区域图

在项目基本信息图上沿出现超标的厂界外延按确定的大气环境防护距离所包括的范围，作为项目的大气环境防护区域。大气环境防护区域应包含自厂界起连续的超标范围。

6. 污染治理设施、预防措施及方案比选结果表

列表对比不同污染控制措施及排放方案对环境的影响，评价不同方案的优劣。

7. 污染物排放量核算表

污染物排放量核算表包括有组织及无组织排放量、大气污染物年排放量、非正常排放量等。

一级评价的评价结果表达应包括1～7的内容。二级评价的评价结果表达一般应包括1、2及7的内容。

模块五 大气环境监测计划

对于大气环境影响一级评价项目应提出项目在生产运行阶段的污染源监测计划和环境质量监测计划。二级评价项目应提出项目在生产运行阶段的污染源监测计划。三级评价项目可适当简化环境监测计划。

一、污染源监测计划

污染源监测计划应按照《排污单位自行监测技术指南 总则》(HJ 819)、《排污许可证申请与核发技术规范 总则》(HJ 942)和各行业排污单位自行监测技术指南及排污许可证申请与核发技术规范执行,明确监测点位、监测指标、监测频次、执行排放标准。

二、环境质量监测计划

应筛选计算的项目排放污染物 $P_i \geqslant 1\%$ 的其他污染物作为环境质量监测因子。环境质量监测点位一般在项目厂界或大气环境防护距离(如有)外侧设置1～2个监测点。各监测因子的环境质量每年至少监测一次,监测时段参照补充监测的要求执行。新建10 km及以上的城市快速路、主干路等城市道路项目,应在道路沿线设置至少1个路边交通自动连续监测点,监测项目包括道路交通源排放的基本污染物。环境质量监测采样方法、监测分析方法、监测质量保证与质量控制等应符合所执行的环境质量标准、《排污单位自行监测技术指南 总则》(HJ 819)、《排污许可证申请与核发技术规范 总则》(HJ 942)的相关要求。环境空气质量监测计划包括监测点位、监测指标、监测频次、执行环境质量标准等。

模块六 大气环境影响评价结论与建议

一、大气环境影响评价结论

1. 达标区域的建设项目环境影响评价

达标区域的建设项目环境影响评价,当同时满足以下条件时,则认为环境影响可以接受。

(1) 新增污染源正常排放下污染物短期浓度贡献值的最大浓度占标率≤100%;

(2) 新增污染源正常排放下污染物年均浓度贡献值的最大浓度占标率≤30%(其中一类

区≤10%）；

（3）项目环境影响符合环境功能区划。叠加现状浓度、区域削减污染源以及在建、拟建项目的环境影响后，主要污染物的保证率日平均质量浓度和年平均质量浓度均符合环境质量标准；对于项目排放的主要污染物仅有短期浓度限值的，叠加后的短期浓度符合环境质量标准。

2. 不达标区域的建设项目环境影响评价

不达标区域的建设项目环境影响评价，当同时满足以下条件时，则认为环境影响可以接受。

（1）达标规划未包含的新增污染源建设项目，需另有替代源的削减方案；

（2）新增污染源正常排放下污染物短期浓度贡献值的最大浓度占标率≤100%；

（3）新增污染源正常排放下污染物年均浓度贡献值的最大浓度占标率≤30%（其中一类区≤10%）；

（4）项目环境影响符合环境功能区划或满足区域环境质量改善目标。现状浓度超标的污染物评价，叠加达标年目标浓度、区域削减污染源以及在建、拟建项目的环境影响后，污染物的保证率日平均质量浓度和年平均质量浓度均符合环境质量标准或满足达标规划确定的区域环境质量改善目标，或计算的预测范围内年平均质量浓度变化率 $k \leq -20\%$；对于现状达标的污染物评价，叠加后污染物浓度符合环境质量标准；对于项目排放的主要污染物仅有短期浓度限值的，叠加后的短期浓度符合环境质量标准。

3. 区域规划的环境影响评价

当主要污染物的保证率日平均质量浓度和年平均质量浓度均符合环境质量标准，对于主要污染物仅有短期浓度限值的，叠加后的短期浓度符合环境质量标准时，应认为区域规划环境影响可以接受。

二、污染控制措施可行性及方案比选结果

大气污染治理设施与预防措施必须保证污染源排放以及控制措施均符合排放标准的有关规定，满足经济、技术可行性。

从项目选址选线、污染源的排放强度与排放方式、污染控制措施技术与经济可行性等方面，结合区域环境质量现状及区域削减方案、项目正常排放及非正常排放下大气环境影响预测结果，综合评价治理设施、预防措施及排放方案的优劣，并对存在的问题（如果有）提出解决方案。经对解决方案进行进一步预测和评价比选后，给出大气污染控制措施可行性建议及最终的推荐方案。

三、大气环境防护距离

根据大气环境防护距离计算结果，并结合厂区平面布置图，确定项目大气环境防护区域。若大气环境防护区域内存在长期居住的人群，应给出相应优化调整项目选址、布局或搬迁的建议。项目大气环境防护区域之外，大气环境影响评价结论应符合规定要求。

四、污染物排放量核算结果

环境影响评价结论是环境影响可接受的，根据环境影响评价审批内容和排污许可证申请与核发所需表格要求，明确给出污染物排放量核算结果表。评价项目完成后污染物排放总量控制指标能否满足环境管理要求，并明确总量控制指标的来源和替代源的削减方案。

五、大气环境影响评价自查表

大气环境影响评价完成后，应对大气环境影响评价主要内容与结论进行自查。

任务实践

一、项目主要废气污染源

项目主要废气污染源为备煤工序产生的煤上料废气、精煤破碎废气、煤转运废气、煤焦制样废气、配煤仓顶布料废气、配煤仓底落料废气、煤塔顶废气，炼焦工序产生的焦炉烟气（含焦炉烟气脱硝补热装置废气、干熄焦放散废气）、机侧炉头烟气、推焦烟气、焦炉炉顶逸散收集废气、干熄焦环境除尘废气（含炉顶装焦处、炉底排焦处废气、转运站废气）、湿熄焦废气、湿熄焦转运站废气、焦炭入仓废气、焦炭火车装车废气、焦炭汽车装车废气，煤气净化工序各储槽、装置废气，硫铵结晶干燥废气，污水处理站产生的恶臭废气、污水处理站干燥废气等。

二、评价因子

根据环境影响因素识别结果，结合区域环境质量现状，以及工程特点和污染物排放特征，确定项目评价因子见附表 3-1。

附表 3-1　项目大气环境影响评价评价因子一览表

项目	评价因子
现状评价	TSP、PM_{10}、$PM_{2.5}$、CO、O_3、NO_2、SO_2、BaP、NH_3、H_2S、氰化氢、酚类、苯、非甲烷总烃、TVOC
污染源	颗粒物、NO_x、SO_2、BSO、苯、BaP、NH_3、H_2S、氰化氢、酚类、非甲烷总烃、臭气浓度
影响评价	TSP、PM_{10}、$PM_{2.5}$、NO_2、SO_2、BaP、NH_3、H_2S、氰化氢、酚类、苯、非甲烷总烃

三、评价等级、评价范围

采用估算模型分别计算项目污染源的最大环境影响，估算模型参数选取见附表 3-2。

附表 3-2　估算模型参数一览表

序号	参数		取值
1	城市/农村选项	城市/农村	城市
		人口数(城市选项时)	2.1 万
2	最高环境温度/℃		42.3
3	最低环境温度/℃		−17.2
4	测风高度/m		10
5	允许使用的最小风速/(m/s)		0.5
6	土地利用类型		城市建设用地
7	区域湿度条件		中等湿度气候
8	是否考虑地形	考虑地形	☑是　□否
		地形数据分辨率/m	90
9	是否考虑岸线熏烟	考虑岸线熏烟	□是　☑否
		岸线距离/km	—
		岸线方向/°	—

估算模型计算结果表明,项目外排废气污染物 $P_{max}=72.21\%\geqslant10\%$(模型详细计算结果略),根据表 3-3,项目大气环境影响评价工作等级为一级评价。

$D_{10\%}=4.5$ km,取厂区厂界外延 5 km 的矩形区域作为评价范围。

四、大气环境影响预测与评价

1. 预测因子

预测因子包括:TSP、PM_{10}、$PM_{2.5}$、SO_2、NO_2、BaP、H_2S、NH_3、苯、酚、非甲烷总烃、氰化氢。

2. 评价及预测范围

评价范围为项目厂界外延 5 km 所形成的矩形区域作为大气环境影响评价范围,预测范围应覆盖评价范围,并覆盖各污染物短期浓度贡献值占标率大于 10%的区域。本项目各污染物短期浓度贡献值占标率大于 10%的区域均处于评价范围内,确定预测范围即评价范围。

3. 预测周期

选取评价基准年作为预测周期,预测时段取连续 1 年。

4. 预测模型及预测点

项目大气环境影响评价等级为一级,应采用进一步预测模型开展大气环境影响预测与评价。根据表 3-4，满足进一步预测的模型有 AERMOD、ADMS、CALPUFF，同时根据气象数据统计结果，区域内近 20 年统计的全年静风（风速≤0.2 m/s）的频率为 6.80%（小于 35%），评价基准年出现风速≤0.5 m/s 的持续时间为 18 h（小于 72 h），另结合现场踏勘情况，项目 3 km 范围内无大型水体不会发生熏烟现象，因此本评价不采用 CALPUFF 模型进行进一步预测，采用 AERMOD 模式进行预测计算。气象和地形数据略。有关参数选取情况略。

选取评价范围内所有敏感点作为大气环境影响评价点，并对预测范围内最大网格点进行预测分析。评价点分布位置略。

5. 预测内容

根据现状调查，项目所在区域属于不达标区，预测内容见附表 3-3。

附表 3-3　大气环境影响预测与评价内容一览表

<table>
<tr><th>评价对象</th><th colspan="2">污染源</th><th>污染源排放形式</th><th>预测内容</th><th>评价内容</th></tr>
<tr><td rowspan="4">不达标区评价项目</td><td colspan="2">新增污染源</td><td>正常排放</td><td>短期浓度
长期浓度</td><td>最大浓度占标率</td></tr>
<tr><td>现状浓度超标污染物</td><td>新增污染源－区域削减污染源</td><td>正常排放</td><td>长期浓度</td><td>评价年平均质量浓度变化率</td></tr>
<tr><td>现状浓度达标污染物</td><td>新增污染源－区域削减污染源＋区域在建、拟建污染源</td><td>正常排放</td><td>短期浓度
长期浓度</td><td>叠加环境质量现状浓度后的保证率日平均质量浓度和年平均质量浓度的占标率，或短期浓度的达标情况</td></tr>
<tr><td colspan="2">新增污染源</td><td>非正常排放</td><td>1 h 平均质量浓度</td><td>最大浓度占标率</td></tr>
<tr><td>大气环境防护距离</td><td colspan="2">全厂废气污染源</td><td>正常排放</td><td>短期浓度</td><td>大气环境防护距离</td></tr>
</table>

6. 本项目贡献质量浓度预测与评价

根据评价基准年逐日、逐时气象条件计算项目废气污染物对预测范围各预测点及预测区域网格点 SO_2、NO_2、NH_3、苯、酚类、氰化氢、非甲烷总烃、H_2S 1 h 平均最大贡献浓度，TSP、PM_{10}、$PM_{2.5}$、SO_2、NO_2、BaP 24 h 平均最大贡献浓度，TSP、PM_{10}、$PM_{2.5}$、SO_2、NO_2、BaP 年平均最大贡献浓度，并评价其最大浓度占标率。

项目实施后污染源正常排放下，对预测范围各预测点及预测区域网格点 SO_2、NO_2、

NH_3、苯、酚类、氰化氢、非甲烷总烃、H_2S 1 h 平均浓度贡献值的最大浓度占标率均<100%；TSP、PM_{10}、$PM_{2.5}$、SO_2、NO_2、BaP 24 h 平均浓度贡献值的最大浓度占标率均<100%；TSP、$PM_{2.5}$、PM_{10}、SO_2、NO_2 年平均浓度贡献值的最大浓度占标率均<30%。

BaP 24 h 平均贡献浓度超标区域和年均贡献浓度>30%的区域均位于设定的防护区域内，防护区域外 BaP 24 h 平均浓度<100%，BaP 年平均质量浓度<30%，满足导则要求。具体数据略。

7. 现状浓度超标污染物环境影响预测与评价

根据例行监测数据及补充监测结果，区域内环境质量现状超标因子为 PM_{10}、$PM_{2.5}$，达标因子为 TSP、SO_2、NO_2、NH_3、H_2S、苯、氰化氢、酚、非甲烷总烃、BaP。

对于现状浓度不达标污染物，由于无法获得不达标区规划达标年的区域污染源清单及预测浓度场，对现状浓度超标污染物进行区域环境质量变化评价。计算公式为

$$k=(\overline{C}_{本项目(a)}-\overline{C}_{区域削减(a)})/\overline{C}_{区域削减(a)}\times 100\%$$

式中：

k ——预测范围年平均质量浓度变化率，%；

$\overline{C}_{本项目(a)}$ ——本项目对所有网格点的年平均质量浓度贡献值的算术平均值，$\mu g/m^3$；

$\overline{C}_{区域削减(a)}$ ——区域削减污染源对所有网格点的年平均质量浓度贡献值的算术平均值，$\mu g/m^3$。

拟建项目实施后全厂对所有网格点的 PM_{10}、$PM_{2.5}$ 年平均质量浓度贡献值的算术平均值分别为 0.162 $\mu g/m^3$、0.068 $\mu g/m^3$，区域削减污染源对所有网格点的 PM_{10}、$PM_{2.5}$ 年平均质量浓度贡献值的算术平均值分别为 0.288 $\mu g/m^3$、0.102 $\mu g/m^3$，计算得预测范围 PM_{10}、$PM_{2.5}$ 年平均质量浓度变化率分别为−44.75%、−33.33%。以上 k 变化率均<−20%，区域环境质量得到整体改善。

8. 现状达标因子环境影响预测与评价

对于现状达标因子，预测评价项目建成后现状达标因子对预测范围的环境影响，计算公式为

$$C_{叠加(x,y,t)}=C_{本项目(x,y,t)}-C_{区域削减(x,y,t)}+C_{拟在建(x,y,t)}+C_{现状(x,y,t)}$$

式中：

$C_{叠加(x,y,t)}$ ——在 t 时刻，预测点 (x,y) 叠加各污染源及现状浓度后的环境质量浓度，$\mu g/m^3$；

$C_{本项目(x,y,t)}$ ——在 t 时刻，本项目对预测点 (x,y) 的贡献浓度，$\mu g/m^3$；

$C_{区域削减(x,y,t)}$——在 t 时刻，区域削减污染源对预测点（x，y）的贡献浓度，$\mu g/m^3$；

$C_{拟在建(x,y,t)}$——在 t 时刻，其他在建、拟建项目污染源对预测点（x，y）的贡献浓度，$\mu g/m^3$；

$C_{现状(x,y,t)}$——在 t 时刻，预测点（x，y）的环境质量现状浓度，$\mu g/m^3$，各预测点环境质量现状浓度按前环境空气保护目标及网格点环境质量现状浓度公式计算。

经计算，各污染物在预测范围内各敏感点、区域最大网格点的保证率日平均质量浓度和年平均叠加浓度占标率均小于100%，均满足《环境空气质量标准》（GB 3095—2012）二级标准要求。具体数据略。

9. 厂界排放浓度达标分析

根据评价基准年逐日、逐时气象条件，分别计算拟建项目实施后全厂废气排放源对四周厂界的贡献浓度。具体数据略。拟建项目厂界处颗粒物、SO_2、NO_x、NH_3、H_2S、酚、非甲烷总烃、氰化氢、苯、BaP污染物浓度均满足《炼焦化学工业大气污染物超低排放标准》(DB 13/2863—2018)表2企业边界大气污染物排放限值要求。

10. 非正常排放影响分析

根据工程分析的拟建项目非正常工况条件下污染源源强，预测计算非正常排放对各评价点1 h最大贡献浓度及评价区域最大1 h贡献浓度。具体数据略。

相较于正常排放，拟建项目非正常排放对环境空气影响较大。为防止非正常排放的发生，本项目拟采取以下控制措施：

(1) 做好生产设施及环保设施年度、月度、日常检维修计划，加强对设备设施的日常维护保养。

(2) 加强烟气处理设施的日常检修，最大程度减少设施发生故障的可能性。

(3) 为有效控制非正常荒煤气放散，本工程采取以下措施：① 焦炉炉顶安装煤气放散设施，且安装荒煤气自动放散点火装置，放散管自动点火装置与放散管压力系统连锁，一旦发生放散事故，及时点燃荒煤气，使荒煤气中的毒性较大的有机物转化为毒性较小的其他物质；同时，设手动点火装置，一旦自动点火失灵，则用手动点火，使荒煤气直接放散的概率降至最低限；② 采用双电源，设置备用电源，减少停电事故的发生；③ 建立维修及检查制度，加强设施检查和维修，减少故障，提高应急能力。

(4) 为避免脱硫脱硝故障，本工程采取以下措施：① 脱硫剂制备及喷射系统采用一用一备设置；② 脱硫除尘布袋除尘器具备在线检修功能；③ 脱硝喷氨系统采用一用一备设置；④ 脱硝催化剂可实现在线更换。通过以上技术措施，降低脱硫脱硝系统故障可能。

11. 大气环境防护距离

采用 AERMOD 进一步预测模式预测，项目实施后主要污染物 BaP 24 h 平均浓度出现超过《环境空气质量标准》(GB 3096—2012)二级标准、年均贡献浓度出现超过二级标准 30％的区域，需设置 350 m 的大气环境防护距离。防护区域外 BaP 24 h 平均浓度贡献值最大占标率＜100％，BaP 年平均浓度贡献值最大占标率＜30％，叠加现状及区域削减污染源后 BaP 24 h 平均预测浓度的占标率＜100％。确定大气环境防护区域为：厂区沿出现超标的厂界外延 350 m 所包括的范围。经现场踏勘可知，项目周边最近的村庄距离拟建厂区为 670 m，满足防护距离的要求。

五、大气环境影响评价结论

综合以上分析，项目实施后大气环境影响可以接受。

习题：

1. 在建设项目大气环境影响评价中，如何筛选评价因子？

2. 如何开展大气环境影响评价等级判定？

3. 在环境空气质量现状调查中，调查数据的来源有哪些？优先顺序如何？

4. 大气环境影响评价范围如何确定？预测内容有哪些？

5. 某火力发电厂烟囱高 120 m，SO_2 的排放速率为 500 g/s。已知烟气抬升高度为 100 m，烟囱出口处平均风速为 5 m/s，$\sigma_y=220.5$ m，$\sigma_z=184.5$ m。求沿平均风向轴线下方向 500 m，距地面 10 m 处的 SO_2 浓度。

6. 某建设项目位于二类环境空气功能区，年燃煤 2 万 t，煤的含硫量为 4％，脱硫效率为 70％，锅炉为煤粉锅炉（锅炉机械不完全燃烧热损失 q_4 取 3％），硫转化率 K 取 0.9。项目排放的大气污染物还有 NO_x 和 VOCs，其年排放量分别为 380 t/a、1705 t/a。采用估算模型计算出 SO_2、NO_x 和 VOCs 的最大 1 h 地面空气质量浓度分别为 0.26 mg/m^3、0.12 mg/m^3 和 0.8 mg/m^3，该项目的 $D_{10\%}$ 为 32 km 。（已知 SO_2 的 1 h 平均浓度一级标准为 150 μg/m^3，二级标准为 500 μg/m^3；NO_x 的 1 h 平均浓度一级、二级标准均为 250 μg/m^3；VOCs 的 8 h 平均浓度为 600 μg/m^3）

环境空气质量现状调查结果显示，项目涉及区域的 SO_2、NO_2、TSP、$PM_{2.5}$、CO 和 O_3 六项污染物全部达标。

(1) 试计算该项目全年 SO_2 排放量。

(2) 该项目选作评价因子的二次污染物为何种物质？说明理由。

(3) 试判断该项目大气环境影响评价等级及确定评价范围。

(4) 该项目预测二次污染物的模型，可以选择下列哪些模型进行预测(　)?

A. AERMOD　　B. ADMS　　C. CALPUFF　　D. 估算模型

(5) 判断项目所在区域是否为达标区(　)，并说明理由。

A. 为达标区　　B. 为不达标区　　C. 不能确定

(6) 该项目需开展环境质量监测计划，环境质量监测因子为(　)，说明理由。

A. SO_2　　B. NO_x　　C. VOCs　　D. $PM_{2.5}$

项目四　水环境影响评价

项目背景

水环境包括地球表面上的各种水体，如海洋、江河、湖泊、水库以及潜藏在土壤岩石空隙中的地下水，河流和湖泊等地表水和地下水相互补充、相互影响。水环境影响评价包括地表水环境影响评价和地下水环境影响评价，是从预防性环境保护的目标出发，采取适当的评价手段，确定拟开发行动或建设项目耗用的水资源量和环境的供给水平及其排放的主要污染物对水环境可能带来的影响范围和程度；提出避免、消除和减轻负面影响的对策；为开发行动或建设项目方案的优化决策提供依据。

项目任务

某拟建再生塑料产业园污水处理站，设计处理规模 700 m^3/d，占地面积约 1 400 m^2，处理工艺为"格栅→调节→气浮→中和→沉淀→水解酸化→生物接触氧化→二次沉淀→清水池"，出水执行《污水综合排放标准》(GB 8979—1996)中三级标准后排入市政污水管网，进入某工业园污水处理厂处理达到《城镇污水处理污染排放标准》(GB 18918—2002)一级 A 标准后排入某河流。试对该工程进行水环境影响分析及评价。

完成任务需要的知识

进行某项目水环境影响评价时，应掌握以下知识：

1. 如何确定地表水及地下水评价工作等级与评价范围？
2. 如何进行地表水及地下水环境现状调查与评价？
3. 如何进行地表水及地下水环境影响预测？
4. 如何进行地表水及地下水环境影响分析与评价？

知识模块

模块一 地表水环境影响评价

一、基础知识

1. 地表水体及水体污染

在地表水环境影响评价中，地表水包括存在于陆地表面的河流（江河、运河及渠道）、湖泊、水库等地表水体以及入海河口和近岸海域。水体的组成不仅包括水，也包括其中的悬浮物质、胶体物质、溶解物质、底泥和水生生物，所以水体是一个完整的生态系统或自然综合体。一个地表水体的环境质量是由水质、底部沉积物和水生生物等三部分的状况决定的。

一定量的污染物排入水体，其含量超过了水体的自然本底含量和自净能力，使水体的水质和水体沉积物的物理、化学性质或生物群落组成发生变化，从而降低了水体的使用价值和使用功能的现象，称为水体污染。按排放形式可将影响地表水质量的污染源分为点源和非点源（也称面源）。点源是指污染物产生的源和进入环境的方式均为点，通常由固定的排污口集中排放，如城市和乡镇生活污水或工业企业废水通过管道和沟渠收集后排入水体。非点源（即面源）是指污染物产生的源为面，进入环境的方式可为面、线或点，位置不固定，如污水或废水分散或均匀地通过岸线进入水体或携带污染物的自然降水经过沟渠进入水体。非点源污染物的浓度通常较点源低，但污染负荷却非常大。

按照污染物在水环境中输移、衰减特点以及它们的预测模式，将水体污染物按污染性质分为四类：持久性污染物、非持持久性污染物、酸和碱、热污染。持久性污染物是指在地表水中很难由于物理、化学、生物作用而分解、沉淀或挥发的污染物，又可分为持久性无机污染物（如 Pb、Cd、Hg 等重金属）和持久性有机污染物（如有机氯农药、PCB），如果水体的 $BOD_5/COD<0.3$，通常认为其可生化性差，其中所含的污染物可视为持久性污染物；非持久性污染物指在水环境某些因素作用下，由于发生化学或生物反应而不断衰减的污染物，如耗氧有机物。通常表征水质状况的 COD、BOD_5 等指标均视为非持久性污染物。酸和碱指各种废酸、废碱等，通常以 pH 表征，热污染主要是由电力、冶金、化工等工业排放温度高的冷却用水，以温度表征。

2. 水体自净

水体可以在其环境容量范围内，经过自身的物理、化学和生物作用，使受纳的污染物浓度不断降低，逐渐恢复原有的水质，此过程称为水体自净。水体自净可以看作是污染物在水体中迁移、转化和衰减变化的过程。

污染物在水中的迁移和转化作用包括推流迁移、分散稀释、吸附沉降等方面。推流迁移指污染物随着水流在 X、Y、Z 三个方向上平移运动产生的迁移作用。迁移只是改变污染物在水体中的位置，并不改变水体中污染物的浓度。分散稀释是污染物在水流中通过分子扩散、湍流扩散和弥散扩散分散开来，得到稀释。分子扩散是由于分子的随机运动而引起的质点分散现象，湍流扩散是指污染物质点之间及污染物质点与水介质之间由于各自不规则的运动而发生的相互碰撞、混合。弥散扩散是由于断面上实际流速分布的不均匀性而引起的分散现象。吸附沉降是污染物在悬浮颗粒上的吸附和解吸、污染物颗粒的凝并、沉淀和再悬浮。

衰减变化包括有机物的好氧生化降解、硝化作用、反硝化作用、硫化物的反应、重金属和有机毒物的衰减作用、细菌的衰减作用等。

3. 水环境容量

水环境容量是指水体在环境功能不受损害的前提下所能接纳的污染物的最大允许排放量。根据水环境质量目标，水环境容量可分为自然容量和管理容量，前者是以水体的自然基准值作为水质目标；后者是以满足一定的水环境质量标准作为环境目标。在实际应用中，水环境容量的推求是以污染物在水体中的迁移扩散规律以及水质模型为基础，由水环境质量标准出发，反过来推求水环境在此标准下所剩的污染物允许容纳余量。

(1) 河流水环境容量的推求

这里仅介绍 m 值计算法。m 值计算法适用于确定受毒性较小的污染物和其他有机污染物影响的水环境容量，进而可确定这些污染物的允许排放浓度。如果忽略污染物的衰减作用，只考虑稀释，按式(4-1)计算：

$$C_d = C_N\left(1 + \frac{Q}{q} - \frac{QC_0}{qC_N}\right) \tag{4-1}$$

式中：

C_d ——排污浓度，mg/L；

Q ——河流流量，m^3/s；

q ——污水排放量，m^3/s；

C_0、C_N ——排污口附近上下两断面的污染物浓度，mg/L。

若取 C_N 为符合环境要求的水质标准浓度，并令 $Q/q=\gamma$，$C_0/C_N=\beta$，符合水环境要求的允许排放浓度 C'_d 为

$$C'_d = C_N(1+\gamma-\gamma\beta) \tag{4-2}$$

再令 $m=1+\gamma-\gamma\beta$，称为标准稀释系数，则

$$C'_d = mC_N \tag{4-3}$$

此式只适用于$\beta \leqslant 1$的情况。

若河段中有多个排污口且相距又不太远时，可把它们合并为一个排污口考虑。总污水排放量是各排污口排放量之和，即$q = q_1 + q_2 + \cdots + q_n$；而各排污口排放浓度控制都用相同的$C_d'$值。

(2) 湖(库)水环境容量的推求

这里仅介绍安全容积计算法。湖（库）水环境容量主要与其蓄水量有关。当湖（库）达到一定的安全库容时，才能有较好的污染净化能力，将实际入湖(库)负荷量等于该水体最大容许负荷量时的湖（库）蓄水量，称为临界库容。一般地，取枯水期湖（库）容积为安全容积，则计算式为

$$w = \frac{1}{\Delta t}(C_s - C_0)V + KC_sV + C_sq \tag{4-4}$$

式中：

w ——湖泊水体环境容量，g/d；

Δt——枯水期时间，d；

C_s——某污染物的水环境质量标准浓度，mg/L；

C_0——湖中该污染物的起始浓度，mg/L；

V ——湖泊的安全容积，m^3；

K ——湖泊污染物质自然衰减系数，d^{-1}；

q ——在安全容积期间从湖泊排出的流量，m^3/d。

Δt 取决于湖水位年内变化情况。若水位年内变幅较大，Δt 取 60～90 d；若湖水位常年稳定，Δt 取 90～150 d。K 值可从实测资料中反推求：

$$K = \frac{P\Delta t + M_0 - M}{M_0 \Delta t} \tag{4-5}$$

式中：

P ——每日进入湖泊的污染物质量，kg/d；

M_0——起始时水体污染物质总量，kg；

M——时段末水体污染物质总量，kg。

K 值也可由实验确定：

$$K = \frac{1}{\Delta t}\ln\frac{C_0}{C} \tag{4-6}$$

式中：

Δt ——实验时段，d；

C_0 ——起始时的污染物浓度，mg/L；

C ——经过 Δt 时段后的污染物浓度，mg/L。

4. 相关术语

水环境保护目标：包括饮用水水源保护区、饮用水取水口，涉水的自然保护区、风景名胜区，重要湿地、重点保护与珍稀水生生物的栖息地、重要水生生物的自然产卵场及索饵场、越冬场和洄游通道，天然渔场等渔业水体，以及水产种质资源保护区等。

水污染当量：根据污染物或者污染排放活动对地表水环境的有害程度以及处理的技术经济性，衡量不同污染物对地表水环境污染的综合性指标或者计量单位。

控制单元：综合考虑水体、汇水范围和控制断面三要素而划定的水环境空间管控单元。

二、地表水环境影响评价等级与评价范围的确定

1. 地表水环境影响评价的基本任务

在调查和分析评价范围地表水环境质量现状与水环境保护目标的基础上，预测和评价建设项目对地表水环境质量、水环境功能区、水功能区或水环境保护目标及水环境控制单元的影响范围与影响程度，提出相应的环境保护措施、环境管理要求与监测计划，明确给出地表水环境影响是否可接受的结论。

2. 环境影响识别与评价因子筛选

地表水环境影响因素识别应按照《建设项目环境影响评价技术导则　总纲》(HJ 2.1)的要求，分析建设项目建设阶段、生产运行阶段和服务期满后(可根据项目情况选择)各阶段对地表水环境质量、水文要素的影响行为。

水污染影响型建设项目评价因子的筛选应符合以下要求：按照污染源源强核算技术指南，开展建设项目污染源与水污染因子识别，结合建设项目所在水环境控制单元或区域水环境质量现状，筛选出水环境现状调查评价与影响预测评价的因子；行业污染物排放标准中涉及的水污染物应作为评价因子；在车间或车间处理设施排放口排放的第一类污染物应作为评价因子；水温应作为评价因子；面源污染所含的主要污染物应作为评价因子；建设项目排放的，且为建设项目所在控制单元的水质超标因子或潜在污染因子(指近三年来水质浓度值呈上升趋势的水质因子)，应作为评价因子。

水文要素影响型建设项目评价因子，应根据建设项目对地表水体水文要素影响的特征确定。河流、湖泊及水库主要评价水面面积、水量、水温、径流过程、水位、水深、流速、水面宽、冲淤变化等因子，湖泊和水库需重点关注湖底水域面积或蓄水量及水力停留时间等因子。感潮河段、入海河口及近岸海域主要评价流量、流向、潮区界、潮流界、纳潮量、水位、流速、水面宽、水深、冲淤变化等因子。

建设项目可能导致受纳水体富营养化的，评价因子还应包括与富营养化有关的因子（如总磷、总氮、叶绿素 a、高锰酸盐指数和透明度等，叶绿素 a 为必须评价的因子）。

3. 评价等级

建设项目地表水环境影响评价等级按照影响类型、排放方式、排放量或影响情况、受纳水体环境质量现状、水环境保护目标等综合确定。

水污染影响型建设项目主要根据废水排放方式和排放量划分评价等级，见表 4-1。水文要素影响型建设项目评价等级划分主要根据水温、径流与受影响地表水域等三类水文要素的影响程度进行判定，见表 4-2。

表 4-1　水污染影响型建设项目评价等级判定表

评价等级	判定依据	
	排放方式	废水排放量 Q/(m^3/d)； 水污染当量数 W/(量纲一)
一级	直接排放	$Q \geqslant 20\ 000$ 或 $W \geqslant 600\ 000$
二级	直接排放	其他
三级 A	直接排放	$Q < 200$ 且 $W < 6\ 000$
三级 B	间接排放	—

注：1. 水污染物当量数等于该污染物的年排放量除以该污染物的污染当量值[具体见《环境影响评价技术导则　地表水环境》(HJ 2.3—2018)附录 A]，计算排放污染物的污染物当量数，应区分第一类水污染物和其他类水污染物，统计第一类污染物当量数总和，然后与其他类污染物按照污染物当量数从大到小排序，取最大当量数作为建设项目评价等级确定的依据。

2. 废水排放量按行业排放标准中规定的废水种类统计，没有相关行业排放标准要求的通过工程分析合理确定，应统计含热量大的冷却水的排放量，可不统计间接冷却水、循环水及其他含污染物极少的清净下水的排放量。

3. 厂区存在堆积物（露天堆放的原料、燃料、废渣等以及垃圾堆放场）、降尘污染的，应将初期雨污水纳入废水排放量，相应的主要污染物纳入水污染当量计算。

4. 建设项目直接排放第一类污染物的，其评价等级为一级；建设项目直接排放的污染物为受纳水体超标因子的，评价等级不低于二级。

5. 直接排放受纳水体影响范围涉及饮用水水源保护区、饮用水取水口、重点保护与珍稀水生生物的栖息地、重要水生生物的自然产卵场等保护目标时，评价等级不低于二级。

6. 建设项目向河流、湖库排放温排水引起受纳水体水温变化超过水环境质量标准要求，且评价范围有水温敏感目标时，评价等级为一级。

7. 建设项目利用海水作为调节温度介质，排水量≥500 万 m^3/d，评价等级为一级；排水量<500 万 m^3/d，评价等级为二级。

8. 仅涉及清净下水排放的，如其排放水质满足受纳水体水环境质量标准要求的，评价等级为三级 A。

9. 依托现有排放口，且对外环境未新增排放污染物的直接排放建设项目，评价等级参照间接排放，定为三级 B。

10. 建设项目生产工艺中有废水产生，但作为回水利用，不排放到外环境的，按三级 B 评价。

表 4-2　水文要素影响型建设项目评价等级判定表

评价等级	水温	径流		受影响地表水域		
	年径流量与总库容之比 α	兴利库容占年径流量百分比 β%	取水量占多年平均径流量百分比 γ/%	工程垂直投影面积及外扩范围 A_1/km^2;工程扰动水底面积 A_2/km^2;过水断面宽度占用比例或占用水域面积比例 R/%		工程垂直投影面积及外扩范围 A_1/km^2;工程扰动水底面积 A_2/km^2
				河流	湖库	入海河口、近岸海域
一级	$\alpha \leqslant 10$;或稳定分层	$\beta \geqslant 20$;或完全年调节与多年调节	$\gamma \geqslant 30$	$A_1 \geqslant 0.3$;或 $A_2 \geqslant 1.5$;或 $R \geqslant 10$	$A_1 \geqslant 0.3$;或 $A_2 \geqslant 1.5$;或 $R \geqslant 20$	$A_1 \geqslant 0.5$;或 $A_2 \geqslant 3$
二级	$20 > \alpha > 10$;或不稳定分层	$20 > \beta > 2$;或季调节与不完全年调节	$30 > \gamma > 100$	$0.3 > A_1 > 0.05$;或 $1.5 > A_2 > 0.2$;或 $10 > R > 5$	$0.3 > A_1 > 0.05$;或 $1.5 > A_2 > 0.2$;或 $20 > R > 5$	$0.5 > A_1 > 0.15$;或 $3 > A_2 > 0.5$
三级	$\alpha \geqslant 20$;或混合型	$\beta \leqslant 2$;或无调节	$\gamma \leqslant 10$	$A_1 \leqslant 0.05$;或 $A_2 \leqslant 0.2$;或 $R \leqslant 5$	$A_1 \leqslant 0.05$;或 $A_2 \leqslant 0.2$;或 $R \leqslant 5$	$A_1 \leqslant 0.15$;或 $A_2 \leqslant 0.5$

注:1. 影响范围涉及饮用水水源保护区、重点保护与珍稀水生生物的栖息地、重要水生生物的自然产卵场、自然保护区等保护目标,评价等级应不低于二级。

2. 跨流域调水、引水式电站、可能受到大型河流感潮河段咸潮影响的建设项目,评价等级不低于二级。

3. 造成入海河口(湾口)宽度束窄(束窄尺度达到原宽度的5%以上),评价等级应不低于二级。

4. 对不透水的单方向建筑尺度较长的水工建筑物(如防波堤、导流堤等),其与潮流或水流主流向切线垂直方向投影长度大于2 km时,评价等级应不低于二级。

5. 允许在一类海域建设的项目,评价等级为一级。

6. 同时存在多个水文要素影响的建设项目,分别判定各水文要素影响评价等级,并取其中最高等级作为水文要素影响型建设项目评价等级。

【例 4-1】　按照《环境影响评价技术导则　地表水环境》(HJ 2.3—2018),建设项目直接排放第一类污染物的评价等级为(　)。

A. 一级　　B. 二级　　C. 三级 A　　D. 不低于二级

答:A

4. 评价范围

建设项目地表水环境影响评价范围指建设项目整体实施后可能对地表水环境造成的影响范围。

水污染影响型建设项目评价范围,根据评价等级、工程特点、影响方式及程度、地表水环境质量管理要求等确定。一级、二级及三级 A,其评价范围应符合以下要求:(1)应根据主要污染物迁移转化状况，至少需覆盖建设项目污染影响所及水域；(2)受纳水体为河流时，应满足覆盖对照断面、控制断面与消减断面等关心断面的要求；(3)受纳水体为湖泊、水库时，一级评价，评价范围宜不小于以入湖(库)排放口为中心、半径为 5 km 的扇形区域；二级评价，评价范围宜不小于以入湖(库)排放口为中心、半径为 3 km 的扇形区域；三级 A 评价，评价范围宜不小于以入湖(库)排放口为中心、半径为 1 km 的扇形区域；(4)受纳水体为入海河口和近岸海域时，评价范围按照《海洋工程环境影响评价技术导则》(GB/T 19485)执行；(5)影响范围涉及水环境保护目标的，评价范围至少应扩大到水环境保护目标内受到影响的水域；(6)同一建设项目有两个及两个以上废水排放口，或排入不同地表水体时，按各排放口及所排入地表水体分别确定评价范围。有叠加影响的，叠加影响水域应作为重点评价范围。三级 B，其评价范围应符合以下要求：应满足其依托污水处理设施环境可行性分析的要求；涉及地表水环境风险的，应覆盖环境风险影响范围所及的水环境保护目标水域。

水文要素影响型建设项目评价范围，根据评价等级、水文要素影响类别、影响及恢复程度确定，评价范围应符合以下要求：(1)水温要素影响评价范围为建设项目形成水温分层水域，以及下游未恢复到天然(或建设项目建设前)水温的水域；(2)径流要素影响评价范围为水体天然性状发生变化的水域，以及下游增减水影响水域；(3)地表水域影响评价范围为相对建设项目建设前日均或潮均流速及水深、或高(累积频率 5%)低(累积频率 90%)水位(潮位)变化幅度超过±5%的水域；(4)建设项目影响范围涉及水环境保护目标的，评价范围至少应扩大到水环境保护目标内受影响的水域；(5)存在多类水文要素影响的建设项目，应分别确定各水文要素影响评价范围，取各水文要素评价范围的外包线作为水文要素的评价范围。

5. 评价时期

建设项目地表水环境影响评价时期根据受影响地表水体类型、评价等级等确定，见表 4-3。三级 B 评价，可不考虑评价时期。

【例 4-2】 按照《环境影响评价技术导则 地表水环境》(HJ 2.3—2018)，受影响地表水体类型为近岸海域，评价等级为一级时，评价时段为( )。

A. 春季和冬季　　B. 夏季和冬季　　C. 夏季和秋季　　D. 至少春季和秋季

答：D

表 4-3 评价时期确定表

受影响地表水体类型	等级评价		
	一级	二级	水污染影响型(三级 A)/水文要素影响型(三级)
河流、湖泊	丰水期、平水期、枯水期;至少丰水期和枯水期	丰水期和枯水期;至少枯水期	至少枯水期
入海河口(感潮河段)	河流:丰水期、平水期和枯水期;河口:春季、夏季和秋季;至少丰水期和枯水期,春季和秋季	河流:丰水期和枯水期;河口:春季、秋季 2 个季节;至少枯水期或 1 个季节	至少枯水期或 1 个季节
近岸海域	春季、夏季和秋季;至少春季、秋季 2 个季节	春季或秋季;至少 1 个季节	至少 1 次调查

注:1. 感潮河段、入海河口、近岸海域在丰、枯水期(或春夏秋冬四季)均应选择大潮期或小潮期中一个潮期开展评价(无特殊要求时,可不考虑一个潮期内高潮期、低潮期的差别)。选择原则为:依据调查监测海域的环境特征,以影响范围较大或影响程度较重为目标,定性判别和选择大潮期或小潮期作为调查潮期。

2. 冰封期较长且作为生活饮用水与食品加工用水的水源或有渔业用水需求的水域,应将冰封期纳入评价时期。

3. 具有季节性排水特点的建设项目,根据建设项目排水期对应的水期或季节确定评价时期。

4. 水文要素影响型建设项目对评价范围内的水生生物生长、繁殖与洄游有明显影响的时期,需将对应的时期作为评价时期。

5. 复合影响型建设项目分别确定评价时期,按照覆盖所有评价时期的原则综合确定。

三、地表水环境现状调查

1. 调查内容与方法

地表水环境现状调查主要采用资料收集、现场监测、无人机或卫星遥感遥测等方法。内容包括建设项目及区域水污染源调查、受纳或受影响水体水环境质量现状调查、区域水资源与开发利用状况、水文情势与相关水文特征值调查,以及水环境保护目标、水环境功能区或水功能区、近岸海域环境功能区及其相关的水环境质量管理要求等调查。涉及涉水工程的,还应调查涉水工程运行规则和调度情况。具体如下:

(1) 建设项目污染源

根据建设项目工程分析、污染源源强核算技术指南,结合排污许可技术规范等相关要求,分析确定建设项目所有排放口(包括涉及一类污染物的车间或车间处理设施排放口、企业总排口、雨水排放口、清净下水排放口、温排水排放口等)的污染物源强,明确排放口的相对位置并附图件、地理位置(经纬度)、排放规律等。改建、扩建项目还应调查现有企业所有废水排放口。

(2) 区域水污染源调查

点污染源调查内容,主要包括:

① 基本信息:主要包括污染源名称、排污许可证编号等。

② 排放特点:主要包括排放形式,分散排放或集中排放,连续排放或间歇排放;排放口的平面位置(附污染源平面位置图)及排放方向;排放口在断面上的位置。

③ 排污数据:主要包括污水排放量、排放浓度、主要污染物等数据。

④ 用排水状况:主要调查取水量、用水量、循环水量、重复利用率、排水总量等。

⑤ 污水处理状况:主要调查各排污单位生产工艺流程中的产污环节、污水处理工艺、处理效率、处理水量、中水回用量、再生水量、污水处理设施的运转情况等。

根据评价等级及评价工作需要,选择上述全部或部分内容进行调查。

面污染源调查内容,按照农村生活污染源、农田污染源、分散式畜禽养殖污染源、城镇地面径流污染源、堆积物污染源、大气沉降源等分类,采用源强系数法、面源模型法等方法,估算面源源强、流失量与入河量等。主要包括:

① 农村生活污染源:调查人口数量、人均用水量指标、供水方式、污水排放方式、去向和排污负荷量等。

② 农田污染源:调查农药和化肥的施用种类、施用量、流失量及入河系数、去向及受纳水体等情况(包括水土流失、农药和化肥流失强度、流失面积、土壤养分含量等调查分析)。

③ 畜禽养殖污染源:调查畜禽养殖的种类、数量、养殖方式、粪便污水收集与处置情况、主要污染物浓度、污水排放方式和排污负荷量、去向及受纳水体等。畜禽粪便污水作为肥水进行农田利用的,需考虑畜禽粪便污水土地承载力。

④ 城镇地面径流污染源:调查城镇土地利用类型及面积、地面径流收集方式与处理情况、主要污染物浓度、排放方式和排污负荷量、去向及受纳水体等。

⑤ 堆积物污染源:调查矿山、冶金、火电、建材、化工等单位的原料、燃料、废料、固体废物(包括生活垃圾)的堆放位置、堆放面积、堆放形式及防护情况、污水收集与处置情况、主要污染物和特征污染物浓度、污水排放方式和排污负荷量、去向及受纳水体等。

⑥ 大气沉降源:调查区域大气沉降(湿沉降、干沉降)的类型、污染物种类、污染物沉降负荷量等。

一级评价,以收集利用排污许可证登记数据、环评及环保验收数据及既有实测数据为主,并辅以现场调查及现场监测。二级评价,主要收集利用排污许可证登记数据、环评及环保验收数据及既有实测数据为主，必要时补充现场监测。水污染影响型三级 A 评价与水文要素影响型三级评价，主要收集利用与建设项目排放口的空间位置和所排污染物的性质关系密切的污染源资料，可不进行现场调查及现场监测。水污染影响型三级 B 评价，可不开展区域污染源调查，主要调查依托污水处理设施的日处理能力、处理工艺、设计进水水质、处理后的废水稳定达标排放情况，同时应调查依托污水处理设施执行的排放标准是否涵盖建设项目排放的有毒有害的特征水污染物。

(3) 水文情势调查

水文情势调查内容具体见表 4-4。

表 4-4　水文情势调查内容

水体类型	水污染影响型	水文要素影响型
河流	水文年及水期划分、不利水文条件及特征水文参数、水动力学参数等	水文系列及其特征参数；水文年及水期的划分；河流物理形态参数；河流水沙参数、丰枯水期水流及水位变化特征等
湖库	湖库物理形态参数；水库调节性能与运行调度方式；水文年及水期划分；不利水文条件特征及水文参数；出入湖(库)水量过程；湖流动力学参数；水温分层结构等	
入海河口(感潮河段)	潮汐特征、感潮河段的范围、潮区界与潮流界的划分；潮位及潮流；不利水文条件组合及特征水文参数；水流分层特征等	
近岸海域	水温、盐度、泥沙、潮位、流向、流速、水深等，潮汐性质及类型，潮流、余流性质及类型、海岸线、海床、滩涂、海岸蚀淤变化趋势等	

(4) 水资源开发利用状况调查

水文要素影响型建设项目一级、二级评价时，应开展建设项目所在流域、区域的水资源与开发利用状况调查。

① 水资源现状

调查水资源总量、水资源可利用量、水资源时空分布特征、人类活动对水资源量的影响等。主要涉水工程概况调查，包括数量、等级、位置、规模，主要开发任务、开发方式、运行调度及其对水文情势、水环境的影响。应涵盖大型、中型、小型等各类涉水工程，绘制涉水工程分布示意图。

② 水资源利用状况

调查城市、工业、农业、渔业、水产养殖业、水域景观等各类用水现状与规划(包括用水时间、取水地点、取用水量等)，各类用水的供需关系(包括水权等)、水质要求和渔业、水产养殖业等所需的水面面积。

(5) 水环境质量现状调查

应根据不同评价等级对应的评价时期要求开展水环境质量现状调查,并优先采用国务院生态环境保护主管部门统一发布的水环境状况信息。当现有资料不能满足要求时,应按照不同等级对应的评价时期要求开展现状监测,水污染影响型建设项目一级、二级评价时,应调查受纳水体近 3 年的水环境质量数据,分析其变化趋势。

在选择水质参数时,应考虑能反映水域水质一般状况的常规水质参数和能代表建设项目将来排放的水质的特征水质参数。常规水质参数以《地表水环境质量标准》(GB 3838—2002)中所提出的 pH、溶解氧、高锰酸盐指数、五日生化需氧量、凯氏氮或非离子氨、酚、氰化物、砷、汞、铬(六价)、总磷以及水温为基础,根据水域类别、评价等级、污染源状况适当删减。特征水质参数根据建设项目特点、水域类别及评价等级选定。

高等级评价可考虑水生生物和底泥方面指标。底泥物理指标包括力学性质、质地、含水率、粒径等;化学指标包括水域超标因子、与本建设项目排放污染物相关的因子。

(6) 水环境保护目标调查

应主要采用国家及地方人民政府颁布的各相关名录中的统计资料。

2. 调查范围与时期

地表水环境的现状调查范围应覆盖评价范围,应以平面图方式表示,并明确起、止断面的位置及涉及范围。

水污染影响型建设项目除覆盖评价范围外,受纳水体为河流时,在不受回水影响的河段,排放口上游调查范围宜不小于 500 m,受回水影响河段的上游调查范围原则上与下游调查的河段长度相等;受纳水体为湖库时,以排放口为圆心,调查半径在评价范围基础上外延 20%～50%;建设项目排放污染物中包括氮、磷或有毒污染物且受纳水体为湖泊、水库时,一级评价的调查范围应包括整个湖泊、水库,二级、三级 A 评价时,调查范围应包括排放口所在水环境功能区、水功能区或湖(库)湾区。

水文要素影响型建设项目受影响水体为河流、湖库时,除覆盖评价范围外,一级、二级评价时,还应包括库区及支流回水影响区、坝下至下一个梯级或河口、受水区、退水影响区。

受纳或受影响水体为入海河口及近岸海域时,调查范围依据《海洋工程环境影响评价技术导则》(GB/T 19485)要求执行。

调查时期和评价时期一致。水文调查与水文测量宜在枯水期进行。必要时,可根据水环境影响预测需要、生态环境保护要求,在其他时期(丰水期、平水期、冰封期等)进行。水污染影响型建设项目开展与水质调查同步进行的水文测量,原则上可只在一个时期(水期)内进行。在水文测量的时间、频次和断面与水质调查不完全相同时,应保证满足水环境影响预测所需的水文特征值及环境水力学参数的要求。

四、地表水环境现状评价

1. 评价因子选择

地表水环境现状评价时，可根据区域环境特征、水域功能、建设项目特点等因素，从现状水质调查参数中选取评价因子。评价因子选择遵循的一般原则为：(1)根据现状评价目的选择评价因子；(2)根据被评价水体的功能(饮用、渔业、公共娱乐等)选择评价因子；(3)根据污染源评价结果得出的评价区域主要污染物选择评价因子；(4)根据水环境评价标准选择评价因子；(5)根据监测条件和测试条件选择评价因子。

通常可供选择的评价因子类别有：感官因子，味、色、SS 等；氧平衡因子，DO、BOD_5、COD 等；营养因子，硝酸盐、磷酸盐等；毒性因子，Cr、As、酚、氰化物等；微生物因子，粪大肠菌群等；重金属因子，Cu、Pb、Hg、Cd 等。

2. 评价依据

地表水环境质量标准和有关法规及当地的环境保护要求是评价的基本依据。地表水环境质量标准应采用国家标准(GB 3838—2002)或相应的地方标准、《海水水质标准》(GB 3097—1997)等。有些水质参数国内尚无标准，可参照国外或建立临时标准，但应按国家生态环境部规定的程序报有关部门批准。评价区域内不同功能的水域应采用不同类别的水质标准。综合水质的分级应与《地表水环境质量标准》(GB 3838—2002)中水域功能的分类一致，其分级判据与所采用的多项水质参数综合评价方法有关。

3. 评价方法

水环境功能区或水功能区、近岸海域环境功能区及水环境控制单元或断面水质达标状况评价方法，参考国家或地方政府相关部门制定的水环境质量评价技术规范、水体达标方案编制指南、水功能区水质达标评价技术规范等。

监测断面或点位水环境质量现状评价方法，采用水质指数法评价。

(1) 一般水质因子标准指数

一般水质因子(随污染物本身浓度增加而使水质变差的水质因子)的标准指数为

$$S_{ij}=C_{ij}/C_{si} \tag{4-7}$$

式中：

S_{ij} ——评价因子 i 在第 j 点的水质指数，大于 1 表明该水质因子超标；

C_{ij} ——评价因子 i 在第 j 点的实测统计代表值，mg/L；

C_{si} ——评价因子 i 的水质评价标准限值，mg/L。

(2) 溶解氧标准指数

溶解氧的标准指数为

$$S_{DO,j}=\frac{|DO_f-DO_j|}{DO_f-DO_s},DO_j>DO_f \tag{4-8}$$

$$S_{DO,j}=DO_s/DO_j,DO_j\leqslant DO_f \tag{4-9}$$

式中：

$S_{DO,j}$ ——溶解氧在第 j 点的标准指数，大于 1 表明该水质因子超标；

DO_f ——饱和溶解氧的浓度，mg/L，对于河流，$DO_f=468/(31.6+T)$，对于盐度比较高的湖泊、水库及入海河口、近岸海域，$DO_f=(491-2.65S)/(33.5+T)$；

S ——实用盐度符号，量纲一；

T ——水温，℃；

DO_j ——溶解氧在第 j 点的实测统计代表值，mg/L；

DO_s ——溶解氧的水质评价标准限值，mg/L。

【例 4-3】 水温为 23 ℃时，某河段 DO 浓度为 3 mg/L，已知该河段属于Ⅲ类水体，如采用单项指数评价，其指数为多少？（根据 GB 3838—2002，Ⅲ类水体 DO 标准为≥5.0 mg/L）

解：$DO_f=468/(31.6+23)=8.57$

$S_{DO,j}=DO_s/DO_j=5/3=1.67$

答：DO 标准指数为 1.67。

(3) pH 标准指数

pH 的标准指数为

$$S_{pH,j}=\frac{7.0-pH_j}{7.0-pH_{sd}},pH_j\leqslant 7.0 \tag{4-10}$$

$$S_{pH,j}=\frac{pH_j-7.0}{pH_{su}-7.0},pH_j>7.0 \tag{4-11}$$

式中：

$S_{pH,j}$ ——pH 的指数，大于 1 表明该水质因子超标；

pH_j ——pH 实测统计代表值；

pH_{sd} ——评价标准规定的 pH 下限；

pH_{su} ——评价标准规定的 pH 上限。

【例 4-4】 某水样 pH 为 13，如采用单项指数法评价，其指数为多少？

解：$S_{pH,j}=\frac{pH_j-7.0}{pH_{su}-7.0}=(13-7)/(9-7)=3$

答:pH 标准指数为 3。

(4) 底泥污染指数

底泥污染指数计算公式为

$$P_{i,j}=C_{i,j}/C_{si} \tag{4-12}$$

式中:

$P_{i,j}$ ——底泥污染因子 i 的单项污染指数,大于 1 表明该污染因子超标;

$C_{i,j}$ ——调查点位污染因子 i 的实测值,mg/L;

C_{si} ——污染因子 i 的评价标准值或参考值,mg/L。

可以根据土壤环境质量标准或所在水域底泥的背景值,确定底泥污染评价标准值或参考值。

五、地表水环境影响预测

建设项目地表水环境影响预测是地表水环境影响评价的中心环节,它的任务是通过一定的技术方法,预测建设项目在不同实施阶段(建设期、运行期、服务期满后)对地表水的环境影响,为采取相应的环保措施及环境管理方案提供依据。一级、二级、水污染影响型三级 A 与水文要素影响型三级评价应定量预测建设项目水环境影响,水污染影响型三级 B 评价可不进行水环境影响预测。

1. 预测因子与预测范围

预测因子应根据评价因子确定,重点选择与建设项目水环境影响关系密切的因子。预测范围应覆盖评价范围,并根据受影响地表水体水文要素与水质特点合理拓展。

2. 预测时期与预测情景

水环境影响预测的时期应满足不同评价等级的评价时期要求。对于水污染影响型建设项目,水体自净能力最不利以及水质状况相对较差的不利时期、水环境现状补充监测时期应作为重点预测时期;水文要素影响型建设项目,以水质状况相对较差或对评价范围内水生生物影响最大的不利时期为重点预测时期。

根据建设项目特点分别选择建设期、生产运行期和服务期满后三个阶段进行预测;生产运行期应预测正常排放、非正常排放两种工况对水环境的影响,如建设项目具有充足的调节容量,可只预测正常排放对水环境的影响;应对建设项目污染控制和减缓措施方案进行水环境影响模拟预测;对受纳水体环境质量不达标区域,应考虑区(流)域环境质量改善目标要求情景下的模拟预测。

3. 预测内容

预测分析内容根据影响类型、预测因子、预测情景、预测范围地表水体类别、所选用的预测模型及评价要求确定。

水污染影响型建设项目，主要包括：各关心断面（控制断面、取水口、污染源排放核算断面等）水质预测因子的浓度及变化；到达水环境保护目标处的污染物浓度；各污染物最大影响范围；湖泊、水库及半封闭海湾等，还需关注富营养化状况与水华、赤潮等；排放口混合区范围。

水文要素影响型建设项目，主要包括：河流、湖泊及水库的水文情势预测分析主要包括水域形态、径流条件、水力条件以及冲淤变化等内容，具体包括水面面积、水量、水温、径流过程、水位、水深、流速、水面宽、冲淤变化等，湖泊和水库需重点关注湖库水域面积、蓄水量及水力停留时间等因子。

感潮河段、入海河口及近岸海域水动力条件预测分析主要包括流量、流向、潮区界、潮流界、纳潮量、水位、流速、水面宽、水深、冲淤变化等因子。

4. 预测模型

地表水环境影响预测模型是指用于描述水体的水质要素在各种因素作用下随时间和空间变化关系的数学模式，包括数学模型、物理模型。地表水环境影响预测宜选用数学模型。评价等级为一级且有特殊要求时选用物理模型。数学模型包括：面源污染负荷估算模型、水动力模型、水质（包括水温及富营养化）模型等。

水动力模型及水质模型按照时间分为稳态模型与非稳态模型，按照空间分为零维、一维（包括纵向一维及垂向一维，纵向一维包括河网模型）、二维（包括平面二维及立面二维）以及三维模型，按照是否需要采用数值离散方法分为解析解模型与数值解模型。水动力模型及水质模型的选取根据建设项目的污染源特性、受纳水体类型、水力学特征、水环境特点及评价等级等要求，选取适宜的预测模型。各地表水体实用的数学模型选择要求如下：

河流数学模型选择要求见表 4-5。在模拟河流顺直、水流均匀且排污稳定时可以采用解析解模型。

表 4-5　河流数学模型适用条件

模型分类	模型空间分类						模型时间分类	
	零维模型	纵向一维模型	河网模型	平面二维	立面二维	三维模型	稳态	非稳态
适用条件	水域基本均匀混合	沿程横断面均匀混合	多条河道相互连通，使得水流运动和污染物交换相互影响的河网地区	垂向均匀混合	垂向分层特征明显	垂向及平面分布差异明显	水流恒定、排污稳定	水流不恒定，或排污不稳定

湖库数学模型选择要求见表 4-6。在模拟湖库水域形态规则、水流均匀且排污稳定时可以采用解析解模型。

表 4-6　湖库数学模型适用条件

模型分类	模型空间分类						模型时间分类	
	零维模型	纵向一维模型	平面二维	垂向一维	立面二维	三维模型	稳态	非稳态
适用条件	水流交换作用较充分、污染物质分布基本均匀	污染物在断面上均匀混合的河道型水库	浅水湖库，垂向分层不明显	深水湖库，水平分布差异不明显，存在垂向分层	深水湖库，横向分布差异不明显，存在垂向分层	垂向及平面分布差异明显	流场恒定、源强稳定	流场不恒定或源强不稳定

感潮河段、入海河口数学模型。污染物在断面上均匀混合的感潮河段、入海河口，可采用纵向一维非恒定数学模型，感潮河网区宜采用一维河网数学模型。浅水感潮河段和入海河口宜采用平面二维非恒定数学模型。如感潮河段、入海河口的下边界难以确定，宜采用一维、二维连接数学模型。

近岸海域数学模型。近岸海域宜采用平面二维非恒定模型。如果评价海域的水流和水质分布在垂向上存在较大的差异（如排放口附近水域），宜采用三维数学模型。

河流常用数学模型如下：

（1）混合过程段长度估算公式

就河流而言，预测范围内的河段可以分为充分混合段、混合过程段和上游河段。充分混合段是指污染物在断面上均匀分布的河段。当断面上任意一点的浓度与断面平均浓度之差小于平均浓度的 5%时，可以认为达到均匀分布。混合过程段是指排放口下游达到充分混合以前的河段。上游河段是指排放口上游的河段。

混合过程段的长度可由式(4-13)估算：

$$L_m=\left\{0.11+0.7\left[0.5-\frac{a}{B}-1.1\left(0.5-\frac{a}{B}\right)^2\right]^{1/2}\right\}\frac{uB^2}{E_y} \tag{4-13}$$

式中：

L_m ——混合段长度，m；

B ——水面宽度，m；

a ——排放口到岸边的距离，m；

u ——断面流速，m/s；

E_y ——污染物横向扩散系数，m^2/s。

【例 4-5】 一均匀稳态河段，河宽 $B=100$ m，平均水深 $H=2$ m，流速 $u=0.5$ m/s，平均底坡 $I=0.000\,5$。一个拟建项目以岸边和河中心两种方案排放污水的完全混合距离分别是多少？

解：根据泰勒公式，$B/H\leqslant100$ 时，$E_y=(0.058H+0.006\,5B)(gHI)^{1/2}$，$H$ 为平均水深，B 为河宽，I 为平均底坡，g 为重力加速度。

岸边排放，$a=0$，

$$L_m=\left\{0.11+0.7\left[0.5-\frac{a}{B}-1.1\left(0.5-\frac{a}{B}\right)^2\right]^{1/2}\right\}\frac{uB^2}{E_y}$$

$$=0.44\times\frac{0.5\times100^2}{(0.058\times2+0.006\,5\times100)(9.8\times2\times0.000\,5)^{1/2}}$$

$$=29\,012.2\ \text{m}$$

中心排放，$a=B/2$，

$$L_m=\left\{0.11+0.7\left[0.5-\frac{a}{B}-1.1\left(0.5-\frac{a}{B}\right)^2\right]^{1/2}\right\}\frac{uB^2}{E_y}$$

$$=0.11\times\frac{0.5\times100^2}{(0.058\times2+0.006\,5\times100)(9.8\times2\times0.000\,5)^{1/2}}$$

$$=7\,253.1\ \text{m}$$

答：以岸边和河中心两种方案排放污水的完全混合距离分别是 29 012.2 m 和 7 253.1 m。

(2) 零维水质模型

① 河流常用零维模型的应用对象

a. 不考虑混合距离的重金属污染物、部分有毒物质等其他保守物质的下游浓度预测与允许纳污量的估算；

b. 有机物降解性物质的降解项可忽略时，可采用零维模型；

c. 对于有机物降解性物质，当需要考虑降解时，可采用零维模型分段模拟，但计算精度和实用性较差，最好用一维模型求解。

② 常用零维水质模型的适用条件

a. 河流充分混合段；

b. 持久性污染物；

c. 河流为恒定流动；

d. 废水连续稳定排放。

③ 正常设计条件下河流稀释混合模型

a. 点源稀释混合模型。通用的点源稀释混合模型方程式为

$$C=\frac{C_pQ_p+C_hQ_h}{Q_p+Q_h} \tag{4-14}$$

式中：

C ——污染物浓度，mg/L；

Q_p ——废水排放量，m^3/s；

C_p ——污染物排放浓度，mg/L；

Q_h ——河流流量，m^3/s；

C_h ——河流来水中的污染物浓度，mg/L。

由于污染源作用可线性叠加，多个污染源排放对控制点或控制断面的影响，等于各个污染源单个影响作用之和，符合线性叠加关系。单点源计算可叠加使用，计算多点源条件。单断面或单点约束条件，可根据节点平衡，递推多断面或多点约束条件。

【例 4-6】 拟在河边建一工厂，该厂将以 2.56 m^3/s 的流量排放含氯化物废水，含盐量 1 500 mg/L，该河流平均流速为 0.61 m/s，平均河宽为 12.5 m，平均水深为 0.58 m，上游来水含氯化物 100 mg/L，该工厂的废水如排入河流中能与河水迅速混合，河水氯化物浓度是多少？

解：$C=\frac{C_pQ_p+C_hQ_h}{Q_p+Q_h}$

$$=\frac{1500\times2.56+100\times0.61\times12.5\times0.58}{2.56+0.61\times12.5\times0.58}$$

$$=613.3\ \text{mg/L}$$

答：河水氯化物浓度是 613.3 mg/L。

b. 非点源稀释混合模型。对于沿程有非点源(面源)分布入流时,可按式(4-15)计算河段污染物的平均浓度:

$$C=\frac{C_pQ_p+C_hQ_h}{Q_p+Q_h}+\frac{W}{86.4Q} \tag{4-15}$$

$$Q=Q_p+Q_h+\frac{Q_s}{x_s}x \tag{4-16}$$

式中:

W ——沿程河段内非点源处汇入的污染物负荷量,kg/d;

Q ——下游沿程距离为 x 处非点源汇入河段流量,m^3/s;

Q_s ——沿程控制河段总长度为 x_s 的非点源汇入河段流量,m^3/s;

x_s ——控制河段总长度,km;

x ——沿程距离($0<x\leqslant x_s$),km。

(3) 纵向一维模型

① 连续稳定排放

根据河流纵向一维水质模型方程的简化、分类判别条件(即 O'Connor 数 α 和贝克来数 P_e 的临界值),选择相应的解析解公式。

$$\alpha=\frac{kE_x}{u^2} \tag{4-17}$$

$$P_e=\frac{uB}{E_x} \tag{4-18}$$

式中:

k ——污染物综合衰减系数,1/s;

E_x ——污染物纵向扩散系数,m^2/s;

u ——断面流速,m/s;

B ——水面宽度,m。

当 $\alpha\leqslant 0.027$、$P_e\geqslant 1$ 时,适用对流降解模型:

$$C=C_0\exp\left(-\frac{kx}{u}\right),x\geqslant 0 \tag{4-19}$$

当 $\alpha\leqslant 0.027$、$P_e<1$ 时,适用对流扩散降解简化模型:

$$C=C_0\exp\left(\frac{ux}{E_x}\right),x<0 \tag{4-20}$$

$$C=C_0\exp\left(-\frac{kx}{u}\right),x\geqslant 0 \tag{4-21}$$

$$C_0=\frac{C_pQ_p+C_hQ_h}{Q_p+Q_h} \tag{4-22}$$

当 $0.027<\alpha\leqslant 380$ 时，适用对流扩散降解模型：

$$C(x)=C_0\exp\left[\frac{ux}{2E_x}(1+\sqrt{1+4\alpha})\right],x<0 \tag{4-23}$$

$$C(x)=C_0\exp\left[\frac{ux}{2E_x}(1-\sqrt{1+4\alpha})\right],x\geqslant 0 \tag{4-24}$$

$$C_0=\frac{C_pQ_p+C_hQ_h}{(Q_p+Q_h)\sqrt{1+4\alpha}} \tag{4-25}$$

当 $\alpha>380$ 时，适用扩散降解模型：

$$C=C_0\exp\left(x\sqrt{\frac{k}{E_x}}\right),x<0 \tag{4-26}$$

$$C=C_0\exp\left(-x\sqrt{\frac{k}{E_x}}\right),x\geqslant 0 \tag{4-27}$$

$$C_0=\frac{C_pQ_p+C_hQ_h}{2A\sqrt{kE_x}} \tag{4-28}$$

式中：

α ——O'Connor 数，量纲一，表征物质离散降解通量与移流通量比值；

P_e ——贝克来数，量纲一，表征物质移流通量与离散通量比值；

C_0 ——河流排放口初始断面混合浓度，mg/L；

x ——河流沿程坐标，m，$x=0$ 指排放口处，$x>0$ 指排放口下游段，$x<0$ 指排放口上游段；

A ——断面面积，m^2。

② 瞬时排放

瞬时排放源河流一维对流扩散方程的浓度分布公式为

$$C(x,t)=\frac{M}{A\sqrt{4\pi E_xt}}\exp(-kt)\exp\left[-\frac{(x-ut)^2}{4E_xt}\right] \tag{4-29}$$

在 t 时刻、距离污染源下游 $x=ut$ 处的污染物浓度峰值为

$$C_{\max}(x)=\frac{M}{A\sqrt{4\pi E_xx/u}}\exp(-kx/u) \tag{4-30}$$

式中：

$C(x,t)$——在距离排放口 x 处，t 时刻的污染物浓度，mg/L；

x ——离排放口距离，m；

t ——排放发生后的扩散历时，s；

M ——污染物的瞬时排放总质量，g。

【例 4-7】 某拟建工程排入河流的污水流量为 0.25 m^3/s，COD=100 mg/L。河流的流量为 6.0 m^3/s，COD=12 mg/L，流速为 0.4 m/s，耗氧系数为 0.5 d^{-1}，纵向扩散系数 E_x 为 10 m^2/s，河宽 5 m。假设污水进入河流后立即与河水混合均匀，在距排污口下游 10 km 的断面处，河水中 COD 的浓度是多少？

解：$\alpha=\dfrac{kE_x}{u^2}=\dfrac{0.5\times 10}{86\ 400\times 0.4^2}=0.000\ 36\leqslant 0.027$

$$P_e=\frac{uB}{E_x}=\frac{0.4\times 15}{10}=0.6<1$$

$$C_0=\frac{Q_pC_p+Q_hc_h}{Q_p+Q_h}=\frac{0.25\times 100+6.0\times 12}{0.25+6}=15.5\ \text{mg/L}$$

$$C=C_0\exp\left(\frac{-kx}{u}\right)=15.5\times\exp\left(\frac{-0.5\times 10\ 000}{86\ 400\times 0.4}\right)=13.4\ \text{mg/L}$$

答：在距排污口下游 10 km 的断面处，河水中 COD 的浓度是 13.4 mg/L。

(4) Streeter-Phelps 模型(S-P 模型)

Streeter-Phelps 模型是研究河流溶解氧与 BOD 关系最早的、最简单的耦合模型。S-P 模型迄今仍得到广泛的应用，也是研究各项修正模型和复杂模型的基础。它的基本假设为：氧化和复氧都是一级反应，反应速率是定常的，氧亏的净变化仅是水中有机物耗氧和通过液-气界面的大气复氧的函数。

Streeter-Phelps 模型：

$$C=C_0\exp\left(\frac{-K_1x}{86\ 400u}\right)\tag{4-31}$$

$$D=\frac{K_1}{K_2-K_1}\left[\exp\left(-K_1\frac{x}{86\ 400u}\right)-\exp\left(-K_2\frac{x}{86\ 400u}\right)\right]+D_0\exp\left(-K_2\frac{x}{86\ 400u}\right)$$

其中，

$$C_0=\frac{Q_pC_p+Q_hC_h}{Q_p+Q_h}\tag{4-32}$$

$$D_0=\frac{Q_pD_p+Q_hD_h}{Q_p+Q_h}\tag{4-33}$$

式中：

Q_p ——废水排放量，m^3/s；

Q_h ——河流流量，m^3/s；

D ——亏氧量，即 $DO_f - DO$，mg/L；

D_0 ——计算初始断面亏氧量，mg/L；

D_p ——上游来水中溶解氧亏量，mg/L；

D_h ——污水中溶解氧亏量，mg/L；

u ——河流断面平均流速，m/s；

x ——沿程距离，m；

C ——沿程浓度，mg/L；

DO ——溶解氧浓度，mg/L；

DO_f ——饱和溶解氧浓度，mg/L；

K_1 ——耗氧系数，d^{-1}；

K_2 ——复氧系数，d^{-1}。

水中溶解氧的平衡只考虑有机污染物的耗氧和大气复氧，则沿河水流动方向的溶解氧分布为一悬索形曲线，如图 4-1 所示。

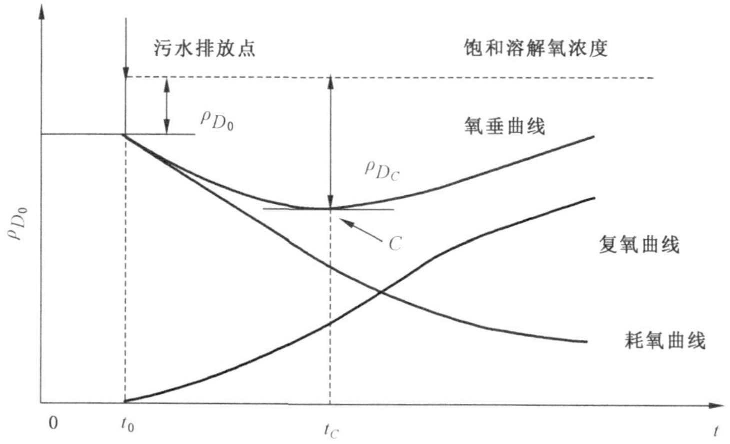

图 4-1 氧垂曲线

氧垂曲线的最低点 C 称为临界亏氧点，临界亏氧点处的亏氧量称为最大亏氧值。在临界亏氧点左侧，耗氧大于复氧，水中的溶解氧逐渐减少，污染物浓度因生物净化作用而逐渐减少；达到临界亏氧点时，耗氧和复氧平衡；临界点右侧，耗氧量因污染物浓度减小而减少，复氧量相对增加，水中溶解氧增多，水质逐渐恢复。如排入的耗氧污染物过多，将溶解氧耗尽，则有机物受到厌氧菌的还原作用生成甲烷气体，同时水中存在的硫酸根离子将由于硫酸还原菌的作用而成为硫化氢，引起河水发臭，水质严重恶化。由式(4-34)可以计算出临界亏氧点 x_C 出现的位置，计算公式为

$$x_C=\frac{86\ 400u}{K_2-K_1}\ln\left[\frac{K_2}{K_1}\left(1-\frac{D_0}{C_0}\times\frac{K_2-K_1}{K_1}\right)\right] \tag{4-34}$$

(5) 平面二维模型

① 连续稳定排放

不考虑岸边反射影响的宽浅型平直恒定均匀河流,岸边点源稳定排放,浓度分布公式为

$$C(x,y)=C_h+\frac{m}{h\sqrt{\pi E_y ux}}\exp\left(-\frac{uy^2}{4E_y x}\right)\exp\left(-k\frac{x}{u}\right) \tag{4-35}$$

式中:

$C(x,y)$——纵向距离 x、横向距离 y 点的污染物浓度,mg/L;

h——断面水深,m;

E_y——污染物横向扩散系数,m^2/s;

m——污染物排放速率,g/s。

其他符号说明同一维模型。

② 瞬时排放

不考虑岸边反射影响的宽浅型平直均匀河流,岸边点源排放,浓度分布公式为

$$C(x,y,t)=C_h+\frac{M}{2\pi ht\sqrt{E_x E_y}}\exp\left[-\frac{(x-ut)^2}{4E_x t}-\frac{y^2}{4E_y t}\right]\exp(-kt) \tag{4-36}$$

六、地表水环境影响评价

1. 评价内容

一级、二级、水污染影响型三级 A 及水文要素影响型三级评价主要评价内容包括:水污染控制和水环境影响减缓措施有效性评价;水环境影响评价。

水污染影响型三级 B 评价主要评价内容包括:水污染控制和水环境影响减缓措施有效性评价;依托污水处理措施的环境可行性评价。

2. 水环境保护措施

对建设项目可能产生的水污染物,需通过优化生产工艺和强化水资源的循环利用,提出减少污水产生量与排放量的环保措施,并对污水处理方案进行技术经济及环保论证比选,明确污水处理设施的位置、规模、处理工艺、主要构筑物或设备、处理效率;采取的污水处理方案要实现达标排放,满足总量控制指标要求,并对排放口设置及排放方式进行环保论证。

达标区建设项目选择废水处理措施或多方案比选时,应综合考虑成本和治理效果,选择可行技术方案。不达标区建设项目选择废水处理措施或多方案比选时,应优先考虑治理效果,结合区(流)域水环境质量改善目标、替代源的削减方案实施情况,确保废水污染物达到最

低排放强度和排放浓度。

对水文要素影响型建设项目,应考虑保护水域生境及水生态系统的水文条件以及生态环境用水的基本需求,提出优化运行调度方案或下泄流量及过程,并明确相应的泄放保障措施与监控方案。

对于建设项目引起的水温变化可能对农业、渔业生产或鱼类繁殖与生长等产生不利影响,应提出水温影响减缓措施。对产生低温水影响的建设项目,对其取水与泄水建筑物的工程方案提出环保优化建议,可采取分层取水设施、合理利用水库洪水调度运行方式等。对产生温排水影响的建设项目,可采取优化冷却方式减少排放量,可通过采取余热利用措施降低热污染强度,合理选择温排水口的布置和类型,控制高温区范围等。

3. 水环境影响评价结论

根据水污染控制和水环境影响减缓措施有效性评价、地表水环境影响评价结论,明确给出地表水环境影响是否可接受的结论。

达标区的建设项目环境影响评价,依据评价要求,同时满足水污染控制和水环境影响减缓措施有效性评价、水环境影响评价的情况下,认为地表水环境影响可以接受,否则认为地表水环境影响不可接受。

不达标区的建设项目环境影响评价,在考虑区(流)域环境质量改善目标要求、削减替代源的基础上,同时满足水污染控制和水环境影响减缓措施有效性评价、水环境影响评价的情况下,认为地表水环境影响可以接受,否则认为地表水环境影响不可接受。

新建项目的污染物排放指标需要等量替代或减量替代时,还应明确给出替代项目的基本信息,主要包括项目名称、排污许可证编号、污染物排放量等。

有生态流量控制要求的,根据水环境保护管理要求,明确给出生态流量控制节点及控制目标。

模块二　地下水环境影响评价

一、基础知识

地下水是指地面以下饱和含水层中的重力水。地下水污染是由于人类活动使得某种物质介入地下水体,导致其物理性质、化学成分、生物学性质或者放射性等方面的改变,污染物质的量超过了地下水的自净能力,从而引起水质恶化,危害人体健康并造成生态环境的破坏。地下水环境影响评价相关基本术语如下:

包气带是地面与地下水面之间与大气相通的,含有气体的地带;饱水带是地下水面以下,岩层的空隙全部被水充满的地带；潜水是地面以下，第一个稳定隔水层以上具有自由水面的地下水；承压水是充满于上下两个隔水层间的具有承压性质的地下水；地下水补给区是含水层出露或接近地表接受大气降水和地表水等入渗补给的地区；地下水排泄区是含水层的地下水向外部排泄的范围；地下水径流区是含水层的地下水从补给区至排泄区的流经范围；地下水环境保护目标是潜水含水层和可能受建设项目影响且具有饮用水开发利用价值的含水层，集中式饮用水源和分散式饮用水水源地，以及《建设项目环境影响评价分类管理名录》中所界定的涉及地下水的环境敏感区。

二、地下水环境影响评价等级与现状调查

1. 地下水环境影响识别

地下水环境影响的识别应在初步工程分析和确定地下水环境保护目标的基础上进行，根据建设项目建设期、运营期和服务期满后三个阶段的工程特征，识别其正常状况和非正常状况下的地下水环境影响。对于随着生产运行时间推移对地下水环境影响有可能加剧的建设项目，还应按运营期的变化特征分为初期、中期和后期分别进行环境影响识别。

识别内容包括：可能造成地下水污染的装置和设施（位置、规模、材质等）及建设项目在建设期、运营期、服务期满后可能的地下水污染途径；可能导致地下水污染的特征因子。特征因子应根据建设项目污废水成分、液体物料成分、固废浸出液成分等确定。

2. 地下水环境影响评价工作分级

地下水环境影响评价工作等级的划分应根据建设项目行业分类和地下水环境敏感程度分级进行判定，可划分为一级、二级、三级。划分依据如下：

建设项目的地下水环境敏感程度可分为敏感、较敏感、不敏感三级，分级原则见表 4-7。

表 4-7　地下水环境敏感程度分级表

敏感程度	地下水环境敏感特征
敏感	集中式饮用水水源（包括已建成的在用、备用、应急水源，在建和规划的饮用水水源）准保护区；除集中式饮用水水源以外的国家或地方政府设定的与地下水环境相关的其他保护区，如热水、矿泉水、温泉等特殊地下水资源保护区
较敏感	集中式饮用水水源（包括已建成的在用、备用、应急水源，在建和规划的饮用水水源）准保护区以外的补给径流区；未划定准保护区的集中式饮用水水源，其保护区以外的补给径流区；分散式饮用水水源地；特殊地下水资源（如热水、矿泉水、温泉等）保护区以外的分布区等其他未列入上述敏感分级的环境敏感区①
不敏感	上述地区之外的其他地区

注：①环境敏感区是指《建设项目环境影响评价分类管理名录》中所界定的涉及地下水的环境敏感区。

建设项目所属的地下水环境影响评价项目类别参考《环境影响评价技术导则　地下水环境》(HJ 610—2016)附录A确定。建设项目地下水环境影响评价工作等级划分见表4-8。

表4-8　评价工作等级分级表

环境敏感程度 项目类别	Ⅰ类项目	Ⅱ类项目	Ⅲ类项目
敏感	一	一	二
较敏感	一	二	三
不敏感	二	三	三

对于利用废弃盐岩矿井洞穴或人工专制盐岩洞穴、废弃矿井巷道加水幕系统、人工硬岩洞库加水幕系统、地质条件较好的含水层储油、枯竭的油气层储油等形式的地下储油库，危险废物填埋场应进行一级评价，不按上表划分评价工作等级。当同一建设项目涉及两个或两个以上场地时，各场地应分别判定评价工作等级，并按相应等级开展评价工作。线性工程应根据所涉地下水环境敏感程度和主要站场(如输油站、泵站、加油站、机务段、服务站等)位置进行分段判定评价工作等级，并按相应等级分别开展评价工作。

【例4-8】　根据《环境影响评价技术导则　地下水环境》(HJ 610—2016)，下列区域中，地下水环境敏感程度分级属于较敏感的是(　)。

A. 备用集中式饮用水水源准保护区

B. 规划的集中饮用水水源准保护区

C. 分散式饮用水水源地

D. 温泉水地下水资源保护区

答：C

3. 调查评价范围确定

建设项目(除线性工程外)地下水环境影响现状调查评价范围可采用公式计算法、查表法和自定义法确定。

当建设项目所在地水文地质条件相对简单，且所掌握的资料能够满足公式计算法的要求时，应采用公式计算法确定；当不满足公式计算法的要求时，可采用查表法确定。当计算或查表范围超出所处水文地质单元边界时，应以所处水文地质单元为宜。

(1) 公式计算法

$$L=\alpha \cdot K \cdot I \cdot T/n_e \tag{4-37}$$

式中：

L ——下游迁移距离，m；

α ——变化系数，$\alpha \geqslant 1$，一般取 2；

K ——渗透系数，m/d；

I ——水力坡度，量纲为 1；

T ——质点迁移天数，取值不小于 5 000 d；

n_e——有效孔隙度，量纲为 1。

采用该方法时应包含重要的地下水环境保护目标，所得的调查评价范围如图 4-2 所示。

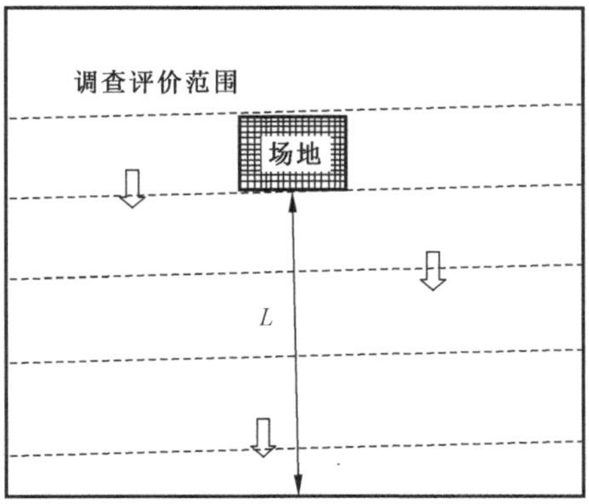

图 4-2　调查评价范围示意图

注：虚线表示等水位线；空心箭头表示地下水流向；场地上游距离根据评价需求确定，场地两侧不小于 $L/2$。

(2) 查表法

地下水环境现状调查评价范围参照表 4-9。

表 4-9　地下水环境现状调查评价范围参照表

评价工作等级	调查评价范围/km^2	备注
一级	≥20	应包括重要的地下水环境保护目标，必要时适当扩大范围
二级	6～20	
三级	＜6	

(3) 自定义法

可根据建设项目所在地水文地质条件自行确定，须说明理由。

线性工程应以工程边界两侧分别向外延伸 200 m 作为调查评价范围；穿越饮用水源准保护区时，调查评价范围至少包含水源保护区；线性工程站场的调查评价范围确定参照上述建设项目(除线性工程外)地下水环境影响现状调查评价范围确定方法。

4. 调查内容与要求

(1) 水文地质条件调查

在充分收集资料的基础上,根据建设项目特点和水文地质条件复杂程度,开展调查工作,主要内容包括:气象、水文、土壤和植被状况;地层岩性、地质构造、地貌特征与矿产资源;包气带岩性、结构、厚度、分布及垂向渗透系数等;含水层岩性、分布、结构、厚度、埋藏条件、渗透性、富水程度等;隔水层(弱透水层)的岩性、厚度、渗透性等;地下水类型、地下水补径排条件;地下水水位、水质、水温、地下水化学类型;泉的成因类型,出露位置、形成条件及泉水流量、水质、水温,开发利用情况;集中供水水源地和水源井的分布情况(包括开采层的成井密度、水井结构、深度以及开采历史);地下水现状监测井的深度、结构以及成井历史、使用功能;地下水环境现状值(或地下水污染对照值)。

场地范围内应重点调查包气带岩性、结构、厚度、分布及垂向渗透系数等。

(2) 地下水污染源调查

调查评价区内具有与建设项目产生或排放同种特征因子的地下水污染源。

对于一级、二级的改、扩建项目,应在可能造成地下水污染的主要装置或设施附近开展包气带污染现状调查,对包气带进行分层取样,一般在 0~20 cm 埋深范围内取一个样品,其他取样深度应根据污染源特征和包气带岩性、结构特征等确定,并说明理由。样品进行浸溶试验,测试分析浸溶液成分。

三、地下水环境现状评价与环境影响预测

1. 地下水环境现状评价

地下水水质现状评价方法同地表水。对于污染场地修复工程项目和评价工作等级为一级、二级的改、扩建项目,应开展包气带污染现状调查,分析包气带污染状况。

2. 地下水环境影响预测

(1) 预测范围

地下水环境影响预测范围一般与调查评价范围一致。

预测层位应以潜水含水层或污染物直接进入的含水层为主,兼顾与其水力联系密切且具有饮用水开发利用价值的含水层。当建设项目场地天然包气带垂向渗透系数小于 1.0×10^{-6} cm/s 或厚度超过 100 m 时,预测范围应扩展至包气带。

(2) 预测时段

地下水环境影响预测时段应选取可能产生地下水污染的关键时段,至少包括污染发生后 100 d、1 000 d,服务年限或者能反映特征因子迁移规律的其他重要的时间节点。

(3) 预测因子

①识别出的建设项目可能导致地下水污染的特征因子，按照重金属、持久性有机污染物和其他类别进行分类，并对每一类别中的各项因子采用标准指数法进行排序，分别取标准指数最大的因子作为预测因子；②现有工程已经产生的且改、扩建后将继续产生的特征因子，改、扩建后新增加的特征因子；③污染场地已查明的主要污染物，按照①筛选预测因子；④国家或地方要求控制的污染物。

(4) 预测方法

建设项目地下水环境影响预测方法包括数学模型法和类比分析法。其中，数学模型法包括数值法、解析法等。预测方法的选取应根据建设项目工程特征、水文地质条件及资料掌握程度来确定，当数值法不适用时，可用解析法或其他方法预测。一般情况下，一级评价应采用数值法，不宜概化为等效多孔介质的地区除外；二级评价中水文地质条件复杂且适宜采用数值法时，建议优先采用数值法；三级评价可采用解析法或类比分析法。

(5) 预测内容

给出特征因子不同时段的影响范围、程度、最大迁移距离；给出预测期内建设项目场地边界或地下水环境保护目标处特征因子随时间的变化规律；当建设项目长度天然包气带垂向渗透系数小于 1.0×10^{-6} cm/s 或厚度超过 100 m 时，须考虑包气带阻滞作用，预测特征因子在包气带中的迁移规律；污染场地修复治理工程项目应给出污染物变化趋势或污染控制的范围。

【例 4-9】 根据《环境影响评价技术导则 地下水环境》(HJ 610—2016)，关于建设项目地下水环境影响预测方法选取的说法不正确的有( )。

A. 三级评价应采用解析法

B. 三级评价可采用类比分析法

C. 二级评价建议优先采用数值法

D. 一级评价应采用数值法

答：A

【例 4-10】 根据《环境影响评价技术导则 地下水环境》(HJ 610—2016)，地下水环境影响预测的内容应给出( )。

A. 基本水质因子不同时段在地下水中的影响程度和范围

B. 基本水质因子不同时段在包气带中的迁移规律

C. 预测期内地下水环境保护目标处特征因子随时间的变化规律

D. 预测期内水文地质单元边界处特征因子随时间的变化规律

答：C

四、地下水环境影响评价

1. 评价范围

地下水环境影响评价范围一般与调查评价范围一致。

2. 评价方法

采用标准指数法对建设项目地下水水质影响进行评价。

3. 地下水环境影响评价结论

结合环境水文地质条件、地下水环境影响、地下水环境污染防控措施、建设项目总平面布置的合理性等方面进行综合评价，明确给出建设项目地下水环境影响是否可接受的结论。评价建设项目对地下水水质影响时，可采用以下判据评价水质能否满足标准的要求。

以下情况应得出可以满足评价标准要求的结论：

建设项目各个不同阶段，除场界内小范围以外地区，均能满足《地下水质量标准》(GB/T 14848)或国家(行业、地方)相关标准要求的；在建设项目实施的某个阶段，有个别评价因子出现较大范围超标，但采取环保措施后，可满足 GB/T 14848 或国家(行业、地方)相关标准要求的。

以下情况应得出不能满足评价标准要求的结论：

新建项目排放的主要污染物，改、扩建项目已经排放的及将要排放的主要污染物在评价范围内地下水中已经超标的；环保措施在技术上不可行，或在经济上明显不合理的。

五、地下水环境保护措施与对策

1. 建设项目污染防治对策

(1) 源头控制措施

源头控制措施主要包括提出各类废物循环利用的具体方案，减少污染物的排放量；提出工艺、管道、设备、污水储存及处理构筑物应采取的污染防控措施，将污染物跑、冒、滴、漏降到最低限度。

(2) 分区防控措施

结合地下水环境影响评价结果，对工程设计或可行性研究报告提出的地下水污染防控方案提出优化调整建议，给出不同分区的具体防渗技术要求。对难以采取水平防渗的建设项目场地，可采用垂向防渗为主、局部防渗为辅的防控措施。根据非正常状况下的预测评价结果，在建设项目服务年限内个别评价因子超标范围超出厂界时，应提出优化总图布置的建议或地基处理方案。

2. 地下水环境监测与管理

建立地下水环境监测管理体系，包括制订地下水环境影响跟踪监测计划、建立地下水环境影响跟踪监测制度、配备先进的监测仪器和设备，以便及时发现问题，采取措施。跟踪监测计划应根据环境水文地质条件和建设项目特点设置跟踪监测点，跟踪监测点应明确与建设项目的位置关系，给出点位、坐标、井深、井结构、监测层位、监测因子及监测频率等相关参数。制订地下水环境跟踪监测与信息公开计划，信息公开计划应至少包括建设项目特征因子的地下水环境监测值。

3. 应急响应

制定地下水污染应急响应预案，明确污染状况下应采取的控制污染源、切断污染途径等措施。

任务实践

根据项目任务所述，该项目以水污染影响为主，为水污染影响型项目。部分水环境影响评价内容简述如下：

1. 评价等级的确定

根据《环境影响评价技术导则　地表水环境》(HJ 2.3—2018)，建设项目地表水环境影响评价等级按照影响类型、排放方式、排放量或影响情况、受纳水体环境质量现状、水环境保护目标等综合确定。水污染影响型建设项目主要根据废水排放方式和排放量划分评价等级，具体见附表 4-1。

附表 4-1　水污染影响型建设项目评价等级判定表

评价等级	判定依据	
	排放方式	废水排放量 $Q/(m^3/d)$；水污染当量数/(量纲一)
一级	直接排放	$Q \geq 20\ 000$ 或 $W \geq 600\ 000$
二级	直接排放	其他
三级 A	直接排放	$Q<200$ 且 $W<6\ 000$
三级 B	间接排放	—

拟建污水处理站出水执行《污水综合排放标准》(GB 8979—1996)中三级标准后排入市政污水管网，进入某工业园污水处理厂处理达《城镇污水处理污染排放标准》(GB 18918—2002)一级 A 标准后排入某河流。项目为间接排放，因此，确定地表水环境评价等级为三级 B。

根据《环境影响评价技术导则　地下水环境》(HJ 610—2016)，建设项目地下水环境影响评价工作等级划分见附表 4-2。

附表 4-2　地下水评价工作等级分级表

	Ⅰ类项目	Ⅱ类项目	Ⅲ类项目
敏感	一	一	二
较敏感	一	二	三
不敏感	二	三	三

本项目为工业废水集中处理类项目，编制报告书，属于Ⅰ类项目；本项目所在区域周围市政给水管网已全部覆盖，不属于集中式饮用水水源准保护区、补给径流区、分散式饮用水水源地、特殊地下水资源保护区及国家或地方政府设定与地下水环境相关的其他保护区，项目所在区域的地质单元内属于排泄区，不属于补给径流区，地下水环境不敏感，因此，确定地下水环境影响评价等级为二级。

2. 水环境现状调查与评价

采用水质指数法对地表水质进行现状评价，计算公式如下：

(1) 一般性水质因子(随着浓度增加而水质变差的水质因子)的指数计算公式：

$$S_{ij}=C_{ij}/C_{si}$$

式中：

S_{ij}——评价因子 i 的水质指数，大于 1 表明该水质因子超标；

C_{ij}——评价因子 i 在第 j 点的实测统计代表值，mg/L；

C_{si}——评价因子 i 的水质评价标准限值，mg/L。

(2) pH 的指数公式：

$$S_{\mathrm{pH},j}=(7.0-\mathrm{pH}_j)/(7.0-\mathrm{pH}_{sd}) \quad \mathrm{pH}_j\leqslant 7.0$$

$$S_{\mathrm{pH},j}=(\mathrm{pH}_j-7.0)/(\mathrm{pH}_{su}-7.0) \quad \mathrm{pH}_j>7.0$$

式中：

$S_{\mathrm{pH},j}$ ——pH 的指数，大于表明该水质因子超标；

pH_j ——pH 实测统计代表值；

pH_{sd} ——评价标准中 pH 的下限值；

pH_{su} ——评价标准中 pH 的上限值。

附表 4-3　部分断面地表水现状监测结果表及评价表

单位：mg/L

监测断面	项目	pH	COD	BOD_5	氨氮	石油类	总磷	阴离子表面活性剂	总氮	锌	铜	粪大肠菌群
污水处理厂排污口上游 500 m	Ⅱ类水域标准	6～9	20	4	1	0.05	0.2	0.2	/	1	1	100 00
	监测值范围	7.23～7.96	12～18	2.1～2.5	0.558～0.714	0.01 L	0.12～0.16	0.05 L	0.84～0.95	0.01 L	0.01 L	4 300～4 800
	最大值	7.96	18	2.5	0.714	0.01 L	0.16	0.05 L	0.95	0.01 L	0.01 L	4 800
	$S_{i,j}$范围	0.48	0.90	0.63	0.71	/	0.80	/	/	/	/	0.48
	超标率/%	0	0	0	0	0	0	0	/	0	0	0
	最大超标倍	/	/	/	/	/	/	/	/	/	/	/
污水处理厂排污口下游 200 m	Ⅱ类水域标准	6～9	20	4	1	0.05	0.2	0.2	/	1	1	100 00
	监测值范围	7.67～8.14	15～16	2.1～2.3	0.769～0.795	0.01 L	0.12～0.18	0.05L	0.83～0.97	0.01 L	0.01 L	3 800～5 400
	最大值	8.14	16	2.3	0.795	0.01 L	0.18	0.05L	0.97	0.01 L	0.01 L	5 400
	$S_{i,j}$范围	0.57	0.80	0.58	0.795	/	0.9	/	/	/	/	0.54
	超标率/%	0	0	0	0	0	0	0	/	0	0	0
	最大超标倍	/	/	/	/	/	/	/	/	/	/	/

由表可知，两处断面各项监测因子均满足《地表水环境质量标准》(GB 3838—2002)Ⅲ类水质标准。

地下水环境质量现状监测结果略，评价范围内地下水各项指标监测结果，各监测点均能满足《地下水质量标准》(GB/T 14848—2017)Ⅲ类标准限值要求。

3. 地表水环境影响分析

如前所述,项目地表水环境影响评价等级为三级 B,可不进行水环境影响预测,评价简要说明所排放的污染物类型和数量、给排水状况、排水去向等,并进行简单的环境影响分析。

项目排放的废水为污水处理站尾水为主,同时有厂区生活污水以及设备、地面等的冲洗废水,一并纳入污水处理站处理。拟建污水处理站采取"格栅→调节→气浮→中和→沉淀→水解酸化→生物接触氧化→二次沉淀→清水池"的处理工艺处理后,尾水达到《污水综合排放标准》(GB 8978—1996)中三级标准后排入市政管网,进入某工业园污水处理厂处理达《城镇污水处理厂污染物排放标准》(GB 18918—2002)一级 A 标准后排入河流。

根据调查可知,某工业园污水处理厂设计处理规模为 15 000 m^3/d,采用处理工艺为改良型卡鲁塞尔氧化沟工艺。项目最大废水排放量为 700 m^3/d,满足工业园污水处理厂的进水水质要求,且废水总量占工业园污水处理规模的比例小,对污水厂冲击负荷不大。且根据《某工业园污水处理厂环境影响报告书》,污水处理厂污水排放对下游取水口影响较小,不会影响其水域功能,环境能够接受。

综上分析,本项目采取上述处理措施,污废水可满足达标排放的要求,且工艺运行稳定、可靠、经济技术可行,对地表水环境影响小。

4. 地下水污染预测

本次预测采用初始浓度(背景值)不为零时,定浓度注入污染物的一维解析解法进行预测,预测公式为

$$(C-C_i)/(C_0-C_i)=0.5\{\mathrm{erfc}[0.5(x-ut)/(D_L t)^{0.5}]+\exp[(ux)/D_L]\mathrm{erfc}[0.5(x+ut)/(D_L t)^{0.5}]\}$$

式中:

x ——距注入点的距离,m;

t ——时间,d;

C ——t 时刻 x 处的污染物浓度,mg/L;

C_0 ——污染物注入浓度,mg/L;

C_i ——污染物背景浓度,mg/L;

u ——水流速度,m/d;

D_L ——纵向弥散系数,m^2/d;

erfc( )——余误差函数。

非正常状况下 COD 泄露地下水污染预测及 NH_3-N 泄露地下水污染预测结果详见附表

4-4 和 4-5。

附表 4-4　污染物浓度迁移预测结果(COD)　　单位:m

预测时段	超标距离	迁移距离
100 d	90 m	162 m
1 000 d	296 m	524 m
3 650 d	596 m	1 034 m

附表 4-5　污染物浓度迁移预测结果(NH_3-N)　　单位:m

预测时段	超标距离	迁移距离
100 d	94 m	136 m
1 000 d	312 m	444 m
3 650 d	628 m	880 m

根据附表 4-4 和 4-5 结果,发生废水渗漏后,需尽快发现问题,并及时采取措施处置。

5. 地下水污染预测结果分析

(1) 对地下水水质的影响

正常状况下,本项目各构筑物区域均按照《环境影响评价技术导则　地下水环境》(HJ 610—2016)要求采取地下水污染防渗措施,厂区除绿化地带以外的地面均进行硬化。因此,正常工况下物料洒漏、废水等渗入地下的概率极小,对地下水影响甚微。

非正常状况下,不可避免地会在本项目场地周围,特别是下游部分区域的地下水产生一定程度的污染,但非正常排放一般会及时发现,不会长时间持续泄漏,再加上污染物质本身的特征,污染物质迁移速度较慢,故对区域地下水影响有限。评价建议拟建污水处理站加强管理,杜绝事故排放,减少对区域地下水的影响。

(2) 对周边居民饮用水水源的影响分析

本项目周边有散户居民,根据调查可知,项目周边居民均采用自来水供应,未饮用地下水,因此本项目对周边居民用水无影响。

通过落实本环评提出的各项措施,本项目营运对地下水环境的影响是可以接受的。

习题:

1. 什么是水环境容量?

2. 地表水环境影响评价的基本任务是什么?

3. 地表水和地下水环境评价等级划分的依据分别有哪些?

4. 地表水环境保护措施有哪些?

5. 某建设项目建成投产后废水排放量为 2 m^3/s,废水中含总镉 0.009 mg/L,废水排入一条河流中,河水的流量为 10 m^3/s,该河流上游含总镉 0.002 mg/L;,计算废水排入河水后的充分混合段的达标情况。(地表水总镉标准为 0.005 mg/L)

6. 某企业向河流排放废水,废水量为 0.2 m^3/s,BOD_5 浓度为 70 mg/L;河流流量为 10 m^3/s,流速为 0.1 m/s,BOD_5 背景浓度值为 1.5 mg/L,BOD_5 的降解系数为 0.5 d^{-1},如忽略弥散作用,求排污口下游 2 km 处的 BOD_5 浓度。

7. 一条均匀的河段,平均河宽为 200 m,平均水深 5 m,流量为 360 m^3/s,横向弥散系数为 2 m^2/s,平均底坡为 0.000 3,一拟建项目可能以岸边和河中心两种方案排放,试计算完全混合距离。

8. 某化工厂拟进行扩建,扩建前废水排放量为 1 500 t/d,废水经自建的污水处理厂处理后主要污染物总汞、BOD_5 的浓度分别为 0.05 mg/L、80 mg/L;扩建后废水产生量增加到 2 000 t/d,同时建设单位对废水处理设施进行了改造,改造后总汞、BOD_5 的浓度分别为 0.04 mg/L、20 mg/L。化工厂年工作 300 d,废水一天 24 h 连续稳定排放。已知总汞的污染当量值为 0.000 5 kg,BOD_5 的污染当量值为 0.5 kg。

项目产生的废水排入附近河流,假设废水排入河流后,立即与河水完全混合。河流流量 5 m^3/s,河宽 5 m,河流流速为 0.1 m/s,耗氧系数 K 为 0.5 d^{-1},纵向扩散系数 E_x 为 10 m^2/s。该河道控制断面 BOD_5、DO、总汞执行的水质标准分别是 4 mg/L、5 mg/L、0.000 1 mg/L,枯水期三者的实测值分别是 3.0 mg/L、4.0 mg/L、0.000 5 mg/L,相应的饱和溶解氧值是 8 mg/L。

(1) 判断该项目地表水环境影响评价的评价等级为几级,并说明理由。

(2) 计算该河流 BOD_5 标准指数及 DO 标准指数。

(3) 计算该化工厂废水排入河流后,河流中汞的浓度。

(4) 计算在距排污口下游 10 km 的断面处,河水中 BOD_5 的浓度。

项目五　声环境影响评价

项目背景

声环境影响评价是建设项目和规划环境影响评价的主要内容之一。噪声是人们生活和工作不需要的声音，环境噪声是指在工业生产、建筑施工、交通运输和社会生活中所产生的干扰周围生活环境的声音。声源所产生的噪声超过国家规定的环境噪声排放标准，并干扰人们正常生活、工作和学习的现象称为环境噪声污染，其危害主要有损伤听力、诱发疾病、影响正常生活等。环境噪声污染一般没有残余污染物，是局部性的物理性污染，噪声一旦消除，噪声污染就消除，不会引起区域或全球性污染。声环境影响评价是在噪声源调查分析、背景环境噪声测量和敏感目标调查的基础上，对拟开发行动产生的噪声影响，按照噪声传播声级衰减和叠加的计算方法，预测环境噪声影响的范围和程度，对照相应的标准评价环境噪声影响，并提出避免、消除和减少其影响的措施，为开发行动或建设项目方案及总图布置优化选择提供依据。

项目任务

某玻璃有限公司新建年产 30 万 m^2 钢化玻璃项目，厂房建筑面积 6 600 m^2，车间 6 550 m^2，卫生间及杂物间设在厂区东面，面积 50 m^2，办公区不设在厂区内。项目设在某工业园区内，西面隔空地 100 m 处为工业园区生活区（约 400 人），东面 10 m 处为服装厂厂房，南面 10 m 处为玻璃厂厂房，北面 10 m 处为包装袋厂厂房。购置电脑开切机、双边机、清洗机及钢化炉等设备，对原片平板玻璃进行深加工。采用自动玻璃电脑开切机把玻璃原片切割成各种不同尺寸，用双边机磨边，用清洗机清洗掉玻璃表面灰尘等杂质后玻璃匀速通过电加热钢化炉，形成了高强度的钢化玻璃。部分钢化完成的玻璃送入自动中空生产线中进行中空制作。试对该项目进行声环境影响评价。

完成任务需要的知识

进行声环境影响评价应掌握以下知识：

1. 声环境影响评价相关的基础知识，包括噪声物理量、噪声级的基本计算方法、噪声评价量等。

2. 明确声环境影响评价具体应完成哪些任务。

3. 如何进行声环境现状调查与评价、声环境影响预测及评价？

4. 如何制定噪声防治对策及噪声监测计划？

知识模块

模块一　基础知识

一、环境噪声

环境噪声是指在工业生产、建筑施工、交通运输和社会生活中所产生的干扰周围生活环境的声音(频率在 20～20 000 Hz 的可听声范围内)。按来源可分为交通噪声、工业噪声、建筑施工噪声、生活噪声；按发生机理分为机械噪声、空气动力性噪声和电磁噪声；按辐射特性和传播距离分为点声源(以球面波形式辐射声波的声源，辐射声波的声压幅值与声波传播距离成反比)、线声源(以柱面波形式辐射声波的声源，辐射声波的声压幅值与声波传播距离的平方根成反比)和面声源(以平面波形式辐射声波的声源，辐射声波的声压幅值不随传播距离改变)；按声波频率分为低频噪声(＜500 Hz)、中频噪声(500～1 000 Hz)和高频噪声(＞1 000 Hz)；按时间变化分为稳态噪声(在测量时间内声源的声级起伏≤3 dB)和非稳态噪声(在测量时间内声源的声级起伏＞3 dB)；按声源移动性分为固定声源(在发声时间内位置不发生移动的声源)和移动声源(在发声时间内位置按一定轨迹移动的声源)。

二、噪声物理量

1. 频率、周期、波长、声速

(1) 频率：一秒钟内介质质点振动的次数，用 f 表示，单位为赫兹(Hz)。人耳能听到的声波频率范围是 20～20 000 Hz，低于 20 Hz 的声波为次声波，高于 20 000 Hz 的声波为超声波。

(2) 周期：质点振动往复一次所需要的时间，用 T 表示，单位为秒(s)。频率 f 和周期 T 互为倒数，即 $f=1/T$。

(3) 波长：两相邻波对应相同点之间的距离，即振动经过一个周期声波传播的距离，用 λ 表示，单位为 m。

(4) 声速：单位时间内声波在传播介质中通过的距离，用 c 表示，单位为 m/s。声速与介质的密度和温度有关。介质的温度越高，声速越快；介质的密度越大，声速越快。

波长、频率、周期和声速之间的关系为

$$c=\lambda f=\lambda/T \tag{5-1}$$

2. 声压、声强、声功率

(1) 声压：声波在介质中传播时所引起的介质压强的变化，用 P 表示，单位为 Pa。有声波存在的区域称为声场，声场中某一瞬时的声压值称为瞬时声压，用 P_A 表示。一段时间内瞬时声压的均方根称为有效声压，用 P_e 表示。一般用电子仪器测得的声压是有效声压，习惯上所指的声压往往是指有效声压。

(2) 声强：在声波传播方向上单位时间内透过垂直于声波传播方向单位面积的平均声能量，用 I 表示，单位为 W/m^2。自由声场中某处的声强与该处声压的平方成正比，声强与声压的关系式为

$$I=P_e^2/(\rho c) \tag{5-2}$$

式中：

ρ——介质的静态密度，kg/m^3；

c——声速，m/s。

(3) 声功率：声源在单位时间内辐射的声能量，用 W 表示，单位为 W。自由声场中，对于均匀辐射的声源，声功率与声强之间的关系为

$$W=IS \tag{5-3}$$

式中：

S——声波传播中通过的面积，m^2。

3. 声压级、声强级、声功率级

(1) 声压级：对于 1 000 Hz 的声波，人耳的听阈声压是 2×10^{-5} Pa，痛阈声压为 20 Pa，相差 6 个数量级，使用不方便，因此，以人耳对 1 000 Hz 声音的听阈值为基准声压，将声音的声压级定义为该声音的声压与基准声压之比，取以 10 为底的对数，再乘以 20，用 L_p 表示，单位为分贝(dB)。其表达式为

$$L_p=20\lg(P_e/P_0) \tag{5-4}$$

式中：

P_0——基准声压，$P_0=2\times10^{-5}$ Pa。

(2) 声强级：类比声压级，用声强级 L_I 表示某一声强 I 的声强级，单位为 dB。

$$L_I=10\lg(I/I_0) \tag{5-5}$$

式中：

I_0——基准声强值，$I_0=1\times10^{-12}$ W/m²。

(3) 声功率级：同理，用 L_W 表示某一声功率 W 的声功率级，单位为 dB。

$$L_W=10\ \lg(W/W_0) \tag{5-6}$$

式中：

W_0——基准声功率值，$W_0=1\times10^{-12}$ W。

声压级、声强级、声功率级都是描述空间声场中某处声音大小的物理量，实际工作中常用声压级评价声环境功能区的声环境质量，声功率级评价声源源强。

4. 倍频带声压级

人耳能听到的声波频率范围是 20～20 000 Hz，上下限相差 1 000 倍，一般情况下，不可能也没有必要对每一频率逐一测量。为方便和实用，通常把声频的变化范围划分为若干个区段，称为频带(频段或频程)。

实际应用中，根据人耳对声音频率的反应，把可听声频率分成 10 段频带，每一段的上限频率是下限频率的 2 倍，即上下限频率之比为 2∶1(称为 1 倍频)，同时取上限与下限频率的几何平均值作为该倍频带的中心频率并以此表示该倍频带。在噪声测量中常用的倍频带中心频率为 31.5 Hz、63 Hz、125 Hz、250 Hz、500 Hz、1 000 Hz、2 000 Hz、4 000 Hz、8 000 Hz 和 16 000 Hz，这 10 个倍频带涵盖全部可听声范围。

在实际噪声测量中用 63～8 000 Hz 的 8 个倍频带就能满足测量需求。在同一个倍频带频率范围内声压级的累加称为倍频带声压级，实际中采用等比带宽滤波器直接测量。等比带宽是指滤波器上、下截止频率 f_2 与 f_1 之比以 2 为底的对数值 $\log_2(f_2/f_1)$ 为一常数 n，常用 1 倍频程滤波器($n=1$)和 1/3 倍频程滤波器($n=1/3$)测量。

三、噪声级的基本计算

在几个噪声源同时存在的情况下，通常要计算声场中某点的总声压级，有时还需要计算一个噪声源发出各种频率声波的总声压级。很多情况下，由于存在背景噪声，要确定被测对象的声压级，需从测得的总声级中减去背景噪声级。但声压级不能直接进行加减运算。

1. 噪声级的叠加

在声环境影响评价中经常要进行多声源的叠加或噪声贡献值与噪声本底值的叠加。声压级的相加可按式(5-7)计算：

$$L_{pT}=10\ \lg\left(\sum_{i=1}^{n}10^{0.1L_{pi}}\right) \tag{5-7}$$

式中：

L_{pT}——各噪声叠加后的总声压级，dB；

L_{pi} ——第 i 个噪声源的声压级或一个声源某频率下的声压级，dB；

n ——噪声源总数。

实际工作中常利用表 5-1，根据两噪声源声压级的数值之差（$L_{p1}-L_{p2}$），查出对应的增值 ΔL，再将此增值直接加到声压级数值大的 L_{p1} 上，所得结果即为总声压级之和。

表 5-1　噪声级叠加时的增值变化量　　单位：dB

$L_{p1}-L_{p2}$	0	1	2	3	4	5	6	7	8	9	10	11、12	13、14	15 及以上
增值 ΔL	3	2.5	2.1	1.8	1.5	1.2	1.0	0.8	0.6	0.5	0.4	0.3	0.2	0.1

【例 5-1】 $L_{p1}=98$ dB，$L_{p2}=92$ dB，求 $L_{p(1+2)}=$？

解：$L_{p(1+2)}=10\lg(10^{98/10}+10^{92/10})=10\lg(10^{9.8}+10^{9.2})\approx 99.0$ dB

如用查表法，先算出两个声音的声压级差，$L_1-L_2=6$ dB，再查表 5-1 找出 2 dB 相对应的增值 $\Delta L=1.0$ dB，然后加在分贝数大的 L_1 上，得出 L_1 与 L_2 的和 $L_{(1+2)}=98+1.0=99.0$，可取整数为 99 dB。

2. 噪声级的相减

在声环境影响评价中，对于已经确定噪声级限值的声场，有时需要通过噪声级的相减计算确定新引进噪声源的噪声级限值，有时需要在噪声测量中通过相减计算减去背景噪声。其计算见式(5-8)：

$$L_{p2}=10\lg(10^{0.1L_{pT}}-10^{0.1L_{p1}}) \tag{5-8}$$

式中：

L_{pT}——2 个噪声叠加后的总声压级，dB；

L_{p1}——第 1 个噪声源的声压级，dB；

L_{p2}——第 2 个噪声源的声压级，dB。

实际工作中常利用表 5-2，根据两噪声源的总声压级与其中一个噪声源的声压级的数值之差（$L_{pT}-L_{p1}$），查出对应的增值 ΔL，再用总声压级减去此增值，所得结果即为另一个噪声源的声压级 L_{p2}。

表 5-2　噪声级相减时的增值变化量　　单位：dB

$L_{pT}-L_{p1}$	1	2	3	4	5	6	7	8	9	10
增值 ΔL	6.8	4.3	3	2.2	1.6	1.3	1.0	0.8	0.6	0.5

【例 5-2】 两台机器工作时，在某点测得声压级为 99 dB，其中一台停止工作后，在该点测得的声压级为 92 dB，求停止工作的机器单独工作时在该点的声压级。

解：$L_{p2}=10\lg(10^{99/10}-10^{92/10})=10\lg(10^{9.9}-10^{9.2})\approx 98.0$ dB

如用查表法，先算出两噪声源的总声压级与其中一个噪声源的声压级的数值之差，$L_{pT}-L_{p1}=7$ dB，再查表5-2找出7 dB相对应的增值$\Delta L=1.0$ dB，然后再用总声压级减去此增值，得出$L_{p2}=99-1.0=98.0$，可取整数为98 dB。

四、噪声评价量

在声环境影响评价中，不同的噪声有各自的物理特性。而且，在不同环境和不同时间，人们对噪声的反感程度也不相同，因此需要采用不同的评价量对其进行客观评价。

1. A声级

环境噪声的度量与噪声本身的特性和人耳对声音的主观听觉有关。人耳对声音的感觉不仅与声压级有关，而且与频率有关，声压级相同而频率不同的声音，听起来不一样响，高频声音比低频声音响。为了使声音的客观量度与人耳的听觉主观感受接近一致，模拟人耳的听觉特性，在声学测量仪器中安装了一套滤波器，称为计权网络，对不同频率的声音进行一定的衰减和放大，实际上是对不同频率的声压级进行一定的加权修正。通常有A、B、C、D计权网络，其中被A网络计权的声压级称为A声级L_A，单位为dB(A)。A声级是模拟人耳对55 dB以下低强度噪声的频率特性而设计的，能较好地反映人耳对噪声强度与频率的主观感受，用来描述声环境功能区的声环境质量和声源源强，几乎成为一切噪声评价的基本量。在规定的测量时段内或对于某独立的噪声事件，测得的A声级的最大值，称为最大A声级，记为$L_{A\max}$，单位为dB(A)。对声环境中声源产生的偶发、突发、频发噪声，或非稳态噪声，采用最大A声级描述。

B计权声级是模拟55～85 dB的中等强度噪声的频率特性，C计权声级是模拟高强度噪声的频率特性，但近年来B和C计权声级较少应用。D计权声级是对噪声参量的模拟，专用于飞机噪声的测量。

2. 等效连续A声级

A声级能比较好地反映稳态宽频带噪声，但是噪声通常是无规律的，起伏不定或者时断时续的，是非稳态的。对于非稳态噪声，在声场内的某一点上，将某一时段内连续变化的不同A声级的能量进行平均以表示该时段内噪声的大小，称为等效连续A声级，简称等效声级，记为L_{eq}，单位为dB(A)，其数学表达式为

$$L_{eq}=10\lg\left(\frac{1}{T}\int_0^T 10^{0.1L_{pA}}\,\mathrm{d}t\right) \tag{5-9}$$

式中：

L_{eq} ——T段时间内的等效连续A声级，dB(A)；

t ——噪声暴露时间，h 或 min；

L_{PA} ——时间 t 内的 A 声级，dB(A)；

T ——连续取样点的时间，min。

实际噪声测量常采取等时间间隔取样，也可按式计算：

$$L_{eq}=10\ \lg\left(\frac{1}{N}\sum_{i=1}^{N}10^{0.1L_{Ai}}\right) \tag{5-10}$$

式中：

N——时间划分的段数，或取样总次数。

3. 昼夜等效声级

噪声在昼间(6:00～22:00)和夜间(22:00～次日 6:00)对人的影响程度不同，为此利用等效连续声级分别计算昼间等效声级和夜间等效声级，并分别采用昼间等效声级(L_d)和夜间等效声级(L_n)作为声环境功能区的声环境质量评价量和厂界(场界、边界)噪声的评价量。考虑到夜间噪声具有更大的烦扰程度，故提出一个新的评价指标——昼夜等效声级，记为 L_{dn}，计算式为

$$L_{dn}=10\ \lg\left[\frac{16\times10^{0.1L_d}+8\times10^{0.1(L_n+10)}}{24}\right] \tag{5-11}$$

昼间和夜间的时间，可依地区和季节不同而稍有变更。为了表明夜间噪声对人的烦扰更大，故计算夜间等效声级这一项时应加上 10 dB 的计权。

4. 计权等效连续感觉噪声级

计权等效连续感觉噪声级用于评价飞机(起飞、降落、低空飞越)通过机场周围区域时造成的声环境影响。其特点是同时考虑 24 h 内飞机通过某一固定点所产生的总噪声级和不同时间内飞机对周围环境造成的影响，用 L_{WECPN} 表示，单位为 dB。计权等效连续感觉噪声级的计算公式为

$$L_{WECPN}=\overline{L_{EPN}}+10\ \lg(N_1+3N_2+10N_3)-39.4 \tag{5-12}$$

式中：

N_1、N_2、N_3——白天 7—9 时、傍晚 19—22 时、夜间 22—次日 7 时对某个预测点声环境产生噪声影响的飞行架次；

$\overline{L_{EPN}}$ ——N 次飞行有效感觉噪声级能量平均值($N=N_1+N_2+N_3$)，dB。

$$\overline{L_{EPN}}=10\ \lg\left(\frac{1}{N_1+N_2+N_3}\sum_i\sum_j 10^{0.1L_{EPNij}}\right) \tag{5-13}$$

式中：

L_{EPNij}——j 航路第 i 架次飞机在预测点产生的有效感觉噪声级。

模块二　声环境影响评价等级和评价范围的确定

一、评价等级

声环境影响评价工作等级一般分为三级，一级为详细评价，二级为一般性评价，三级为简要评价。

评价范围内有适用于 GB 3096 规定的 0 类声环境功能区域，或建设项目建设前后评价范围内声环境保护目标噪声级增量达 5 dB(A)以上[不含 5 dB(A)]，或受影响人口数量显著增加时，按一级评价；建设项目所处的声环境功能区为 GB 3096 规定的 1 类、2 类地区，或建设项目建设前后评价范围内声环境保护目标噪声级增量达 3～5 dB(A)，或受噪声影响人口数量增加较多时，按二级评价；建设项目所处的声环境功能区为 GB 3096 规定的 3 类、4 类地区，或建设项目建设前后评价范围内声环境保护目标噪声级增量在 3 dB(A)以下[不含 3 dB(A)]，且受影响人口数量变化不大时，按三级评价。

在确定评价等级时，如果建设项目符合两个等级的划分原则，按较高等级评价。机场建设项目航空器噪声影响评价等级为一级。

【例 5-3】　某新建的大型建设项目，建设前后评价范围内敏感目标噪声级增高量为 4 dE(A)，此建设项目声环境影响应按(　)进行工作。

A. 一级评价　B. 二级评价　C. 三级评价　D. 二级或三级评价

答：B

二、评价范围

声环境影响评价范围依据评价等级确定，具体范围规定如下：

1. 固定声源为主的建设项目(如工厂、港口、站场等)

(1) 满足一级评价的要求，一般以建设项目边界向外 200 m 为评价范围；

(2) 二级、三级评价范围可根据建设项目所在区域和相邻区域的声环境功能区类别及声环境保护目标等实际情况适当缩小；

(3) 如果依据建设项目声源计算得到的贡献值到 200 m 处仍不能满足相应功能区标准值时，应将评价范围扩大到满足标准值的距离。

2. 移动声源为主的建设项目(如公路、城市道路、铁路、城市轨道交通等地面交通)

(1) 满足一级评价的要求，一般以线路中心线外两侧 200 m 以内为评价范围；

(2) 二级、三级评价范围可根据建设项目所在区域和相邻区域的声环境功能区类别及声环境保护目标等实际情况适当缩小；

(3) 如果依据建设项目声源计算得到的贡献值到 200 m 处仍不能满足相应功能区标准值时，应将评价范围扩大到满足标准值的距离。

3. 机场项目

(1) 机场项目按照每条跑道承担飞行量进行评价范围划分：对于单跑道项目，以机场整体的吞吐量及起降架次判定机场噪声评价范围，对于多跑道机场，根据各条跑道分别承担的飞行量情况各自划定机场噪声评价范围并取合集：单跑道机场，机场噪声评价范围应是以机场跑道两端、两侧外扩一定距离形成的矩形范围；对于全部跑道均为平行构型的多跑道机场，机场噪声评价范围应是各条跑道外扩一定距离后的最远范围形成的矩形范围；对于存在交叉构型的多跑道机场，机场噪声评价范围应为平行跑道(组)与交叉跑道的合集范围。

(2) 对于增加跑道项目或变更跑道位置项目(例如现有跑道变为滑行道或新建一条跑道)，在现状机场噪声影响评价和扩建机场噪声影响评价工作中，应分别划定机场噪声评价范围。

(3) 机场噪声评价范围应不小于计权等效连续感觉噪声级 70 dB 等声级线范围。

(4) 不同飞行量机场推荐噪声评价范围阈值见表 5-3。

表 5-3　机场项目噪声评价范围

机场类别	起降架次 N(单条跑道承担量)	跑道两端推荐评价范围	跑道两侧推荐评价范围
运输机场	$N \geqslant 15$ 万架次	两端各 12 km 以上	两侧各 3 km
	10 万架次 $\leqslant N <$ 15 万架次	两端各 10～12 km	两侧各 2 km
	5 万架次 $\leqslant N <$ 10 万架次	两端各 8～10 km	两侧各 1.5 km
	3 万架次 $\leqslant N <$ 5 万架次	两端各 6～8 km	两侧各 1 km
	1 万架次 $\leqslant N <$ 3 万架次	两端各 3～6 km	两侧各 1 km
	$N <$ 1 万架次	两端各 3 km	两侧各 0.5 km
通用机场	无直升机	两端各 3 km	两侧各 0.5 km
	有直升机	两端各 3 km	两侧各 1 km

【例 5-4】 某城市轨道地上线路的声环境影响评价工作等级为一级，一般情况下，其评价范围为(　)。

A. 道路中心线外两侧 300 m 以内

B. 道路中心线外两侧 200 m 以内

C. 道路边界线外两侧 200 m 以内

D. 道路红线外两侧 200 m 以内

答：B

模块三　声环境现状调查与评价

一、声环境现状调查内容

1．一、二级评价

调查评价范围内声环境保护目标的名称、地理位置、行政区划、所在声环境功能区、不同声环境功能区内人口分布情况、与建设项目的空间位置关系、建筑情况等。

评价范围内具有代表性的声环境保护目标的声环境质量现状需要现场监测，其余声环境保护目标的声环境质量现状可通过类比或现场监测结合模型计算给出。

调查评价范围内对声环境保护目标有明显影响的现状声源的名称、类型、数量、位置、源强等，评价范围内现状声源源强调查应采用现场监测法或收集资料法确定。分析现状声源的构成及其对声环境保护目标的影响。

2．三级评价

调查评价范围内声环境保护目标的名称、地理位置、行政区划、所在声环境功能区、不同声环境功能区内人口分布情况、与建设项目的空间位置关系、建筑情况等。

对评价范围内具有代表性的声环境保护目标的声环境质量现状进行调查，可利用评价范围内已有的监测资料，无监测资料时可选择有代表性的保护目标进行现场监测，并分析现状声源的构成。

二、调查方法

声环境现状调查的方法包括：现场监测法、现场监测结合模型计算法、收集资料法。调查时，应根据评价等级的要求和现状噪声源情况，确定需采用的具体方法。

1．现场监测方法

（1）布点原则

① 布点范围应覆盖整个评价区域，包括厂界（场界、边界）和声环境保护目标。当声环境保护目标高于（含）三层建筑时，还应按照噪声垂直分布规律、建设项目与声环境保护目标高差等选取有代表性的声环境保护目标的代表性楼层设置测点。

② 当评价范围内无明显的工业噪声、交通运输噪声、建设施工噪声或社会生活噪声等，可选择有代表性的区域布设测点。

③ 当评价范围内有明显的声源，并影响声环境保护目标的声环境质量，或建设项目为改、扩建工程时，应根据声源种类采取不同的监测布点原则。

a．对于固定声源，应重点布设在可能既受现有声源影响又受建设项目声源影响的声环境保护目标处及其他有代表性的声环境保护目标处；为满足预测需要，也可在距现有声源不同距离处布设衰减测点。

b. 当声源为移动声源，且呈现线声源特点时，现状测点的选取，要兼顾声环境保护目标的分布状况、工程特点及线声源噪声影响随距离衰减的特点，布设在具有代表性的声环境保护目标处；为满足预测需要，可在垂直于线声源不同水平距离处布设衰减监测点。

c. 对于改、扩建机场工程，一般在主要声环境保护目标处布设测点，重点关注航迹下方的声环境保护目标及跑道侧向较近处的声环境保护目标。测点数量可根据机场飞行量及周围声环境保护目标情况确定，现有单跑道、两条跑道或三条跑道的机场可分别布设 3～9、9～14 或 12～18 个航空器噪声测点，跑道增多或保护目标较多时可进一步增加测点。对于评价范围内少于 3 个声环境保护目标的情况，原则上布点数量不少于 3 个，结合声环境保护目标位置布点的，应优先选取跑道两端航迹 3 km 以内范围的保护目标位置布点；无法结合保护目标位置布点的，可适当结合航迹下方的导航台站位置进行布点。

（2）监测依据

声环境质量现状监测执行《声环境质量标准》(GB 3096)，建筑施工场界噪声测量方法执行《建筑施工厂界噪声排放标准》(GB 12523)，工业企业厂界环境噪声排放标准执行《工业企业厂界环竟噪声排放标准》(GB 12348)，社会生活环境噪声排放标准执行《社会生活环境噪声排放标准》(GB 22337)。铁路边界噪声限值及其测量方法执行《铁路边界噪声限值及测量方法》(GB 12525)的修改方案，机场周围飞机噪声测量方法执行《机场周围飞机噪声测量方法》(GB 9661)。

2. 现场监测结合模式计算法

当现状噪声声源复杂且声环境保护目标密集，在调查声环境质量现状时，可考虑采用现场监测结合模型计算法。如多种交通并存且周边声环境保护目标分布密集、机场改扩建等情形。

利用监测或调查得到的噪声源强及影响声传播的参数，采用各类噪声预测模型进行噪声影响计算，将计算结果和监测结果进行比较验证，计算结果和监测结果在允许误差范围内（≤3 dB)时，可利用模型计算其他声环境保护目标的现状噪声值。

【例 5-5】 对于两条跑道改、扩建机场工程，测点数量可分别布设（ ）个飞机噪声测点。

A. 1～3 B. 9～14 C. 12～18 D. 3～9

答:B

三、声环境现状评价

分析评价范围内既有主要声源种类、数量及相应的噪声级、噪声特性等，明确主要声源分布。分别评价厂界(场界、边界)和各声环境保护目标的超标和达标情况,分析其受到既有主要声源的影响状况。

模块四　声环境影响预测和评价

一、预测所需声源数据与环境数据

建设项目的声源资料主要包括声源种类、数量、空间位置、噪声级、频率特性、发声持续时间及对声环境保护目标作用的时间等。环境影响评价文件中应标明噪声源数据的来源。工业企业等建设项目声源置于室内时,应给出建筑物门、窗、墙等围护结构的隔声量和室内平均吸声系数等参数。

影响声波传播的各类参量应通过资料收集和现场调查获得,各类环境数据如下:建设项目所处区域的年平均风速和主导风向,年平均气温、年平均相对湿度、大气压强;声源和预测点之间的地形、高差;声源和预测点之间的障碍物(如建筑物、围墙等)的几何参数;声源和预测点之间树林、灌木等的分布情况、地面覆盖情况(如草地、水面、水泥地面、土质地面等)。

二、预测范围与预测评价点布设

一般声环境影响的预测范围与评价范围相同,并以工业企业建设项目厂界(或场界、边界)和评价范围内的声环境保护目标为预测点和评价点。

三、预测方法

声环境影响可采用参数模型、经验模型、半经验模型进行预测,也可采用比例预测法、类比预测法进行预测。

部分声环境影响预测模式如下:

1. 户外声波传播衰减预测

建设项目本身声源所发出的声波在户外向预测点方向传播的过程中会受各种因素的影响而衰减。户外声传播衰减包括几何发散(A_{div})、大气吸收(A_{atm})、地面效应(A_{gr})、障碍物屏蔽(A_{bar})、其他多方面效应(A_{misc})引起的衰减。

在环境影响评价中,应根据声源声功率级或参考位置处的声压级、户外声传播衰减,计算预测点的声级,分别用式(5-14)或(5-15)计算。

$$L_p(r)=L_w+D_c-(A_{div}+A_{atm}+A_{bar}+A_{gr}+A_{misc}) \tag{5-14}$$

$$L_p(r)=L_p(r_0)+D_c-(A_{div}+A_{atm}+A_{bar}+A_{gr}+A_{misc}) \tag{5-15}$$

式中:

$L_p(r)$ ——预测点处声压级,dB;

$L_p(r_0)$——参考位置 r_0 处的声压级，dB；

r ——预测点距声源的距离；

r_0 ——参考位置距声源的距离；

L_w ——由点声源产生的声功率级（A 计权或倍频带），dB；若只已知 A 计权声功率级，一般情况下 500 Hz 的衰减可用作估算最终衰减；

D_c ——指向性校正，dB；

A_{div} ——几何发散引起的倍频带衰减，dB；

A_{atm} ——空气吸收引起的倍频带衰减，dB；

A_{bar} ——声屏障引起的倍频带衰减，dB；

A_{gr} ——地面效应引起的倍频带衰减，dB；

A_{misc} ——其他多方面效应引起的倍频带衰减，dB。

预测点的 A 声级 $L_A(r)$ 是将 8 个倍频带声压级进行叠加，计算出预测点的 A 声级。若只考虑声源的几何发散衰减，则有

$$L_A(r)=L_A(r_0)-A_{div} \tag{5-16}$$

（1）几何发散衰减（A_{div}）

① 点声源的几何发散衰减

当发声设备自身的几何尺寸比噪声影响预测距离小得多时，可将其看作点声源。

a. 无指向性点声源的几何发散衰减。在距离点声源 r_1 处至 r_2 处的衰减值为

$$A_{div}=20\ \lg(r_1/r_2) \tag{5-17}$$

若已知参照点的 A 声级，则预测点的 A 声级为

$$L_A(r)=L_A(r_0)-20\ \lg(r/r_0) \tag{5-18}$$

式中：

$L_A(r)$ ——距离声源 r 处的 A 声级；

$L_A(r_0)$——距离声源 r_0 处的 A 声级。

当无指向性点声源声波传播距离增加 1 倍时，其声压级衰减 6 dB。

若已知点声源的倍频带声功率级 L_w 或 A 声功率级 L_{Aw}，当声源处于自由空间时，距离声源 r 处的倍频带声压级 $L_p(r)$ 和 A 声级计算式 $L_A(r)$ 如下：

$$L_p(r)=L_w-20\ \lg r-11 \tag{5-19}$$

$$L_A(r)=L_{Aw}-20\ \lg r-11 \tag{5-20}$$

当声源处于半自由空间时，距离声源 r 处的倍频带声压级 $L_p(r)$ 和 A 声级计算式 $L_A(r)$ 如下：

$$L_p(r)=L_w-20\lg r-8 \tag{5-21}$$

$$L_A(r)=L_{Aw}-20\lg r-8 \tag{5-22}$$

b. 有指向性点声源的几何发散衰减。声源在自由空间中辐射声波时，其强度分布的一个主要特性是指向性。例如，喇叭发声，其喇叭正前方声音大，而侧面或背面就小。自由空间的点声源在某一 θ 方向上距离 r 处的倍频带声压级 $L_p(r)_\theta$ 为

$$L_p(r)_\theta=L_w-20\lg r+DI_\theta-11 \tag{5-23}$$

$$DI_\theta=10\lg R_\theta \tag{5-24}$$

$$R_\theta=I_\theta/I \tag{5-25}$$

式中：

DI_θ ——θ 方向上的指向性指数；

R_θ ——指向性因数；

I ——所有方向上的平均声强，W/m^2；

I_θ ——某一 θ 方向上的声强，W/m^2。

c. 反射体发射声波引起的修正。当点声源与预测点处在反射体同侧附近时，到达预测点的声级是直达声与反射声叠加的结果，从而使预测点声级增高，如图 5-1 所示。此时声源在预测点的声级值应为直达声计算值加上反射体引起的修正量。

图 5-1 中 S 代表点声源，I 代表反射体对点声源的反射点，P 代表预测点，O 代表反射点和预测点之间的连线与反射面的交点，r_d 代表点声源与预测点之间的距离，r_r 代表反射点与预测点之间的距离，θ 代表点声源到反射面的入射角。

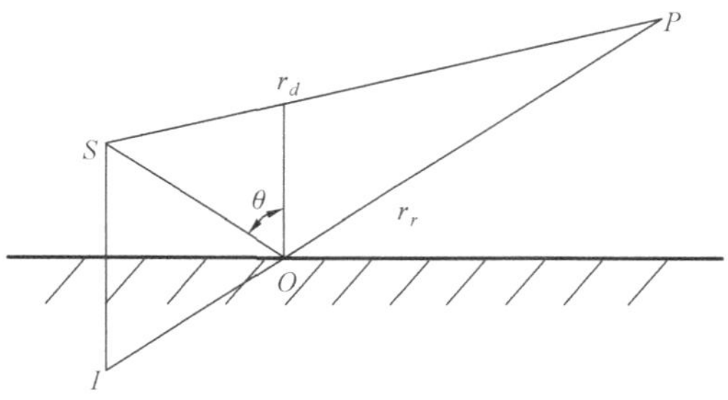

图 5-1 反射体的影响

当满足反射体表面平整、光滑、坚硬，反射体尺寸远大于所有声波波长 λ，入射角 $\theta<85°$ 的条件时，需考虑反射体引起的声级增高。反射体引起的声级增高值与 r_r/r_d 之间的关系为 $r_r/r_d\approx1$ 时声级增高 3 dB；$r_r/r_d\approx1.4$ 时声级增高 2 dB；$r_r/r_d\approx2$ 时声级增高 1dB；$r_r/r_d>2.5$ 时声级增高 0 dB。

②线声源的几何发散衰减

当许多点声源连续分布在一条直线上，可看作线状声源，如公路上的汽车流、铁路列车等。实际工作中分为无限长线声源和有限长线声源。

a. 无限长线声源。无限长线声源几何发散衰减的基本公式为

$$L_A(r)=L_A(r_0)-10\lg(r/r_0) \tag{5-26}$$

式中：

r，r_0 ——分别为垂直于线状声源的距离，m；

$L_A(r)$ ——垂直于线声源距离 r 处的 A 声级；

$L_A(r_0)$——垂直于线声源距离 r_0 处的 A 声级。

由此式可见，当噪声沿垂直于线声源方向的传播距离增加 1 倍时，其声压级衰减 3 dB。

b. 有限长线声源。设线状声源长为 l，在线声源垂直平分线上距离声源 r 处的声压级可简化为以下三种情况：

当 $r>l$ 且 $r_0>l$ 时，$L_p(r)=L_p(r_0)-20\lg(r/r_0)$，即在有限长线声源的远场，有限长线声源可当作点声源处理；

当 $r<l/3$ 且 $r_0<l/3$ 时，在有限长线声源的近场，可将有限长线声源当作无限长声源，即 $L_p(r)=L_p(r_0)-10\lg(r/r_0)$；

当 $l/3<r<l$ 且 $l/3<r_0<l$ 时，有限长线声源的声压级近似为 $L_p(r)=L_p(r_0)-15\lg(r/r_0)$。

③面声源的几何发散衰减

一个大型机器设备的振动表面，车间透声的墙壁，均可认为是面声源。若已知面声源单位面积的声功率 W，各面积元噪声的位相是随机的，则面声源可看作由无数点声源连续分布组合而成，其合成声级可按能量叠加法求出。

如图 5-2 所示，当预测点和长方形面声源中心的距离 r 处于以下条件时，对于长方形面声源中心轴线上的声衰减，可按下述方法近似计算，$r<a/\pi$ 时，声级几乎不衰减（$A_{div}\approx 0$ dB）；当 $a/\pi<r<b/\pi$ 时，距离加倍，声级衰减 3 dB 左右，类似线声源衰减特性［$A_{div}\approx 10\lg(r/r_0)$］；当 $r>b/\pi$ 时，距离加倍，声级衰减趋近于 6 dB，类似点声源衰减特性［$A_{div}\approx 20\lg(r/r_0)$］。其中面声源的 $b>a$。

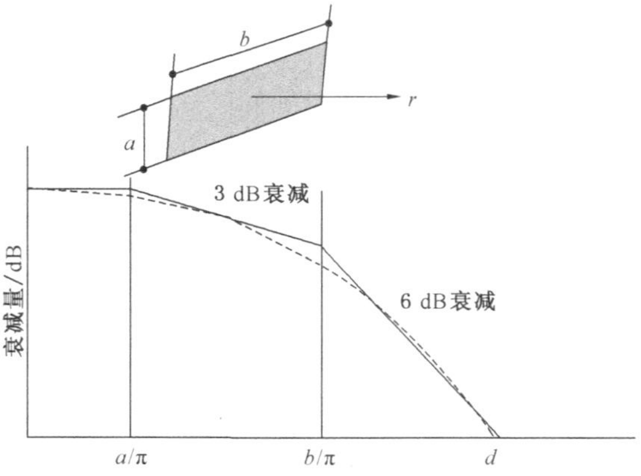

图 5-2　长方形面声源中心轴线上的声衰减曲线

(2) 空气吸收衰减(A_{atm})

声波在空气中传播时,部分声波被空气吸收而导致衰减,空气吸收引起的衰减量为

$$A_{atm}=[\alpha(r-r_0)/1\ 000] \tag{5-27}$$

式中:

A_{atm} ——空气吸收引起的 A 声级衰减量,dB(A);

r ——预测点距声源的距离,m;

r_0 ——参照点距声源的距离,m;

α ——与温度、湿度和声波频率有关的大气吸收衰减系数,dB/km。

预测计算中一般根据建设项目所处区域常年平均气温和湿度选择相应的大气吸收衰减系数,具体见表 5-4。

表 5-4　倍频带噪声的空气吸收衰减系数　　单位:dB/km

温度/℃	相对湿度/%	空气吸收衰减系数							
		倍频带中心频率/Hz							
		63	125	250	500	1 000	2 000	4 000	8 000
10	70	0.1	0.4	1.0	1.9	3.7	9.7	32.8	117.0
20	70	0.1	0.3	1.1	2.8	5.0	9.0	22.9	76.6
30	70	0.1	0.3	1.0	3.1	7.4	12.7	23.1	59.3
15	20	0.3	0.6	1.2	2.7	8.2	28.2	28.8	202.0
15	50	0.1	0.5	1.2	2.2	4.2	10.8	36.2	129.0
15	80	0.1	0.3	1.1	2.4	4.1	8.3	23.7	82.8

(3) 地面效应衰减(A_{gr})

地面类型可分为坚实地面,包括铺筑过的路面、水面、冰面以及夯实地面;疏松地面,包括被草或其他植物覆盖的地面，以及农田等适合于植物生长的地面；混合地面，由坚实地面和疏松地面组成。

声波掠过疏松地面传播时，或大部分为疏松地面的混合地面，在预测点仅计算 A 声级前提下，地面效应引起的倍频带衰减可用式(5-28)计算：

$$A_{gr}=4.8-(2h_m/r)(17+300/r) \tag{5-28}$$

式中：

r ——声源到预测点的距离，m；

h_m——传播路径的平均离地高度，m；可按图 5-3 进行计算，$h_m=F/r$；F：面积，m^2；若 A_{gr} 计算出负值，则 A_{gr} 可用"0"代替。

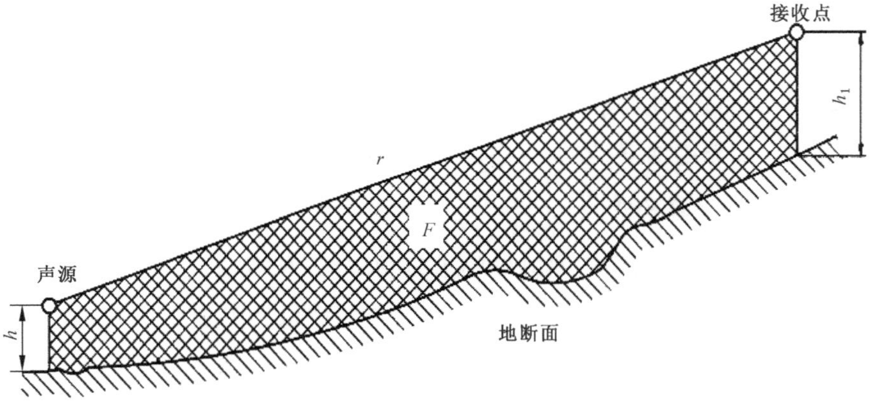

图 5-3　估计平均高度 h_m 的方法

(4) 声屏障衰减(A_{bar})

位于声源和预测点之间的围墙、建筑物、土坡或地堑、绿化带等起声屏障作用，从而引起声能量的较大衰减。在环境影响评价中，可将各种形式的声屏障简化为具有一定高度的薄屏障，如图 5-4 所示，S、O、P 三点在同一平面内且垂直于地面。定义 $\delta=SO+OP-SP$ 为声程差，$N=2\delta/\lambda$ 为非涅尔数，其中 λ 为声波波长。屏障衰减 A_{bar} 在单绕射(即薄屏障)情况，衰减最大取 20 dB；在双绕射(即厚屏障)情况，衰减最大取 25 dB。

对于有限长薄屏障，其在点声源声场中引起的衰减量计算过程是：首先计算三个传播途径的声程差 δ_1、δ_2、δ_3 和相应的非涅尔数 N_1、N_2、N_3，再计算声屏障引起的衰减。

$$A_{bar}=-10\lg[1/(3+20N_1)+1/(3+20N_2)+1/(3+20N_3)] \tag{5-29}$$

当声屏障很长时，看作无限长薄屏障，仅可考虑顶端绕射衰减，则

$$A_{bar}=-10\lg[1/(3+20N_1)] \tag{5-30}$$

式中：

N_1——顶端绕射的声程差 δ_1 相应的菲涅尔数。

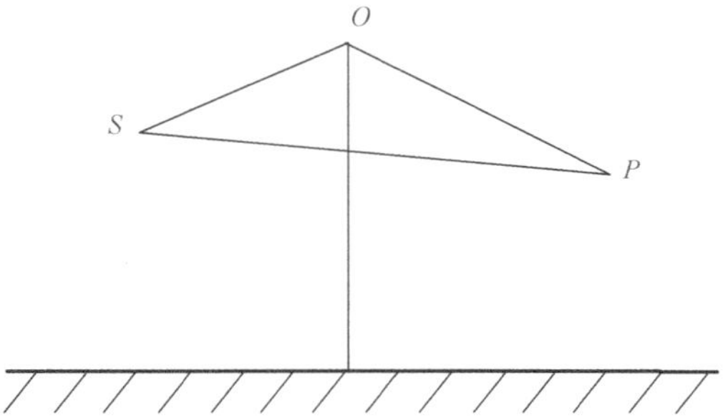

图 5-4　无限长声屏障

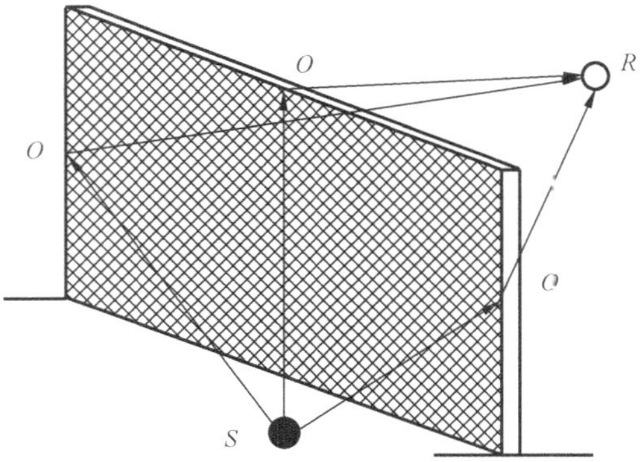

图 5-5　有限长声屏障上传播途径

(5) 其他多方面原因引起的衰减(A_{misc})

其他衰减包括通过工业场所的衰减、通过建筑群的衰减等。在声环境影响评价中,一般不考虑自然条件(风、温度梯度、雾等)引起的附加修正。

2. 工业噪声预测计算模式

声环境影响预测,一般采用声源的倍频带声功率级、A 声功率级或靠近声源某一位置的倍频带声压级、A 声级来预测计算距声源不同距离的声级。工业声源有室外和室内两种声源,应分别计算。室外声源在预测点产生的声级计算模型见户外声波传播衰减预测。

(1) 室内声源等效室外声源声功率级计算方法

如图 5-6 所示,声源位于室内,室内声源可采用等效室外声源声功率级法进行计算。设靠近开口处(或窗户)室内、室外某倍频带的声压级或 A 声级分别为 L_{p1} 和 L_{p2}。若声源所在室内声场为近似扩散声场,则室外的倍频带声压级可按式(5-31)近似求出:

$$L_{p2}=L_{p1}-(TL+6) \tag{5-31}$$

式中:

TL——隔墙(或窗户)倍频带的隔声量,dB。

也可按式(5-32)计算某一室内声源靠近围护结构处产生的倍频带声压级:

$$L_{p1}=L_w+10\lg[(Q/4\pi r^2)+(4/R)] \tag{5-32}$$

式中:

Q——指向性因数;通常对无指向性声源,当声源放在房间中心时,$Q=1$;当放在一面墙的中心时,$Q=2$;当放在两面墙夹角处时,$Q=4$;当放在三面墙夹角处时,$Q=8$。

R——房间常数;$R=S\alpha/(1-\alpha)$,S 为房间内表面面积,m^2;α 为平均吸声系数。

r——声源到靠近围护结构某点处的距离,m。

然后按式(5-33)计算出所有室内声源在围护结构处产生的 i 倍频带叠加声压级：

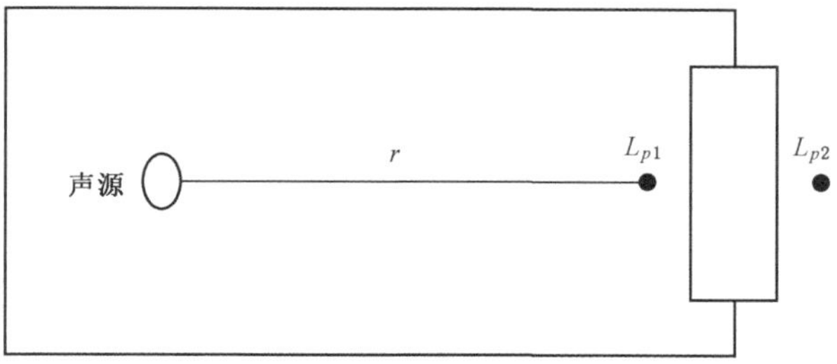

图 5-6　室内声源等效为室外声源图例

$$L_{p1i}(T)=10\lg\left(\sum_{j=1}^{N}10^{0.1L_{p1ij}}\right) \tag{5-33}$$

式中：

$L_{p1i}(T)$——靠近围护结构处室内 N 个声源 i 倍频带的叠加声压级，dB；

L_{p1ij}　——室内 j 声源 i 倍频带的声压级，dB；

N　　——室内声源总数。

在室内近似为扩散声场时，按式(5-34)计算出靠近室外围护结构处的声压级：

$$L_{p2i}(T)=L_{p1i}(T)-(TL_i+6) \tag{5-34}$$

式中：

$L_{p2i}(T)$——靠近围护结构处室外 N 个声源 i 倍频带的叠加声压级，dB；

TL_i　——围护结构 i 倍频带的隔声量，dB。

然后按式(5-35)将室外声源的声压级和透过面积换算成等效的室外声源，计算出中心位置位于透声面积(S)处的等效声源的倍频带声功率级。

$$L_w=L_{p2}(T)+10\lg S \tag{5-35}$$

然后按室外声源预测方法计算预测点处的 A 声级。

(2) 工业企业噪声计算

设第 i 个室外声源在预测点产生的 A 声级为 L_{Ai}，在 T 时间内该声源工作时间为 t_i；第 j 个等效室外声源在预测点产生的 A 声级为 L_{Aj}，在 T 时间内该声源工作时间为 t_j，则拟建工程声源对预测点产生的贡献值(L_{eqg})为

$$L_{eqg}=10\lg\left[\frac{1}{T}\left(\sum_{i=1}^{N}t_i 10^{0.1L_{Ai}}+\sum_{j=1}^{M}t_j 10^{0.1L_{Aj}}\right)\right] \tag{5-36}$$

式中：

L_{eqg}——建设项目声源在预测点产生的噪声贡献值，dB；

T ——用于计算等效声级的时间，s；

N ——室外声源个数；

t_i ——在 T 时间内 i 声源工作时间，s；

M ——等效室外声源个数；

t_j ——在 T 时间内 j 声源工作时间，s。

四、预测和评价内容

预测建设项目在施工期和运营期所有声环境保护目标处的噪声贡献值和预测值，评价其超标和达标情况；预测和评价建设项目在施工期和运营期厂界（或场界、边界）噪声贡献值，评价其超标和达标情况；铁路、城市轨道交通、机场等建设项目，还需预测列车通过时段内声环境保护目标处的等效连续 A 声级（$L_{Aeq,Tp}$）、单架航空器通过时在声环境保护目标处的最大 A 声级（$L_{A\max}$）；一级评价应绘制运行期代表性评价水平年噪声贡献值等声级线图，二级评价根据需要绘制等声级线图；对工程设计文件给出的代表性评价水平年噪声级可能发生变化的建设项目，应分别预测。

五、噪声防治对策及环境噪声监测计划

1. 噪声防治对策

（1）规划防治对策

规划防治对策主要指从建设项目的选址（选线）、规划布局、总图布置（跑道方位布设）和设备布局等方面进行调整，提出降低噪声影响的建议。如根据“以人为本”“闹静分开”和“合理布局”的设计原则，提出高噪声设备尽可能远离声环境保护目标、优化建设项目选址（选线）、调整规划用地布局等建议。

（2）噪声源控制措施

噪声源控制措施主要包括选用低噪声设备、低噪声工艺；采取声学控制措施，如对声源采用吸声、消声、隔声、减振等措施；改进工艺、设施结构和操作方法；将声源设置于地下、半地下室内；优先选用低噪声车辆、低噪声基础设施、低噪声路面等。

（3）噪声传播途径控制措施

噪声传播途径控制措施主要包括：设置声屏障等措施，包括直立式、折板式、半封闭、全封闭等类型声屏障。声屏障的具体型式根据声环境保护目标处超标程度、噪声源与声环境保护目标的距离、敏感建筑物高度等因素综合考虑来确定；利用自然地形物（如利用位于声源和声环境保护目标之间的山丘、土坡、地堑、围墙等）降低噪声。

(4) 保护目标自身防护措施

保护目标自身防护措施主要包括：声环境保护目标自身增设吸声、隔声等措施；优化调整建筑物平面布局、建筑物功能布局；声环境保护目标功能置换或拆迁。

(5) 管理措施

管理措施主要包括提出环境噪声管理方案(如合理制订施工方案、优化调度方案、优化飞行程序等)，制订噪声监测方案，提出工程设施、降噪设施的运行使用、维护保养等方面的管理要求，必要时提出跟踪评价要求等。

2. 环境噪声监测计划

一级、二级项目评价应根据项目噪声影响特点和声环境保护目标特点，提出项目在生产运行阶段的厂界(或场界、边界)噪声监测计划和代表性声环境保护目标监测计划。监测计划可根据噪声源特点、相关环境保护管理要求制订，可以选择自动监测或者人工监测。监测计划中应明确监测点位置、监测因子、执行标准及其限值、监测频次、监测分析方法、质量保证与质量控制、经费估算及来源等。

六、声环境影响评价结论与建议

根据噪声预测结果、噪声防治对策和措施可行性及有效性评价，从声环境影响角度给出拟建项目是否可行的明确结论。

任务实践

根据项目任务所述，项目位于某工业园区内，以工业生产、仓储物流为主要功能。根据《声环境功能区划分技术规范》(GB/T 15190—2014)，项目所在区域属3类声环境功能区，执行《声环境质量标准》(GB 3096—2008)3类标准，即昼间65 dB(A)，夜间55 dB(A)。部分声环境影响评价内容简述如下：

一、评价等级和评价范围

拟建项目位于工业园区内，园区以工业生产、仓储物流为主要功能。根据《声环境功能区划分技术规范》(GB/T 15190—2014)规定要求，该区域属于3类声环境功能区。项目建设前后敏感点噪声级增高量小于3 dB。因此，声环境影响评价等级定为二级。噪声评价范围为厂界外200 m，在此范围内的工业园区内生活区(约400人)为主要敏感点，作为重点评价对象。

二、声环境质量现状

根据××市生态环境监测站发布的《20××年××市环境质量公报》，20××年区域环境噪声昼间年均值为51.7 dB，夜间年均值为45.9 dB，昼间环境噪声符合《声环境质量标准》

(GB 3096—2008)1 类标准，夜间环境噪声符合《声环境质量标准》(GB 3096—2008)2 类标准。××市区昼间平均交通噪声为 66.5 dB，夜间平均交通噪声为 54.1 dB，均符合《声环境质量标准》(GB 3096—008)4 类 a 标准，交通噪声达标。项目所在地为一般工业生产区，目前入驻企业较少，周围无较大的噪声源，声环境质量较好，符合《声环境质量标准》(GB 3096—2008)3 类标准。

三、声环境影响预测与评价

项目实行 8 h 昼间工作制，夜间不生产。主要噪声源为车间电脑开切机、双边机、打孔机、钢化炉风机、中空生产线等设备运行产生的噪声，设备噪声强度范围在 75～95 dB(A)，如附表 5-1 所示。设备运行量根据工艺需要开启，不同时运行所有设备。项目运营期采取的主要降噪措施有：高噪声设备安装减振垫；定期维护保养机械设备；设备与厂界均保持一定的距离；厂房墙体为砖混结构，可以起到一定的隔声作用。

附表 5-1　项目主要噪声源及源强

设备/工艺名称	数量	等效声级 dB(A)
电脑开切机	1 台	75～90
双边机	4 台	80～90
打孔机	1 台	80～95
钢化炉风机	1 台	90～95
中空生产线	1 套	75～85
航吊	1 台	85～95

预测工程以各噪声设备为噪声点源，在设备正常运行情况下，根据各点源对厂界的贡献值、距厂界的距离及衰减状况，预测各厂界噪声值，各预测点的等效声级值用下式叠加：

$$L_{eqg}=10\lg\left[\frac{1}{T}\left(\sum t_i 10^{0.1L_{Ai}}\right)\right]$$

式中：

L_{eqg} ——建设项目声源在预测点的等效声级贡献值，dB(A)；

L_{Ai} ——第 i 个声源对预测点产生的 A 声级，dB(A)；

T ——预测计算的时间段，s；

t_i ——i 个声源在 T 时段内的运行时间，s。

声衰减预测公式：

$$L_p(r)=L_p(r_0)-20\lg(r/r_0)$$

式中：

$L_p(r)$ ——距噪声源距离为 r 处等效 A 声级值，dB(A)；

$L_p(r_0)$——距噪声源距离为 r_0 处等效 A 声级值，dB(A)；

r ——关心点距噪声源距离，m；

r_0 ——参照点距噪声源距离，以 m 计。

预测点的预测等效声级公式：

$$L_{eq} = 10\lg(10^{0.1L_{eqg}} + 10^{0.1L_{eqb}})$$

式中：

L_{eqg} ——建设项目在预测点的等效声级贡献值，dB(A)；

L_{eqb} ——预测点背景值，dB(A)。

项目墙体隔音及设备减振降噪措施的降噪值取 12 dB(A)，项目厂界噪声预测值见附表 5-2。

附表 5-2　项目厂界噪声预测值　　单位：dB(A)

点位	预测贡献值	标准限值	达标情况
东厂界	52.1	65	达标
南厂界	57.2	65	达标
西厂界	53.1	65	达标
北厂界	54.5	65	达标

由附表 5-2 可知，项目运营期各厂界昼间噪声预测值均可达到《工业企业厂界环境噪声排放标准》(GB 12348—2008)3 类标准要求。项目夜间不生产，对夜间声环境无影响。

习题：

1. 简述声环境影响评价的基本任务。

2. 简述声环境影响评价的预测步骤。

3. 声环境影响评价工作等级划分的依据是什么？

4. 某建筑工地采用振捣棒作业时，噪声源 5 m 处的噪声级为 84 dB，距作业点 40 m 处住宅楼户外环境噪声为 65 dB。当振捣棒不作业时，该住宅楼外环境背景噪声是多少？

5. 某直径为 3 m 的风机离地高度 40 m，已知风机的声功率级为 105 dB(A)，在只考虑几何发散衰减时，距风机 20 m 处的 A 声级为多少？

6. 某敏感点处昼间前 8 个小时测得的等效声级为 52.0 dB(A)，后 8 个小时测得的等效声级为 60.0 dB(A)，该敏感点处的昼间等效声级是多少？

项目六　土壤环境影响评价

项目背景

土壤是受自然或人为因素作用的，由矿物质、有机质、水、空气、生物有机体等组成的陆地表面疏松综合体，包括陆地表层能够生长植物的土壤层和污染物能够影响的松散层等。它是人类环境的重要组成要素，是为人类提供食物的生产资料，是人类社会最基本、最重要、不可替代的自然资源。土壤环境影响评价是对建设项目对土壤环境理化特性可能造成的影响进行分析、预测和评估，提出预防或者减轻不良影响的措施和对策，为建设项目土壤环境保护提供科学依据。

项目任务

某农药生产扩建项目，主要生产五氟磺草胺、噻虫胺、氰氟草酯三种原药及溴化锂、氯化钾、硫酸钾、氯化钠等盐产品。项目生产工艺废气成分复杂，污染因子主要为甲醇、甲苯、甲胺、二氯甲烷、二噁英类等，废水污染因子主要为 COD、SS、氨氮、总氮、甲醇、甲苯、二氯甲烷等。全厂占地面积 90 000 m^2，项目周边无居民区、耕地等土壤环境敏感保护目标，试对该工程进行简要的土壤环境影响评价。

完成任务需要的知识

进行某项目土壤环境影响评价，应掌握以下知识：

1. 如何确定土壤环境影响评价等级及范围？
2. 如何进行土壤环境现状调查、监测与评价？
3. 如何进行土壤环境影响预测？

知识模块

模块一　基础知识

一、土壤污染

土壤污染是指人类活动产生的污染物，通过不同的途径输入土壤环境中，其数量和速度超过了土壤的净化能力，土壤的生态平衡受到破坏，导致土壤环境质量下降，影响作物的正常生长发育以及产品产量与质量，最终危及人类健康的现象。

土壤污染具有隐蔽性和潜伏性，同时具有长期性和不可逆性。土壤污染是进入土壤中的污染物在土壤中长期积累的过程，要对土壤污染物、植物产品质量、植物的生态效应等进行监测。其结果要通过长期摄食被污染的土壤种植的农作物和动植物的反应才能够显现出来。因此土壤污染具有隐蔽性和潜伏性。污染物进入土壤后，与土壤环境及其物质发生一系列的化学反应与转化，其中许多污染是不可逆的，污染物最终形成难溶化合物沉积在土壤中，因此，土壤一旦遭受污染，很难恢复。

按土壤污染源和污染途径，可将土壤分为水污染型，主要是工业废水、生活污水和受污染的地表水，由污灌而造成的土壤污染；大气污染型，大气污染物通过干湿沉降作用于土壤；固体废物污染型，城市生活垃圾、工矿业废弃物（矿渣、煤矸石、粉煤灰等）等固体废物通过大气迁移、扩散、沉降、降水等形式污染周边的土壤；农业污染型，由于农业生产需要，在化肥、农药、垃圾堆肥等施用过程中造成的土壤污染。

二、土壤环境背景值与土壤环境容量

土壤环境背景值在理论上是土壤在自然成土过程中，构成土壤自身的化学元素的组成与含量，即未受人类活动影响的土壤本身的化学元素的组成和含量。土壤背景值是一个相对的概念，一方面，土壤元素或其化合物的含量在自然条件下，受地形、气候和生物因素的影响，由于成土因素的差异，以及土壤系统的复杂性，这一含量不是一个确定的数值；另一方面，当前全球环境受人为活动的影响已十分严峻，所以，有时以一个国家或地区的土壤中的某元素的平均含量作为背景值。如果评价区域土壤中某元素的含量超过背景值（指统计学上，通常以土壤元素背景值加两倍标准差作为评价标准），即可认为发生了土壤污染。

土壤环境容量是在人类生存和自然生态不受危害的前提下，土壤环境所能容纳的污染物的最大负荷量。为表达得更加具体准确，可将其进一步定义为：一定的土壤单元、一定时限内遵循的环境质量标准，既保证农产品的质量和生物学质量，同时也不使环境污染时，土壤容纳污染物的最大负荷量。土壤环境容量是制定有关土壤环境标准的重要依据。

三、土壤的净化作用

土壤的净化作用是指进入土壤的污染物，经过一系列的物理、化学或生物化学过程，使其含量减少或存在形式改变，从而使污染危害降低以至消失的现象。土壤可通过吸附、分解、迁移、转化作用实现土壤减轻、缓解或去除外源物质的影响，包括在土体中过滤、挥发、扩散等物理作用，沉淀、吸附、分解等化学作用，代谢、降解等生物作用以及联合作用等净化能力。它是土壤对外源化学物质具有负载容量的基础，是保证土壤圈物质良性循环的前提。土壤的净化能力的强弱主要取决于土壤的组成以及性质的综合影响，同时还受气候以及其他环境条件的影响。

四、基本术语

土壤环境生态影响是指由于人为因素引起土壤环境特征变化导致其生态功能变化的过程或状态。土壤环境污染影响是指因人为因素导致某种物质进入土壤环境，引起土壤物理、化学、生物等方面特性的改变，导致土壤质量恶化的过程或状态。土壤环境敏感目标是指可能受人为活动影响的、与土壤环境相关的敏感区或对象。

模块二　土壤环境影响评价等级

根据建设项目对土壤环境可能产生的影响，将土壤环境影响类型分为生态影响型与污染影响型。根据不同行业、不同工艺以及规模将建设项目分为Ⅰ类、Ⅱ类、Ⅲ类、Ⅳ类。Ⅳ类建设项目可不开展环境影响评价。

一、土壤环境影响评价项目类别

根据表 6-1 识别建设项目所属行业的土壤环境影响评价项目类别。

表 6-1　土壤环境影响评价项目类别

行业类别	项目类别			
	Ⅰ类	Ⅱ类	Ⅲ类	Ⅳ类
农林牧渔业	灌溉面积大于 50 万亩的灌区工程	新建 5 万亩至 50 万亩的、改造 30 万亩及以上的灌区工程；年出栏生猪 10 万头(其他畜禽种类折合猪的养殖规模)及以上的畜禽养殖场或养殖小区	年出栏生猪 5 000 头(其他畜禽种类折合猪的养殖规模)及以上的畜禽养殖场或养殖小区	其他
水利	库容 1 亿 m^3 及以上水库；长度大于 1 000 km 的引水工程	库容 1 000 万 m^3 至 1 亿 m^3 的水库；跨流域调水的引水工程	其他	

续表 6-1

行业类别		项目类别			
		Ⅰ类	Ⅱ类	Ⅲ类	Ⅳ类
采矿业		金属矿、石油、页岩油开采	化学矿采选;石棉矿采选;煤矿采选、天然气开采、页岩气开采、砂岩气开采、煤层气开采(含净化、液化)	其他	
制造业	纺织、化纤、皮革等及服装、鞋制造	制革、毛皮鞣制	化学纤维制造;有洗毛、染整、脱胶工段及产生缫丝废水、精炼废水的纺织品;有湿法印花、染色、水洗工艺的服装制造;使用有机溶剂的制鞋业	其他	
	造纸和纸制品		纸浆、溶解浆、纤维浆等制造;造纸(含制浆工艺)	其他	
	设备制造、金属制品、汽车制造及其他用品制造①	有电镀工艺的;金属制品表面处理及热处理加工的;使用有机涂层的(喷粉、喷塑和电泳除外);有钝化工艺的热镀锌	有化学处理工艺的	其他	
	石油、化工	石油加工、炼焦;化学原料和化学制品制造;农药制造;涂料、染料、颜料、油墨及其类似产品制造;合成材料制造;炸药、火工及焰火产品制造;水处理剂等制造;化学药品制造;生物、生化制品制造	半导体材料、日用化学品制造;化学肥料制造	其他	

续表 6-1

行业类别		项目类别			
		Ⅰ类	Ⅱ类	Ⅲ类	Ⅳ类
制造业	金属冶炼和压延加工及非金属矿物制品	有色金属冶炼（含再生有色金属冶炼）	有色金属铸造及合金制造；炼铁；球团；烧结炼钢；冷轧压延加工；铬铁合金制造；水泥制造；平板玻璃制造；石棉制品；含焙烧的石墨、碳素制品	其他	
电力热力燃气及水生产和供应业		生活垃圾及污泥；发电	水力发电；火力发电（燃气发电除外）；矸石、油页岩、石油焦等综合利用发电；工业废水处理；燃气生产	生活污水处理；燃煤锅炉总容量 65 t/h（不含）以上的热力生产工程；燃油锅炉总容量 65 t/h（不含）以上的热力生产工程	其他
交通运输仓储邮政业			油库（不含加油站的油库）；机场的供油工程及油库；涉及危险品、化学品、石油、成品油储罐区的码头及仓储；石油及成品油的输送管线	公路的加油站；铁路的维修场所	其他
环境和公共设施管理业		危险废物利用及处置	采取填埋和焚烧方式的一般工业固体废物处置及综合利用；城镇生活垃圾（不含餐厨废弃物）集中处置	一般工业固体废物处置及综合利用（除采取填埋和焚烧方式以外的）；废旧资源加工、再生利用	其他

续表 6-1

行业类别	项目类别			
	Ⅰ类	Ⅱ类	Ⅲ类	Ⅳ类
社会事业与服务业			高尔夫球场；加油站；赛车场	其他
其他行业				全部

注：① 其他用品制造包括木材加工和木、竹、藤、棕、草制品业；家具制造业；文教、工美、体育和娱乐用品制造业；仪器仪表制造业等。

1. 仅切割组装的、单纯混合和分装的、编织物及其制品制造的，列入Ⅳ类。

2. 建设项目土壤环境影响评价项目类别不在本表的，可根据土壤环境影响源、影响途径、影响因子的识别结果，参照相近或相似项目类别确定。

二、评价工作分级

土壤环境影响评价工作等级划分为一级、二级、三级。

1. 生态影响型

对建设项目所在地土壤环境敏感程度分为敏感、较敏感、不敏感，判别依据见表 6-2；同一建设项目涉及两个或两个以上场地或地区，应分别判定其敏感程度；产生两种或两种以上生态影响后果的，敏感程度按相对最高级别判定。再根据识别的土壤环境影响评价项目类别与敏感程度分级结果划分评价工作等级。

表 6-2　生态影响型敏感程度分级

敏感程度	判别依据		
	盐化	酸化	碱化
敏感	建设项目所在地干燥度[①]>2.5 且常年地下水位平均埋深<1.5 m 的地势平坦区域；或土壤含盐量>4 g/kg 的区域	pH≤4.5	pH≥9.0
较敏感	建设项目所在地干燥度>2.5 且常年地下水位平均埋深≥1.5 m，或 1.8<干燥度≤2.5 且常年地下水位平均埋深<1.8 m 的地势平坦区域；建设项目所在地干燥度>2.5 或常年地下水位平均埋深<1.5 m 的平原区；或 2 g/kg<土壤含盐量≤4 g/kg 的区域	4.5<pH≤5.5	8.5≤pH<9.0
不敏感	其他	5.5<pH<8.5	

注：① 干燥度是指采用 E601 观测的多年平均水面蒸发量与降水量的比值，即蒸降比值。

表 6-3　生态影响型评价工作等级划分

敏感程度	项目类别		
	Ⅰ类	Ⅱ类	Ⅲ类
敏感	一级	二级	三级
较敏感	二级	二级	三级
不敏感	二级	三级	可不开展土壤环境影响评价工作

2. 污染影响型工作等级划分

将建设项目所在地周边的土壤环境敏感程度分为敏感、较敏感、不敏感，判别依据见表 6-4；再将建设项目占地规模分为大型（≥50 hm^2）、中型（5～50 hm^2）、小型（≤5 hm^2），建设项目占地主要为永久占地；根据土壤环境影响评价项目类别、占地规模与敏感程度划分评价工作等级如表 6-5 所示。

表 6-4　污染影响型敏感程度分级表

敏感程度	判别依据
敏感	建设项目周边存在耕地、园地、牧草地、饮用水水源地或居民区、学校、医院、疗养院、养老院等土壤环境敏感目标的
较敏感	建设项目周边存在其他土壤环境敏感目标的
不敏感	其他情况

表 6-5　污染影响型评价工作等级划分表

敏感程度	Ⅰ类			Ⅱ类			Ⅲ类		
	大	中	小	大	中	小	大	中	小
敏感	一级	一级	一级	二级	二级	二级	三级	三级	三级
较敏感	一级	一级	二级	二级	二级	三级	三级	三级	—
不敏感	一级	二级	二级	二级	三级	三级	三级	—	—

注："—"表示可不开展土壤环境影响评价工作。

建设项目同时涉及土壤环境生态影响型与污染影响型时，应分别判定评价工作等级，并按相应等级分别开展评价工作；当同一建设项目涉及两个或两个以上场地时，各场地应分别判定评价工作等级，并按相应等级分别开展评价工作。

【例 6-1】　某Ⅱ类土壤环境影响评价项目（污染影响型）永久占地 40 hm^2，建设用地边界紧邻一茶园，根据《环境影响评价技术导则　土壤环境（试行）》（HJ 964—2018），判定其土壤环境影响评价工作等级为（　）。

A. 一级　　B. 二级　　C. 三级　　D. 不开展土壤环境影响评价工作

答:B

模块三 土壤环境现状调查、监测与评价

土壤环境现状调查、监测与评价是土壤环境影响预测、评价的重要依据,是土壤环境影响评价工作的重要组成部分和十分重要的基础工作之一。

一、现状调查与评价

土壤环境现状调查与评价工作应遵循资料收集与现场调查相结合、资料分析与现状监测相结合的原则。工作的深度应满足相应的工作级别要求,当现有资料不能满足要求时,应通过组织现场调查、监测等方法获取。建设项目同时涉及土壤环境生态影响型与污染影响型时,应分别按相应评价工作等级要求开展土壤环境现状调查,可根据建设项目特征适当调整、优化调查内容。工业园区内的建设项目,应重点在建设项目占地范围内开展现状调查工作,并兼顾其可能影响的园区外围土壤环境敏感目标。

1. 调查评价范围

调查评价范围应包括建设项目可能影响的范围,能满足土壤环境影响预测和评价要求;改、扩建类建设项目的现状调查评价范围还应兼顾现有工程可能影响的范围。建设项目(除线性工程外)土壤环境影响现状调查评价范围可根据建设项目影响类型、污染途径、气象条件、地形地貌、水文地质条件等确定并说明,或参考表 6-6 确定。

表 6-6 现状调查范围

评价工作等级	影响类型	调查范围①	
		占地②范围内	占地范围外
一级	生态影响型	全部	5 km 范围内
	污染影响型		1 km 范围内
二级	生态影响型		2 km 范围内
	污染影响型		0.2 km 范围内
三级	生态影响型		1 km 范围内
	污染影响型		0.05 km 范围内

注:① 涉及大气沉降途径影响的,可根据主导风向下风向的最大落地浓度点适当调整。

② 矿山类项目指开采区与各场地的占地;改、扩建类项目指现有工程与拟建工程的占地。

建设项目同时涉及土壤环境生态影响与污染影响时,应各自确定调查评价范围。危险

品、化学品或石油等输送管线应以工程边界两侧向外延伸 0.2 km 作为调查评价范围。

2. 调查内容

土壤环境影响评价调查由资料的收集、理化特性的调查与影响源调查三部分组成。

根据建设项目特点、可能产生的环境影响和当地环境特征，有针对性地收集调查评价范围内的相关资料，主要包括以下内容：土地利用现状图、土地利用规划图、土壤类型分布图；气象资料、地形地貌特征资料、水文及水文地质资料等；土地利用历史情况；与建设项目土壤环境影响评价相关的其他资料。

在充分收集资料的基础上，根据土壤环境影响类型、建设项目特征与评价需要，有针对性地选择土壤理化特性调查内容，主要调查内容包括以下几个部分：土体构型、土壤结构、土壤质地、阳离子交换量、氧化还原电位、饱和导水率、土壤容重、孔隙度等；土壤环境生态影响型建设项目还应调查植被、地下水位埋深、地下水溶解性总固体等。评价工作等级为一级的建设项目应填写土壤剖面调查表。

影响源调查内容包含以下两点：应调查与建设项目产生同种特征因子或造成相同土壤环境影响后果的影响源；改、扩建的污染影响型建设项目，其评价工作等级为一级、二级的，应对现有工程的土壤环境保护措施情况进行调查，并重点调查主要装置或设施附近的土壤污染现状。

二、现状监测

建设项目土壤环境现状监测应根据建设项目的影响类型、影响途径，有针对性地开展监测工作，了解或掌握调查评价范围内土壤环境现状。

1. 布点原则

土壤环境现状监测点布设应根据建设项目土壤环境影响类型、评价工作等级、土地利用类型确定，采用均布性与代表性相结合的原则，充分反映建设项目调查评价范围内的土壤环境现状，可根据实际情况优化调整。调查评价范围内的每种土壤类型应至少设置 1 个表层样监测点，应尽量设置在未受人为污染或相对未受污染的区域。生态影响型建设项目应根据建设项目所在地的地形特征、地面径流方向设置表层样监测点。

涉及入渗途径影响的，主要产污装置区应设置柱状样监测点，采样深度需至装置底部与土壤接触面以下，根据可能影响的深度适当调整。涉及大气沉降影响的，应在占地范围外主导风向的上、下风向各设置 1 个表层样监测点，可在最大落地浓度点增设表层样监测点。涉及地面漫流途径影响的，应结合地形地貌，在占地范围外的上、下游各设置 1 个表层样监测点。涉及大气沉降影响的改、扩建项目，可在主导风向下风向适当增加监测点位，以反映降尘对土壤环境的影响。

线性工程应重点在站场位置(如输油站、泵站、阀室、加油站及维修场所等)设置监测点，涉及危险品、化学品或石油等输送管线的应根据评价范围内土壤环境敏感目标或厂区内的平面布局情况确定监测点布设位置。评价工作等级为一级、二级的改、扩建项目，应在现有工程厂界外可能产生影响的土壤环境敏感目标处设置监测点。建设项目占地范围及其可能影响区域的土壤环境已存在污染风险的，应结合用地历史资料和现状调查情况，在可能受影响最重的区域布设监测点；取样深度根据其可能影响的情况确定。建设项目现状监测点设置应兼顾土壤环境影响跟踪监测计划。

2. 现状监测点数量要求及取样方法

建设项目各评价工作等级的监测点数不少于表 6-7 要求。

表 6-7　现状监测布点类型与数量

评价工作等级		占地范围内	占地范围外
一级	生态影响型	5 个表层样点①	6 个表层样点
	污染影响型	5 个柱状样点②，2 个表层样点	4 个表层样点
二级	生态影响型	3 个表层样点	4 个表层样点
	污染影响型	3 个柱状样点，1 个表层样点	2 个表层样点
三级	生态影响型	1 个表层样点	2 个表层样点
	污染影响型	3 个表层样点	—

注："—"表示无现状监测布点类型与数量的要求。

① 表层样应在 0～0.2 m 取样。

② 柱状样通常在 0～0.5 m、0.5～1.5 m、1.5～3 m 分别取样，3 m 以下每 3 m 取 1 个样，可根据基础埋深、土体构型适当调整。

生态影响型建设项目可优化调整占地范围内、外监测点数量，保持总数不变；占地范围超过 5 000 hm^2 的，每增加 1 000 hm^2 增加 1 个监测点。污染影响型建设项目占地范围超过 100 hm^2 的，每增加 20 hm^2 增加 1 个监测点。

表层样监测点及土壤剖面的土壤监测取样方法一般参照《土壤环境监测技术规范》(HJ/T 166)执行，柱状样监测点和污染影响型改、扩建项目的土壤监测取样方法还可参照《场地环境调查技术导则》(HJ 25.1)、《场地环境监测技术导则》(HJ 25.2)执行。

3. 现状监测因子与频次要求

土壤环境现状监测因子分为基本因子和建设项目的特征因子。基本因子为《土壤环境质量　农用土地污染风险管控标准(试行)》(GB 15618)、《土壤环境质量　建设用地土壤污染风险管控标准(试行)》(GB 36600)中规定的基本项目,分别根据调查评价范围内的土地利用类型选取;特征因子为建设项目产生的特有因子,既是特征因子又是基本因子的,按特征因子对待。调查评价范围内的每种土壤类型其未受人为污染或相对未受污染的区域与建设项目占地范围及其可能影响区域的土壤环境已存在污染风险的可能受影响最重的区域布设监测点须监测基本因子与特征因子;其他监测点位可仅监测特征因子。

监测频次须对基本因子与特征因子分开要求。对于基本因子,评价工作等级为一级的建设项目,应至少开展1次现状监测;评价工作等级为二级、三级的建设项目,若掌握近3年至少1次的监测数据,可不再进行现状监测。对于特征因子,应至少开展1次现状监测。

4. 现状评价标准及方法

根据调查评价范围内的土地利用类型,分别选取《土壤环境质量　农用土地污染风险管控标准(试行)》(GB 15618)、《土壤环境质量　建设用地土壤污染风险管控标准(试行)》(GB 36600)等标准中的筛选值进行评价,土地利用类型无相应标准的可只给出现状监测值。评价因子在上述标准中未规定的,可参照行业、地方或国外相关标准进行评价,无可参照标准的可只给出现状监测值。

土壤环境质量现状评价应采用标准指数法,并进行统计分析,给出样本数量、最大值、最小值、均值、标准差、检出率和超标率、最大超标倍数等。对照表6-8～6-9给出各监测点位土壤盐化、酸化、碱化的级别,统计样本数量、最大值、最小值和均值,并评价均值对应的级别。

表6-8　土壤盐化分级标准

分级	土壤含盐量(SSC)/(g/kg)	
	滨海、半湿润和半干旱地区	干旱、半荒漠和荒漠地区
未盐化	SSC<1	SSC<2
轻度盐化	1≤SSC<2	2≤SSC<3
中度盐化	2≤SSC<4	3≤SSC<5
重度盐化	4≤SSC<6	5≤SSC<10
极重度盐化	SSC≥6	SSC≥10

注:根据区域自然背景状况适当调整。

表 6-9　土壤酸化、碱化分级标准

土壤 pH	土壤酸化、碱化强度
pH<3.5	极重度酸化
3.5≤pH<4.0	重度酸化
4.0≤pH<4.5	中度酸化
4.5≤pH<5.5	轻度酸化
5.5≤pH<8.5	无酸化或碱化
8.5≤pH<9.0	轻度碱化
9.0≤pH<9.5	中度碱化
9.5≤pH<10.0	重度碱化
pH≥10.0	极重度碱化

注：土壤酸化、碱化强度指受人为影响后呈现的土壤 pH，可根据区域自然背景状况适当调整。

【例 6-2】　根据《环境影响评价技术导则　土壤环境(试行)》(HJ 964—2018)关于土壤环境现状监测布点的说法错误的是(　)。

A. 一级评价建设项目至少需布设 11 个表层样点

B. 二级评价污染影响型建设项目占地范围外至少需布设 2 个表层样点

C. 污染影响型建设项目占地范围超过 100 hm^2 的，每增加 20 hm^2 增加 1 个监测点

D. 生态影响型建设项目可优化调整占地范围内、外监测点数量，保持总数不变

答：A

模块四　土壤环境影响预测与评价

土壤环境影响预测与评价应根据影响识别结果与评价工作等级，结合当地土地利用规划确定影响预测的范围、时段、内容和方法。选择适宜的预测方法，预测评价建设项目各实施阶段不同环节与不同环境影响防控措施下的土壤环境影响，给出预测因子的影响范围与程度，明确建设项目对土壤环境的影响结果。应重点预测评价建设项目对占地范围外土壤环境敏感目标的累积影响，并根据建设项目特征兼顾对占地范围内的影响预测。土壤环境影响分析可定性或半定量地说明建设项目对土壤环境产生的影响及趋势。建设项目导致土壤潜育化、沼泽化、潴育化和土地沙漠化等影响的，可根据土壤环境特征，结合建设项目特点，分析土壤环境可能受到影响的范围和程度。

一、预测评价范围、时段与因子

预测评价范围一般与现状调查范围一致。根据建设项目土壤环境影响识别结果，确定重

点预测时段。污染影响型建设项目应根据环境影响识别出的特征因子选取关键预测因子;可能造成土壤盐化、酸化、碱化影响的建设项目,分别选取土壤盐分含量、pH 等作为预测因子。

【例 6-3】 根据《环境影响评价技术导则 土壤环境(试行)》(HJ 964—2018),可能造成土壤盐化、酸化、碱化影响的建设项目,至少应分别选取( )等作为预测因子。

A. 土壤盐分含量、pH

B. 土壤盐分含量、氧化还原电位

C. 阳离子交换量、pH

D. 阳离子交换量、氧化还原电位

答:A

二、预测与评价方法

土壤环境影响预测与评价方法应根据建设项目土壤环境影响类型与评价工作等级确定。

1. 评价工作等级为一级、二级,可能引起土壤盐化、酸化、碱化等影响的建设项目或污染影响型建设项目的预测方法

本方法适用于某种物质可概化为以面源形式进入土壤环境的影响预测,包括大气沉降、地面漫流以及盐、酸、碱类等物质进入土壤环境引起的土壤盐化、酸化、碱化等。

(1) 一般方法和步骤

① 计算土壤中某种物质的输入量;可通过工程分析计算土壤中某种物质的输入量;涉及大气沉降影响的,可参照《环境影响评价技术导则 大气环境》(HJ 2.2)相关技术方法给出。

② 计算土壤中某种物质的输出量;土壤中某种物质的输出量主要包括淋溶或径流排出、土壤缓冲消耗等两部分;植物吸收量通常较小,不予考虑;涉及大气沉降影响的,可不考虑输出量。

③ 分析比较输入量和输出量,计算土壤中某种物质的增量。

④ 将土壤中某种物质的增量与土壤现状值进行叠加后,进行土壤环境影响预测。

(2) 预测方法

① 单位质量土壤中某种物质的增量可用式(6-1)计算:

$$\Delta S=n(I_S-L_S-R_S)/(\rho_b\times A\times D) \tag{6-1}$$

式中:

ΔS ——单位质量表层土壤中某种物质的增量,g/kg;

(表层土壤中游离酸或游离碱浓度增量,mmol/kg);

I_S ——预测评价范围内单位年份表层土壤中某种物质的输入量,g;

（预测评价范围内单位年份表层土壤中游离酸、游离碱输入量，mmol）；

L_S ——预测评价范围内单位年份表层土壤中某种物质经淋溶排出的量，g；

（预测评价范围内单位年份表层土壤中经淋溶排出的游离酸、游离碱的量，mmol）；

R_S ——预测评价范围内单位年份表层土壤中某种物质经径流排出的量，g；

（预测评价范围内单位年份表层土壤中经径流排出的游离酸、游离碱的量，mmol）；

ρ_b ——表层土壤容重，kg/m^3；

A ——预测评价范围，m^2；

D ——表层土壤深度，一般取 0.2 m，可根据实际情况适当调整；

n ——持续年份，a。

② 单位质量土壤中某种物质的预测值可根据其增量叠加现状值进行计算：

$$S = S_b + \Delta S \tag{6-2}$$

式中：

S_b——单位质量土壤中某种物质的现状值，g/kg；

S——单位质量土壤中某种物质的预测值，g/kg。

③ 酸性物质或碱性物质排放后表层土壤 pH 预测值，可根据表层土壤游离酸或游离碱浓度的增量进行计算：

$$\mathrm{pH} = \mathrm{pH}_b \pm \Delta S / BC_{\mathrm{pH}} \tag{6-3}$$

式中：

pH_b ——土壤 pH 现状值；

BC_{pH} ——缓冲容量，mmol/(kg · pH)；

pH ——土壤 pH 预测值。

④ 缓冲容量（BC_{pH}）测定方法：采集项目区土壤样品，样品加入不同量游离酸或游离碱后分别进行 pH 测定，绘制不同浓度游离酸或游离碱和 pH 之间的曲线，曲线斜率即为缓冲容量。

2. 评价工作等级为一级、二级，土壤盐化类建设项目的综合评分预测方法

根据表 6-10 选取各项影响因素的分值与权重，采用公式（6-4）计算土壤盐化综合评分值（S_a），对照表 6-11 得出土壤盐化综合评分预测结果。

$$S_a = \sum_{i=1}^{n} Wx_i \times Ix_i \tag{6-4}$$

式中：

n ——影响因素指标数目；

Ix_i ——影响因素 i 指标评分；

Wx_i——影响因素 i 指标权重。

表 6-10　土壤盐化影响因素赋值表

影响因素	分值				权重
	0 分	2 分	4 分	6 分	
地下水位埋深(GWD)/m	GWD≥2.5	1.5≤GWD<2.5	1.0≤GWD<1.5	GWD<1.0	0.35
干燥度(蒸降比值)（EPR）	EPR<1.2	1.2≤EPR<2.5	2.5≤EPR<6	EPR≥6	0.25
土壤本底含盐量（SSC）/（g/kg）	SSC<1	1≤SSC<2	2≤SSC<4	SSC≥4	0.15
地下水溶解性总固体(TDS)/(g/L)	TDS<1	1≤TDS<2	2≤TDS<5	TDS≥5	0.15
土壤质地	黏土	砂土	壤土	砂壤、粉土、砂粉土	0.10

表 6-11　土壤盐化预测表

土壤盐化综合评分值(S_a)	$S_a<1$	$1\leq S_a<2$	$2\leq S_a<3$	$3\leq S_a<4.5$	$S_a\geq 4.5$
土壤盐化综合评分预测结果	未盐化	轻度盐化	中度盐化	重度盐化	极重度盐化

3. 评价工作等级为三级的建设项目的预测方法

评价工作等级为三级的建设项目，可采用定性描述或类比分析法进行预测。

三、预测评价结论

以下情况可得出建设项目土壤环境影响可接受的结论：

（1）建设项目各不同阶段，土壤环境敏感目标处且占地范围内各评价因子均满足预测评价标准中相关标准要求的；

（2）生态影响型建设项目各不同阶段，出现或加重土壤盐化、酸化、碱化等问题，但采取防控措施后，可满足相关标准要求的；

(3) 污染影响型建设项目各不同阶段，土壤环境敏感目标处或占地范围内有个别点位、层位或评价因子出现超标，但采取必要措施后，可满足《土壤环境质量　农用土地污染风险管控标准(试行)》(GB 15618)、《土壤环境质量　建设用地土壤污染风险管控标准(试行)》(GB 36600)或其他土壤污染防治相关管理规定的。

以下情况不能得出建设项目土壤环境影响可接受的结论：

(1) 生态影响型建设项目：土壤盐化、酸化、碱化等对预测评价范围内土壤原有生态功能造成重大不可逆影响的；

(2) 污染影响型建设项目各不同阶段，土壤环境敏感目标处或占地范围内多个点位、层位或评价因子出现超标，采取必要措施后，仍无法满足《土壤环境质量　农用土地污染风险管控标准(试行)》(GB 15618)、《土壤环境质量　建设用地土壤污染风险管控标准(试行)》(GB 36600)或其他土壤污染防治相关管理规定的。

四、保护措施与对策

土壤环境保护措施与对策应包括：保护的对象、目标，措施的内容，设施的规模及工艺、实施部位和时间、实施的保证措施、预期效果的分析等，在此基础上估算(概算)环境保护投资，并编制环境保护措施布置图；在建设项目可行性研究提出的影响防控对策基础上，结合建设项目特点，调查评价范围内的土壤环境质量现状，根据环境影响预测与评价结果，提出合理、可行、操作性强的土壤环境影响防控措施；改、扩建项目应针对现有工程引起的土壤环境问题，提出"以新带老"措施，有效减轻影响程度或控制影响范围，防止土壤环境影响加剧；涉及取土的建设项目，所取土壤应满足占地范围对应的土壤环境相关标准要求，并说明其来源；弃土应按照固体废物相关规定进行处理处置，确保不产生二次污染。

1. 建设项目环境保护措施

(1) 土壤环境质量现状保障措施

对于建设项目占地范围内的土壤环境质量存在点位超标的，应依据土壤污染防治相关管理办法规定和标准，采取有关土壤污染防治措施。

(2) 源头控制措施

生态影响型建设项目应结合项目的生态影响特征，按照生态系统功能优化的理念、坚持高效适用的原则，提出源头防控措施；污染影响型建设项目应针对关键污染源，污染物的迁移途径提出源头控制措施，并与相关标准要求相协调。

（3）过程防控措施

建设项目根据行业特点与占地范围内的土壤特性，按照相关技术要求采取过程阻断、污染物削减和分区防控措施。

涉及酸化、碱化影响的可采取相应措施调节土壤 pH，以减轻土壤酸化、碱化的程度；涉及盐化影响的，可采取排水排盐或降低地下水位等措施，以减轻土壤盐化的程度。涉及大气沉降影响的，占地范围应采取绿化措施，以种植具有较强吸附能力的植物为主；涉及地面漫流影响的，应根据建设项目所在地的地形特点优化地面布局，必要时设置地面硬化、围堰或围墙，以防止土壤环境污染；涉及入渗途径影响的，应根据相关标准规范要求，对设备设施采取相应的防渗措施，以防止土壤环境污染。

2. 跟踪监测

土壤环境跟踪监测措施包括制订跟踪监测计划、建立跟踪监测制度，以便及时发现问题，采取措施。土壤环境跟踪监测计划应明确监测点位、监测指标、监测频次以及执行标准等：监测点位应布设在重点影响区和土壤环境敏感目标附近；监测指标应选择建设项目特征因子；评价工作等级为一级的建设项目一般每 3 年开展 1 次监测工作，二级的每 5 年开展 1 次，三级的必要时可开展跟踪监测；生态影响型建设项目跟踪监测应尽量在农作物收割后开展。

【例 6-4】 根据《环境影响评价技术导则　土壤环境（试行）》（HJ 964—2018），关于建设项目土壤环境保护措施的说法正确的有（　）。

A. 涉及地面漫流影响的，占地范围内应采取绿化措施

B. 涉及盐化影响的，可采取排水排盐等措施

C. 涉及盐化影响的，可采取提高地下水位等措施

D. 涉及大气沉降影响的，可采取设置地面硬化、围堰或围墙等措施

答：B

任务实践

一、土壤评价等级及评价范围

对照《环境影响评价技术导则　土壤环境（试行）》（HJ 964—2018）附录 A，本项目属于 I 类项目；全厂占地面积 90 000 m^2（9 hm^2），占地规模为中型（5～50 hm^2）；本项目周边无居民区、耕地等土壤环境敏感保护目标，属于不敏感地区。对照附表 6-1，本项目土壤评价等级为二级。

附表 6-1　污染影响型评价工作等级划分表

敏感程度	Ⅰ类			Ⅱ类			Ⅲ类		
	大	中	小	大	中	小	大	中	小
敏感	一级	一级	一级	二级	二级	二级	三级	三级	三级
较敏感	一级	一级	二级	二级	二级	三级	三级	三级	—
不敏感	一级	二级	二级	二级	三级	三级	三级	—	—

注:"—"表示可不开展土壤环境影响评价工作

根据《环境影响评价技术导则　土壤环境(试行)》(HJ 964—2018),本项目土壤环境影响评价等级为二级,环境影响评价范围为项目占地范围内以及其占地范围外 0.2 km 的区域。

二、土壤环境质量现状调查与评价(略)

三、土壤环境影响分析

1. 土壤环境影响识别

根据工程分析,本项目土壤环境影响途径识别情况及土壤环境影响源及因子识别情况分别见附表 6-2 和附表 6-3。

附表 6-2　建设项目土壤环境影响类型与影响途径表

不同时段	大气沉降	地面漫流	垂直入渗	其他
建设期				
运营期	√		√	
服务期满				

附表 6-3　土壤环境影响源及影响因子识别表

污染源	工艺流程/节点	污染途径	全部污染指数	特征因子	备注
工艺废气	蒸馏、冷凝	大气沉降	甲醇、甲苯、甲胺、二氯甲烷、二噁英类等	甲苯、二氯甲烷、二噁英类	间歇
废水	工艺废水、生活污水	垂直入渗	COD、SS、氨氮、总氮、甲醇、甲苯、二氯甲烷等	甲苯、二氯甲烷等	间歇

2. 沉降型环境影响预测

(1) 预测模式

本项目属于污染影响型建设项目,土壤评价工作等级为二级,选取《环境影响评价技术导则　土壤环境(试行)》(HJ 964—2018)附录 E 推荐的方法进行预测。

预测模型：

① 单位质量土壤中某种物质的增量可用下式计算：

$$\Delta S=n(I_S-L_S-R_S)/(\rho_b\times A\times D)$$

式中：

ΔS ——单位质量表层土壤中某种物质的增量，g/kg；

I_S ——预测评价范围内单位年份表层土壤中某种物质的输入量，g；

L_S ——预测评价范围内单位年份表层土壤中某种物质经淋溶排出的量，g；

R_S ——预测评价范围内单位年份表层土壤中某种物质经径流排出的量，g；

ρ_b ——表层土壤容重，kg/m^3，取值 1 590 kg/m^3；

A ——预测评价范围，m^2；

D ——表层土壤深度，一般取 0.2 m；

n ——持续年份，a；本次预测按 5、10、20、30、50 年计。

$$I_S=C\times V\times T\times A$$

式中：

C ——污染物浓度，$\mu g/m^3$；

V ——污染物沉降速率，m/s，类比《某公司精细化工产品项目环境影响报告书》，沉降速率取 0.007 m/s；

T ——一年内污染物沉降时间，s；

A ——预测评价范围，m^2。

② 单位质量土壤中某种物质的预测值可根据其增量叠加现状值进行计算：

$$S=S_b+\Delta S$$

式中：

S ——单位质量土壤中某种物质的预测值，g/kg；

S_b ——单位质量土壤中某种物质的现状值，g/kg。

(2) 预测结果

不同年份工业用地土壤中污染物累计情况见附表 6-4～附表 6-6。

附表 6-4　不同年份土壤中二氯甲烷累积影响预测表

污染物(挥发性有机物)	ΔS/(mg/kg)	背景值/(mg/kg)	S/(mg/kg)
5 年单位质量表层土壤中挥发性有机物的量	12.113	0	12.113
10 年单位质量表层土壤中挥发性有机物的量	24.226	0	24.226

续附表 6-4

污染物(挥发性有机物)	ΔS/(mg/kg)	背景值/(mg/kg)	S/(mg/kg)
20 年单位质量表层土壤中挥发性有机物的量	48.452	0	48.452
30 年单位质量表层土壤中挥发性有机物的量	72.678	0	72.678
50 年单位质量表层土壤中挥发性有机物的量	121.130	0	121.130
评价标准(mg/kg)	616		

附表 6-5 不同年份土壤中甲苯累积影响预测表

污染物(挥发性有机物)	ΔS/(mg/kg)	背景值/(mg/kg)	S/(mg/kg)
5 年单位质量表层土壤中挥发性有机物的量	11.937	0	11.937
10 年单位质量表层土壤中挥发性有机物的量	23.874	0	23.874
20 年单位质量表层土壤中挥发性有机物的量	47.748	0	47.748
30 年单位质量表层土壤中挥发性有机物的量	71.622	0	71.622
50 年单位质量表层土壤中挥发性有机物的量	119.370	0	119.370
评价标准(mg/kg)	1 200		

附表 6-6 不同年份土壤中二噁英污染物累积影响预测表

污染物(挥发性有机物)	ΔS/(ng/kg)	背景值/(ng/kg)	S/(ng/kg)
5 年单位质量表层土壤中挥发性有机物的量	0.001	0.32	0.321
10 年单位质量表层土壤中挥发性有机物的量	0.003	0.32	0.323
20 年单位质量表层土壤中挥发性有机物的量	0.005	0.32	0.325
30 年单位质量表层土壤中挥发性有机物的量	0.008	0.32	0.328
50 年单位质量表层土壤中挥发性有机物的量	0.013	0.32	0.333
评价标准(ng/kg)	40		

综上,在考虑项目废气中甲苯、二氯甲烷、二噁英类污染物全部沉降且不考虑其转化、流失的情况下,随着污染物沉降时间的延长,其在土壤中的累积量逐步增加,项目运营 5～50 年后周围影响区域土壤中甲苯、二氯甲烷、二噁英类累积量小于《土壤环境质量建设用地土壤污染风险管控标准（试行）》(GB 36600—2018) 中筛选值,对周边土壤环境影响较小。

3. 入渗型土壤环境影响预测

(1) 预测模式

参照《环境影响评价技术导则　土壤环境（试行）》中方法二:一维非饱和溶质运移模型预测。

① 一维非饱和溶质垂向运移控制方程：

$$\frac{\partial(\theta C)}{\partial t}=\frac{\partial}{\partial z}\left(\theta D\frac{\partial C}{\partial z}\right)-\frac{\partial}{\partial z}(qC)$$

式中：

C ——污染物介质中的浓度，mg/L；

D ——弥散系数，m^2/d；

q ——渗流速率，m/d；

z ——沿 z 轴的距离，m；

t ——时间变量，d；

θ ——土壤含水率，%。

② 初始条件

$$C(z,t)=0,t=0,L\leqslant z\leqslant 0$$

③ 边界条件

采用 Dirichlet 边界条件，适用于连续点源情景：

$$C(z,t)=C_0,t>0,z=0$$

（2）计算参数

本项目拟将土壤环境概化成均匀状态，各参数如下：

C：污染物介质中的浓度，mg/L；评价取甲苯 1 200 mg/L、二氯甲烷 1 800 mg/L 进行预测。

D：弥散系数，取 1.2 m^2/d。

q：渗流速率，m/d；根据水文地质勘查，按区域泥质粉砂岩全风化层取 3.10 m/d。

θ：土壤含水率，%；将土壤看成均匀介质，取 20%。

（3）计算过程（略）

由上表计算结果可知，土壤中各深度点甲苯、二氯甲烷的浓度随时间的增加逐渐稳定，最终形成稳定的浓度层。这是因为废水池破损泄漏为连续型入渗，土壤层可看成是吸附层，污染物经土壤吸附后浓度减小，最终形成稳定的浓度状态，且均满足标准要求，对周边土壤环境影响不大。

本项目建设时废水池按照重点防渗区进行建设，能有效防止污染物发生泄漏渗入土壤环境，发生泄漏的可能性较小。

四、结论与建议

根据预测结果，二噁英类、甲苯、二氯甲烷能达到《土壤环境质量建设用地土壤污染风险管控标准(试行)》(GB 36600—2018)中的风险筛选值标准。生产过程中，企业通过加强监控及规范性操作，减小物料泄漏的可能性。企业在污水站按照重点防渗区设防，可有效减小污水泄漏对土壤的环境影响。在落实好生产过程防控、厂区防渗工作的前提下，本项目对土壤环境影响较小。

习题：

1. 简述土壤污染的特点及其污染类型。
2. 土壤环境影响评价现状调查范围和内容是什么？
3. 土壤环境影响评价现状监测布点的要求是什么？
4. 简述引起土壤酸化、碱化、盐化等影响的建设项目的环境影响预测方法。
5. 简述土壤污染防治措施及解决对策。

项目七　生态影响评价

项目背景

目前，我国正处于高速工业化和城市化发展时期，随着建设项目的规模越来越大，影响范围越来越广，建设项目对所在区域生态的影响也备受关注。生态影响评价是环境影响评价中独具特色的组成部分，不同于大气、水、声环境等污染型环境影响评价，其更强调建设项目对所在区域的生物、生态系统、生态因子以及区域生态问题发展趋势的影响。其主要思路是将资源和生态作为一个整体，根据生态学基本原理，重在阐明开发建设项目对生态影响的特点、途径、性质、强度和可能的后果，目的是寻求有效地保护、恢复、补偿、建设和改善生态的途径。

项目任务

××公路工程(××段)项目全长 22.856 km，全部位于××市××区的农村地区，地势平坦，为人类活动频繁的传统农业生产区。项目占地类型中耕地的占比相对较大，不涉及国家公园、自然保护区、风景名胜区、森林公园、地质公园、湿地公园、世界自然遗产、水产种质资源保护区等各类自然保护地，不占用饮用水水源保护区、重要湿地、鱼类“三场”、天然林、重点保护野生动物栖息地等环境敏感区。试筛选该项目生态环境影响评价因子，确定项目生态环境影响评价等级，明确项目生态环境影响评价内容与评价重点。

完成任务需要的知识

对某一具体建设项目进行生态影响评价之前，首先需要明确什么样的项目需要进行生态影响评价以及如何开展生态影响评价工作。具体需掌握以下知识点：

1. 什么是生态影响评价？为什么要做生态影响评价？生态影响型建设项目与污染影响型建设项目有何区别？

2. 生态影响评价包含哪些内容？应如何进行？

3. 如何确定生态影响评价等级及评价范围？如何进行生态现状调查及评价？如何进行生态影响预测及评价？

知识模块

模块一 生态影响评价概述

一、定义与术语

1. 生态影响

生态影响是指工程占用、施工活动干扰、环境条件改变、时间或空间累积作用等，直接或间接导致物种、种群、生物群落、生境、生态系统以及自然景观、自然遗迹等发生的变化。根据影响相关度的不同可将影响划分为直接影响、间接影响和累积影响；而根据影响程度的差别可将影响划分为可逆影响和不可逆影响。

2. 生态影响评价

生态影响评价是指利用定量或定性方法对人类活动对自然生态系统造成的影响进行预测和评估，并提出相应的防护、恢复、补偿及替代措施的过程。这里所研究的影响狭义上指对自然生态系统结构和功能的影响；广义上还应包括对经济、社会环境造成的影响。

3. 生态敏感区

生态敏感区包括法定生态保护区域、重要生境以及其他具有重要生态功能、对保护生物多样性具有重要意义的区域。其中，法定生态保护区域包括：依据法律法规、政策等规范性文件划定或确认的国家公园、自然保护区、自然公园等自然保护地，世界自然遗产，生态保护红线等区域；重要生境包括：重要物种的天然集中分布区、栖息地，重要水生生物的产卵场、索饵场、越冬场和洄游通道，迁徙鸟类的重要繁殖地、停歇地、越冬地以及野生动物迁徙通道等。

4. 生态保护目标

受影响的重要物种、生态敏感区以及其他需要保护的物种、种群、生物群落及生态空间等。

二、生态影响的特点

1. 多样性

建设项目对自然生态系统的影响可分为直接影响、间接影响；显见影响、潜在影响；短期影响、长期影响等多种类型。其中直接影响（或显见影响）不一定就比间接影响（潜在影响）更重要，例如：某矿山开采项目造成的影响不仅表现在直接破坏生态系统的结构和功能，还可能因不当开采或尾矿不当堆积造成山体塌陷、山体滑坡等灾害，严重威胁周边群众的生命财产安全。因此，对建设项目进行生态影响评价时，应在充分考虑项目特点及所在区域自然生态系统特征的基础上，作出综合预测与评估。

2. 整体性与区域性

由于生态系统内部各生态因子间关系错综复杂、联系密切，再加上各生态系统间存在稳定的能量和物质交换。一旦人类活动在生态系统中发挥作用并对系统中某些环节的结构和功能造成影响时，这些影响都会通过直接或间接作用的方式进一步影响系统的其他部分乃至整个系统，从而表现出整体性影响。因此，在对建设项目进行生态影响评价时，应充分考虑并选择全面的评价指标，尽量避免遗漏、重复。然而，由于生态系统又具有显著的地域性或流域性特点，即使相同的开发建设项目对不同的区域生态系统所造成的影响也不可能完全相同，因此，在对建设项目进行生态影响评价时，除了考虑整体性原则外，还应具体案例具体分析，有针对性地分析特定区域的环境影响及问题。

3. 阶段性和累积性

建设项目对生态环境的影响贯穿整个开发建设活动的全过程，并且在不同的建设阶段表现形式不同。以公路建设项目为例，其影响萌发于勘探选线阶段，并在施工建设期达到峰值，在此期间可能会造成珍稀动植物种类减少、栖息地被破坏以及生态景观损毁等不可逆转的影响；而建成营运期又会因交通噪声及汽车尾气影响沿线生物栖息环境、破坏自然景观，并可能阻隔生物迁徙；此外，随着交通运输便利度的提升，外来物种入侵以及人类对植物的盗伐、对动物的偷猎、对矿产的开采活动也会大大增加，从而进一步对生态环境造成不利影响。

建设项目对生态环境产生的一系列间接、潜在影响往往需要长时间积累，超过生态系统的承载力、使其结构和功能发生本质变化时才能表现出来，一旦建设项目对生态环境造成累积性影响，也必将导致生态系统发生不可逆转的恶化或破坏。例如，修筑三门峡水利工程造成的泥沙淤积问题进一步导致渭河河床抬升，使得渭河下游抗洪能力下降，严重威胁了两岸居民的生命财产安全。因此，在对建设项目进行生态影响分析时，应用发展的眼光看问题，不放过任何潜在的可能发展为重大灾害的不利影响。

三、生态影响评价的目的与意义

生态影响评价的目的表现在以下三个层面：认识区域生态系统的特点与环境服务功能；识别与预测建设项目对生态系统的影响（包括影响程度、性质、范围等）以及生态系统对此作出的反应及敏感程度；确定为保障生态系统正常运转和自然资源合理利用需采取的策略和措施。

生态影响评价的意义在于明确项目建设者需承担的环境责任，同时为管理者提供科学依据。此外，也为保护生态环境提供意见和建议。

四、生态影响型与污染型建设项目的区别

根据建设项目对环境所造成的影响在表现形式方面的差异，可以将建设项目分为以排放污染物为主的污染影响型建设项目和以引起生态变化为主的生态影响型建设项目两类。

生态影响型建设项目给生态环境带来的影响不是由释放有毒有害物质造成的生态破坏，而是由于人类活动超过自然界的承载能力引起的生态变化。此外，生态影响型项目对生态环境的影响并不完全是负面的，也有可能是正面的，像退耕还林、围湖造田、修建公路、水利设施等活动都属于正面的生态影响型建设项目；与之相对的是化工厂、火力发电厂、印染厂等工业企业的建设、运行和维护项目，在实施过程中会因涉及排放水、气、声、固废、辐射等污染物，并直接或间接造成环境质量的恶化，而被归为典型的污染影响型建设项目。尽管如此，位于原厂界（或永久用地）范围内的工业类改扩建项目，仍可作生态影响分析。

模块二　生态影响评价的总体工作原则

一、生态影响评价的基本任务和要求

依据《环境影响评价技术导则　生态影响》(HJ 19—2022)的相关规定，建设项目生态影响评价的基本任务是：

在工程分析和生态现状调查的基础上，识别、预测和评价建设项目在施工期、运行期以及服务期满后（可根据项目情况选择）等不同阶段的生态影响，提出预防或者减缓不利影响的对策和措施，制订相应的环境管理和生态监测计划，从生态影响角度明确建设项目是否可行。

具体执行时应满足以下三方面基本要求：

(1) 建设项目选址选线应尽量避让各类生态敏感区，符合自然保护地、世界自然遗产、生态保护红线等管理要求以及国土空间规划、生态环境分区管控要求。

(2) 建设项目生态影响评价应结合行业特点、工程规模以及对生态保护目标的影响方式，合理确定评价范围，按相应评价等级的技术要求开展现状调查、影响分析及预测工作。

(3) 应按照避让、减缓、修复和补偿的次序提出生态保护对策措施，所采取的对策措施应有利于保护生物多样性，维持或修复生态系统功能。

二、生态影响评价的工作程序

生态影响评价工作一般分为三个阶段，具体工作程序见图 7-1。

第一阶段，收集、分析建设项目工程技术文件以及所在区域国土空间规划、生态环境分区管控方案、生态敏感区以及生态环境状况等相关数据资料，开展现场踏勘，通过工程分析、筛

选评价因子进行生态影响识别，确定生态保护目标，有必要的补充提出比选方案。确定评价等级、评价范围。

第二阶段，在充分的资料收集、现状调查、专家咨询基础上，根据不同评价等级的技术要求开展生态现状评价和影响预测分析。涉及有比选方案的，应对不同方案开展同等深度的生态环境比选论证。

第三阶段，根据生态影响预测和评价结果，确定科学合理、可行的工程方案，提出预防或减缓不利影响的对策和措施，制订相应的环境管理和生态监测计划，明确生态影响评价结论。

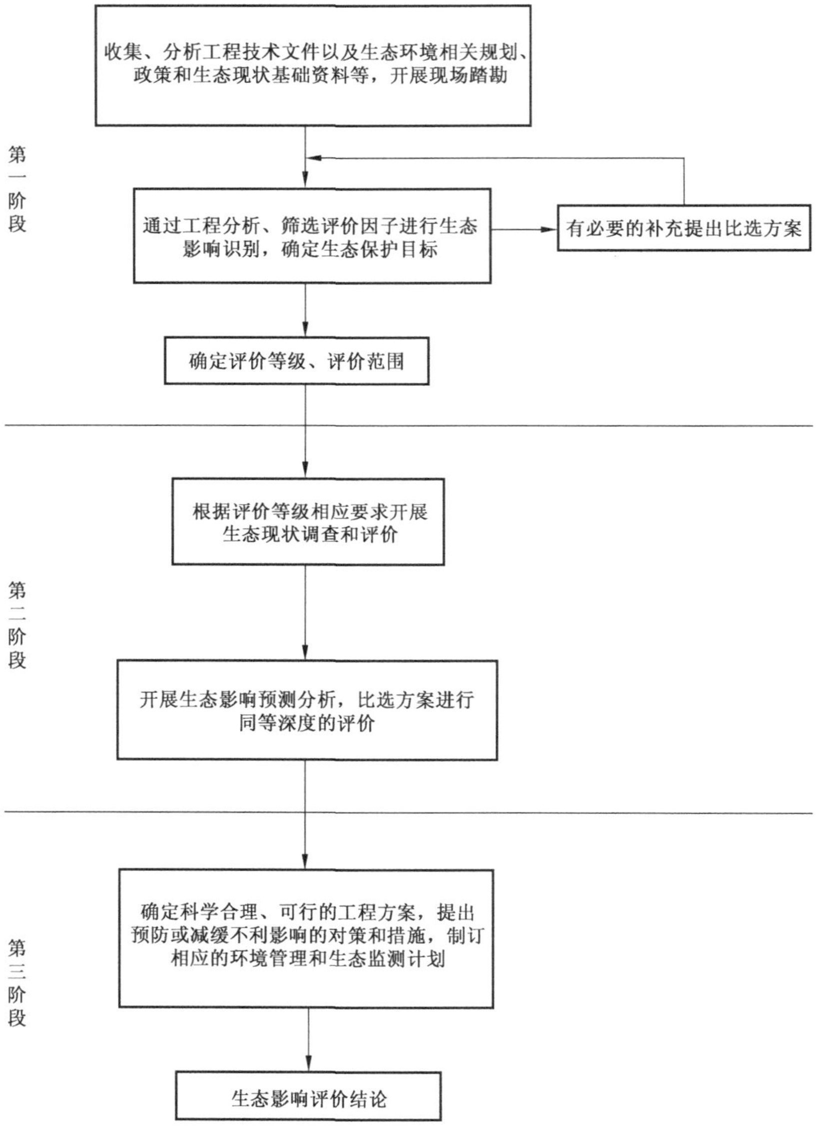

图 7-1　生态影响评价工作程序

模块三　生态影响识别和评价因子筛选

一、生态影响识别

对生态影响因素的识别过程实质上就是工程分析的过程，主要包括对影响主体、影响对象与影响效应等方面的识别。其中，对影响主体（即建设项目）的分析要全面；对影响对象（生态环境）的分析要有针对性；而对于影响效应（即一般所谓的影响）的分析要科学。此外，在对建设项目产生的生态影响进行识别时，还需要将影响的区域性特征与工程性特征结合起来考虑。

1. 对影响主体的识别

对影响主体的识别主要包括以下几方面内容：

(1) 识别包括主要工程（或主设施，主装置）和全部辅助工程在内的发挥影响作用的主体，如施工道路，作业场地，重要原材料的生产、储运设施建设，拆迁居民安置地等；

(2) 识别包括项目设计、施工建设和运营期，矿山项目还需考虑死亡期（如矿山闭矿、渣场封闭与复垦）等时间序列；

(3) 识别集中开发建设地和分散的影响点，永久占地与临时占地等项目实施相关地点；

(4) 识别影响的发生方式，作用时间的长短，直接作用还是间接作用等。

2. 对影响对象的识别

对影响对象识别主要包括以下几方面内容：

(1) 识别对生态系统组成要素，如动、植物等生物因子和土壤、水分等非生物因子的影响；

(2) 识别对区域内水土流失、沙漠化等各种生态问题的影响；

(3) 识别对水源地、风景名胜区、自然保护区、珍稀濒危动植物、特别生境、脆弱生态系统等敏感生物保护目标的影响；

(4) 识别是否影响到文物古迹、自然遗迹、特产地和其他有特别纪念意义或科学价值的地方要求的特别生态保护目标；

(5) 识别受影响的途径与方式，即直接影响或间接影响，或通过相关性分析明确的潜在影响。

3. 对影响效应的识别

对影响效应的识别主要从影响性质、影响程度、影响特点以及影响相关性等方面展开。

(1) 影响性质包括正、负影响，可逆、不可逆影响，长、短期影响、累积性与非累积性影响等；

（2）影响的程度主要从影响范围大小、持续时间长短、剧烈程度、受影响的生态因子多少、生态环境功能的损失程度、是否影响到生态系统的主要组成因素等方面考虑；

（3）影响特点主要从受影响后生态系统或其组分发生变化的特点，如渐进性的、累积性的或是有临界值的从量变到质变等方面考虑；

（4）影响效应的相关性分析涉及直接与间接、显见与潜在影响的问题，对生态系统的直接影响往往比间接影响要小得多。另外，常可通过识别生态系统的敏感性来宏观地判断影响的性质和影响导致的变化程度。

二、生态影响评价因子的筛选

在筛选生态影响的评价因子时应考虑以下几方面问题：评价因子应能反映建设项目的性质与特点，即应根据项目特点、影响因素及其效应等选择评价因子；评价因子应能代表和反映受影响生态环境的性质和特点，即当受到影响的生态系统类型不同时，所涉及的生态层次也不同，因此应选择不同的评价因子与对应的评价方法；评价因子应表征出生态资源与生态环境问题，即对于生态资源与生态环境方面评价因子的选择，可以采用相关的资源部门与管理部门的标准或规范中涉及的评价指标；区域敏感目标可以按其性质、规划目标、功能分区等确定评价因子。

根据《环境影响评价技术导则　生态影响》（HJ 19—2022），生态影响评价因子筛选可参考表 7-1。

表 7-1　生态影响评价因子筛选表

受影响对象	评价因子	工程内容及影响方式	影响性质	影响程度
物种	分布范围、种群数量、种群结构、行为等			
生境	生境面积、质量、连通性等			
生物群落	物种组成、群落结构等			
生态系统	植被覆盖度、生产力、生物量、生态系统功能等			
生物多样性	物种丰富度、均匀度、优势度等			
生态敏感区	主要保护对象、生态功能等			
自然景观	景观多样性、完整性等			
自然遗迹	遗迹多样性、完整性等			
……	……	……	……	……

注：1. 可根据项目自身情况选择施工期、运行期以及服务期满后等不同阶段进行工程分析并筛选评价因子。

2. 表中“影响性质”一栏主要从长期与短期、可逆与不可逆生态影响等方面考虑。

3. “影响方式”可分为直接、间接和累积生态影响，具体判断依据如下：

(1) 直接生态影响：是指项目临时或永久占地导致生境直接破坏或丧失；工程施工、运行导致生物个体直接死亡；物种迁徙（或洄游）、扩散、种群交流受到阻隔；施工活动以及运行期噪声、振动、灯光等对野生动物行为产生干扰；工程建设改变河流、湖泊等水体天然状态等情况。

(2) 间接生态影响：是指由于项目实施引起水文情势变化进而导致生境条件、水生生态系统发生变化；或地下水水位、土壤理化特性变化导致动植物群落发生变化；生境面积和质量下降导致个体死亡、种群数量下降或种群生存能力降低；资源减少及分布变化导致种群结构或种群动态发生变化；因阻隔影响造成种群间基因交流减少，导致小种群灭绝风险增加；滞后效应（例如，由于关键种的消失使捕食者和被捕食者的关系发生变化）等。

(3) 累积生态影响：整个区域生境的逐渐丧失和破碎化；在景观尺度上生境的多样性减少；不可逆转的生物多样性下降；生态系统持续退化等。

4. “影响程度”可分为强、中、弱、无四个等级，初步判断原则如下：

(1) 强：生境受到严重破坏，水系开放连通性受到显著影响；野生动植物难以栖息繁衍（或生长繁殖），物种种类明显减少，种群数量显著下降，种群结构明显改变；生物多样性显著下降，生态系统结构和功能受到严重损害，生态系统稳定性难以维持；自然景观、自然遗迹受到永久性破坏；生态修复难度较大。

(2) 中：生境受到一定程度破坏，水系开放连通性受到一定程度影响；野生动植物栖息繁衍（或生长繁殖）受到一定程度干扰，物种种类减少，种群数量下降，种群结构改变；生物多样性有所下降，生态系统结构和功能受到一定程度破坏，生态系统稳定性受到一定程度干扰；自然景观、自然遗迹受到暂时性影响；通过采取一定措施上述不利影响可以得到减缓和控制，生态修复难度一般。

(3) 弱：生境受到暂时性破坏，水系开放连通性变化不大；野生动植物栖息繁衍（或生长繁殖）受到暂时性干扰，物种种类、种群数量、种群结构变化不大；生物多样性、生态系统结构、功能以及生态系统稳定性基本维持现状；自然景观、自然遗迹基本未受到破坏；在干扰消失后可以修复或自然恢复。

(4) 无：生境未受到破坏，水系开放连通性未受到影响；野生动植物栖息繁衍（或生长繁殖）未受到影响；生物多样性、生态系统结构、功能以及生态系统稳定性维持现状；自然景观、自然遗迹未受到破坏。

模块四　生态影响评价等级和评价范围确定

一、评价等级划分

在划分评价等级时，主要根据《环境影响评价技术导则　生态影响》(HJ 19—2022）相关规定，综合考虑建设项目影响区域的生态敏感性和影响程度，将生态影响评价工作等级划分为一级、二级和三级。其中：

涉及国家公园、自然保护区、世界自然遗产、重要生境时，评价等级为一级。

涉及自然公园时，评价等级为二级；涉及生态保护红线时，评价等级不低于二级；根据《环境影响评价技术导则　地表水环境》（HJ 2.3）判断属于水文要素影响型且地表水评价等级不低于二级的建设项目，生态影响评价等级不低于二级；根据《环境影响评价技术导则　地下水环境》（HJ 610）、《环境影响评价技术导则 土壤环境（试行）》（HJ 964）判断地下水水位或土壤影响范围内分布有天然林、公益林、湿地等生态保护目标的建设项目，生态影响评价等级不低于二级；当工程占地规模大于 20 km^2 时（包括永久和临时占用陆域和水域），评价等级不低于二级；改扩建项目的占地范围以新增占地（包括陆域和水域）确定。

除上述规定以外的情况，评价等级为三级；当评价等级判定同时符合上述多种情况时，应采用其中最高的评价等级。

此外，当建设项目涉及以下情况时，应适当调整评价等级：建设项目涉及经论证对保护生物多样性具有重要意义的区域时，可适当上调评价等级；建设项目同时涉及陆生、水生生态影响时，可针对陆生生态、水生生态分别判定评价等级；在矿山开采可能导致矿区土地利用类型明显改变，或拦河闸坝建设可能明显改变水文情势等情况下，评价等级应上调一级；线性工程可分段确定评价等级。线性工程地下穿越或地表跨越生态敏感区，在生态敏感区范围内无永久、临时占地时，评价等级可下调一级；涉海工程评价等级判定参照《海洋工程环境影响评价技术导则》（GB/T 19485）；符合生态环境分区管控要求且位于原厂界（或永久用地）范围内的污染影响类改扩建项目，位于已批准规划环评的产业园区内且符合规划环评要求、不涉及生态敏感区的污染影响类建设项目，可不确定评价等级，直接进行生态影响简单分析。

【例 7-1】　某工程项目土壤影响范围内有湿地，根据《环境影响评价技术导则　生态影响》，该项目生态影响评价工作等级为（　）。

A. 一级　B. 二级　C. 三级　D. 不低于二级

答：D

二、评价范围确定

在确定某项目的生态影响评价范围时：一方面，要充分体现生态完整性，涵盖该项目全部活动直接和间接影响到的区域；另一方面，要依据该项目对生态因子的影响方式、影响程度和生态因子之间的相互影响和相互依存关系确定；此外，还要综合考虑该项目与其所处地区的气候、水文、生物等生物地球化学循环过程的相互作用关系，选用该项目影响区域所涉及的完整气候、水文、生态、地理等单元的界限为参照边界，具体细节如下：

涉及占用或穿（跨）越生态敏感区时，应考虑生态敏感区的结构、功能及主要保护对象合理确定评价范围；矿山开采项目评价范围应涵盖开采区及其影响范围、各类场地及运输系统占地以及施工临时占地范围等；水利水电项目评价范围应涵盖枢纽工程建筑物、水库淹没、移民安置等永久占地、施工临时占地以及库区坝上坝下、地表地下、水文水质影响河段及区域、受水区、退水影响区、输水沿线影响区等。

线性工程穿越生态敏感区时，以线路穿越段向两端外延 1 km、线路中心线向两侧外延 1 km 为参考评价范围，实际确定时应结合生态敏感区主要保护对象的分布、生态学特征、项目的穿越方式、周边地形地貌等适当调整，主要保护对象为野生动物及其栖息地时，应进一步扩大评价范围，涉及迁徙、洄游物种的，其评价范围应涵盖工程影响的迁徙洄游通道范围；穿越非生态敏感区时，以线路中心线向两侧外延 300 m 为参考评价范围。

陆上机场项目以占地边界外延 3～5 km 为参考评价范围，实际确定时应结合机场类型、规模、占地类型、周边地形地貌等适当调整。涉及有净空处理的，应涵盖净空处理区域。航空器爬升或进近航线下方区域内有以鸟类为重点保护对象的自然保护地和鸟类重要生境的，评价范围应涵盖受影响的自然保护地和重要生境范围。

涉海工程的生态影响评价范围参照 GB/T 19485；污染影响类建设项目评价范围应涵盖直接占用区域以及污染物排放产生的间接生态影响区域。

模块五　生态现状调查与评价

一、生态现状调查

生态现状调查主要通过资料收集、现场勘查、生态监测以及专家和公众咨询等方法对反映生态现状的因子和参数进行评定，调查范围应不小于评价范围。

1. 调查要求

引用的生态现状资料其调查时间宜在 5 年以内，用于回顾性评价或变化趋势分析的资料可不受调查时间限制。当已有调查资料不能满足评价要求时，应通过现场调查获取现状资料，现场调查遵循全面性、代表性和典型性原则。项目涉及生态敏感区时，应开展专题调查。工程永久占用或施工临时占用区域应在收集资料基础上开展详细调查，查明占用区域是否分布有重要物种及重要生境。

陆生生态一级、二级评价应结合调查范围、调查对象、地形地貌和实际情况选择合适的调查方法。开展样线、样方调查的，应合理确定样线、样方的数量、长度或面积，涵盖评价范围内不同的植被类型及生境类型，山地区域还应结合海拔段、坡位、坡向进行布设。根据植物群落类型（宜以群系及以下分类单位为调查单元）设置调查样地，一级评价每种群落类型设置的样方数量不少于 5 个，二级评价不少于 3 个，调查时间宜选择植物生长旺盛季节；一级评价每种生境类型设置的野生动物调查样线数量不少于5条，二级评价不少于3条，除了收集历史资料外，一级评价还应获得近1～2个完整年度不同季节的现状资料，二级评价尽量获得野生动物繁殖期、越冬期、迁徙期等关键活动期的现状资料。

水生生态一级、二级评价的调查点位、断面等应涵盖评价范围内的干流、支流、河口、湖库等不同水域类型。一级评价应至少开展丰水期、枯水期（河流、湖库）或春季、秋季（入海河口、海域）两期（季）调查，二级评价至少获得一期（季）调查资料，涉及显著改变水文情势的项目应增加调查强度。鱼类调查时间应包括主要繁殖期，水生生境调查内容应包括水域形态结构、水文情势、水体理化性状和底质等。三级评价现状调查以收集有效资料为主，可开展必要的遥感调查或现场校核。

此外，生态现状调查过程中还应充分考虑生物多样性保护的要求。涉海工程生态现状调查的相关要求可参考GB/T 19485。

2. 主要调查内容

陆生生态现状调查内容主要包括：评价范围内的植物区系、植被类型，植物群落结构及演替规律，群落中的关键种、建群种、优势种；动物区系、物种组成及分布特征；生态系统的类型、面积及空间分布；重要物种的分布、生态学特征、种群现状，迁徙物种的主要迁徙路线、迁徙时间，重要生境的分布及现状。

水生生态现状调查内容主要包括：评价范围内的水生生物、水生生境和渔业现状；重要物种的分布、生态学特征、种群现状以及生境状况；鱼类等重要水生动物调查包括种类组成、种群结构、资源时空分布，产卵场、索饵场、越冬场等重要生境的分布、环境条件以及洄游路线、洄游时间等行为习性。

收集生态敏感区的相关规划资料、图件、数据，调查评价范围内生态敏感区主要保护对象、功能区划、保护要求等珍稀濒危物种；植被与生态系统。重点调查受保护的珍稀濒危物种、关键种、土著种和特有种，天然的重要经济物种等。调查区域存在的主要生态问题，如水土流失、沙漠化、石漠化、盐渍化、生物入侵和污染危害等。调查已经存在的对生态保护目标产生不利影响的干扰因素。

对于改扩建、分期实施的建设项目，调查既有工程、前期已实施工程的实际生态影响以及采取的生态保护措施。

【例7-2】 下列调查内容中，不属于生态现状调查内容的是（ ）。

A. 评价范围内的植被类型

B. 评价范围内的植物群落结构及演替规律

C. 评价范围内存在的污染源

D. 评价范围内的渔业现状

答:B

【例 7-3】（不定项选择）生态环境现状调查方法有（　）。

A. 资料收集　B. 访问专家　C. 现场勘查　D. 生态监测

答:A、B、C、D

二、生态现状评价

一级、二级评价应根据现状调查结果选择以下全部或部分内容开展评价:根据植被和植物群落调查结果,编制植被类型图,统计评价范围内的植被类型及面积,可采用植被覆盖度等指标分析植被现状,图示植被覆盖度空间分布特点;根据土地利用调查结果,编制土地利用现状图,统计评价范围内的土地利用类型及面积;根据物种及生境调查结果,分析评价范围内的物种分布特点、重要物种的种群现状以及生境的质量、连通性、破碎化程度等,编制重要物种、重要生境分布图,迁徙、洄游物种的迁徙、洄游路线图;涉及国家重点保护野生动植物,极危、濒危物种的,可通过模型模拟物种适宜生境分布,图示工程与物种生境分布的空间关系;根据生态系统调查结果,编制生态系统类型分布图,统计评价范围内的生态系统类型及面积;结合区域生态问题调查结果,分析评价范围内的生态系统结构与功能状况以及总体变化趋势;涉及陆地生态系统的,可采用生物量、生产力、生态系统服务功能等指标开展评价;涉及河流、湖泊、湿地生态系统的,可采用生物完整性指数等指标开展评价;涉及生态敏感区的,分析其生态现状、保护现状和存在的问题;明确并图示生态敏感区及其主要保护对象、功能分区与工程的位置关系;可采用物种丰富度、香农-威纳多样性指数、Pielou 均匀度指数、Simpson 优势度指数等对评价范围内的物种多样性进行评价。

三级评价可采用定性描述或面积、比例等定量指标,重点对评价范围内的土地利用现状、植被现状、野生动植物现状等进行分析,编制土地利用现状图、植被类型图、生态保护目标分布图等图件。

对于改扩建、分期实施的建设项目,应对既有工程、前期已实施工程的实际生态影响、已采取的生态保护措施的有效性和存在问题进行评价。此外,海洋生态现状评价还应符合 GB/T 19485 的要求。

模块六　生态影响预测与评价

一、预测与评价内容及要求

生态影响预测与评价内容应与现状评价内容相对应。一方面,要根据建设项目特点、区域生物多样性保护要求以及生态系统功能等选择评价预测指标；另一方面，要尽量采用定量方法进行描述和分析。

1．一级、二级评价项目

一级、二级评价应根据现状评价内容选择以下全部或部分内容开展预测评价：

采用图形叠置法分析工程占用的植被类型、面积及比例；通过引起地表沉陷或改变地表径流、地下水水位、土壤理化性质等方式对植被产生影响的，采用生态机理分析法、类比分析法等方法分析植物群落的物种组成、群落结构等变化情况。

结合工程的影响方式预测分析重要物种的分布、种群数量、生境状况等变化情况；分析施工活动和运行产生的噪声、灯光等对重要物种的影响；涉及迁徙、洄游物种的，分析工程施工和运行对迁徙、洄游行为的阻隔影响；涉及国家重点保护野生动植物，极危、濒危物种的，可采用生境评价方法预测分析物种适宜生境的分布及面积变化、生境破碎化程度等，图示建设项目实施后的物种适宜生境分布情况；结合水文情势、水动力和冲淤、水质（包括水温）等影响预测结果，预测分析水生生境质量、连通性以及产卵场、索饵场、越冬场等重要生境的变化情况，图示建设项目实施后的重要水生生境分布情况；结合生境变化预测分析鱼类等重要水生生物的种类组成、种群结构、资源时空分布等变化情况。

采用图形叠置法分析工程占用的生态系统类型、面积及比例；结合生物量、生产力、生态系统功能等变化情况预测分析建设项目对生态系统的影响；结合工程施工和运行引入外来物种的主要途径、物种生物学特性以及区域生态环境特点，参考 HJ 624 分析建设项目实施可能导致外来物种造成生态危害的风险；结合物种、生境以及生态系统变化情况，分析建设项目对所在区域生物多样性的影响；分析建设项目通过时间或空间的累积作用方式产生的生态影响，如生境丧失、退化及破碎化，生态系统退化，生物多样性下降等；涉及生态敏感区的，结合主要保护对象开展预测评价；涉及以自然景观、自然遗迹为主要保护对象的生态敏感区时，分析工程施工对景观、遗迹完整性的影响，结合工程建筑物、构筑物或其他设施的布局及设计，分析与景观、遗迹的协调性。

2．三级评价项目

三级评价可采用图形叠置法、生态机理分析法、类比分析法等预测分析工程对土地利用、植被、野生动植物等的影响。

3．不同行业评价重点

不同行业应结合项目规模、影响方式、影响对象等确定评价重点：

矿产资源开发项目应对开采造成的植物群落及植被覆盖度变化、重要物种的活动分布及重要生境变化以及生态系统结构和功能变化、生物多样性变化等开展重点预测与评价。

水利水电项目应对河流、湖泊等水体天然状态改变引起的水生生境变化、鱼类等重要水生生物的分布及种类组成、种群结构变化，水库淹没、工程占地引起的植物群落、重要物种的活动、分布及重要生境变化，调水引起的生物入侵风险，以及生态系统结构和功能变化、生物多样性变化等开展重点预测与评价。

公路、铁路、管线等线性工程应对植物群落及植被覆盖度变化、重要物种的活动、分布及重要生境变化、生境连通性及破碎化程度变化、生物多样性变化等开展重点预测与评价。

农业、林业、渔业等建设项目应对土地利用类型或功能改变引起的重要物种的活动、分布及重要生境变化、生态系统结构和功能变化、生物多样性变化以及生物入侵风险等开展重点预测与评价。

涉海工程海洋生态影响评价应符合 GB/T 19485 的要求，对重要物种的活动、分布及重要生境变化、海洋生物资源变化、生物入侵风险以及典型海洋生态系统的结构和功能变化、生物多样性变化等开展重点预测与评价。

二、预测的基本步骤

预测的基本步骤为：分析影响因素；选定影响预测的主要对象和主要预测因子；根据预测的影响对象和因子选择预测方法、模式、参数，并进行计算；研究确定评价标准并对主要生态系统和主要环境功能进行预测评价；对社会、经济和生态环境相关影响进行综合评价与分析。

三、预测与评价方法

生态影响预测与评价方法应根据评价对象的生态学特性，在调查、判定该区主要的、辅助的生态功能以及完成功能必需的生态过程的基础上，分别采用定量分析与定性分析相结合的方法进行预测与评价。

常用的方法包括列表清单法、图形叠置法、生态机理分析法、指数法与综合指数法、类比分析法、系统分析法、生物多样性评价、生态系统评价法和景观生态学法等。

1. 列表清单法

列表清单法是将拟实施的开发建设活动的影响因素与可能受影响的环境因子分别列在同一张表格的行与列内，逐点进行分析，并逐条阐明影响的性质、强度等，由此分析开发建设活动的生态影响。该方法是一种定性分析法，具有简单明了、针对性强等特点，主要应用范围包括：

(1) 进行开发建设活动对生态因子的影响分析；

(2) 进行生态保护措施的筛选；

(3) 进行物种或栖息地重要性或优先度比选。

2. 图形叠置法

图形叠置法是把两个以上的生态信息重叠表示在同一张图上,构成复合图,用以表示生态变化的方向和程度。该方法具有直观形象、简单明了的特点。

图形叠置法有两种基本制作手段:指标法和3S叠图法。

指标法主要包括以下步骤:确定评价范围;开展生态调查,收集评价范围及周边地区自然环境、动植物等信息;识别影响并筛选评价因子,包括识别和分析主要生态问题;建立表征评价因子特性的指标体系,通过定性分析或定量方法对指标赋值或分级,依据指标值进行区域划分;将上述区划信息绘制在生态图上。

3S叠图法主要包括以下步骤:选用符合要求的工作底图,底图范围应大于评价范围;在底图上描绘主要生态因子信息,如植被覆盖、动植物分布、河流水系、土地利用、生态敏感区等;进行影响识别与筛选评价因子;运用3S技术,分析影响性质、方式和程度;将影响因子图和底图叠加,得到生态影响评价图。

3. 生态机理分析法

生态机理分析法,即依照生态学原理分析、预测工程项目生态影响的方法,需要有扎实的生态学基础作保障。具体工作步骤如下:调查环境背景现状,收集工程组成、建设、运行等有关资料;调查植物和动物分布,动物栖息地和迁徙、洄游路线;根据调查结果分别对植物或动物种群、群落和生态系统进行分析,描述其分布特点、结构特征和演化等级;识别有无珍稀濒危物种、特有种等需要特别保护的物种;预测项目建成后该地区动物、植物生长环境的变化;根据兴建项目后的环境变化,对照无开发项目条件下动物、植物和生态系统演替趋势,预测动物和植物个体、种群和群落的影响,并预测生态系统演替方向。

评价过程中可根据实际情况进行相应的生物模拟试验,如环境条件、生物习性模拟试验、生物毒理学试验、实地种植或放养试验等;或进行数学模拟,如种群增长模型的应用。

该方法需要与生物学、地理学、水文学、数学及其他多学科合作评价,才能得出较为客观的结果。

4. 指数法与综合指数法

指数法是利用同度量因素的相对值来表明因素变化状况的方法。指数法的难点在于需要建立表征生态环境质量的标准体系并进行赋权和准确定量。综合指数法是从确定同度量因素出发,把不能直接对比的事物变成能够同度量的方法。

（1）单因子指数法

选定合适的评价标准，可进行生态因子现状或预测评价。例如，以同类型立地条件的森林植被覆盖率为标准，可评价项目建设区的植被覆盖现状情况；以评价区现状植被覆盖度为标准，可评价项目建成后植被盖度的变化率。

（2）综合指数法

综合指数法步骤如下：分析各生态因子的性质及变化规律；建立表征各生态因子特性的指标体系；确定评价标准；建立评价函数曲线，将生态因子的现状值（开发建设活动前）与预测值（开发建设活动后）转换为统一的无量纲的生态环境质量指标，用 1～0 表示优劣（"1"表示最佳的、顶级的、原始或人类干预甚少的生态状况；"0"表示最差的、极度破坏的、几乎无生物性的生态状况），计算开发建设活动前后各因子质量的变化值；根据各因子的相对重要性赋予权重；将各因子的变化值综合，提出综合影响评价值。

$$\Delta E=\sum(E_{hi}-E_{qi})\times W_i \tag{7-1}$$

式中：

ΔE ——开发建设活动前后生态质量变化值；

E_{hi} ——开发建设活动后 i 因子的质量指标；

E_{qi} ——开发建设活动前 i 因子的质量指标；

W_i ——i 因子的权值。

5. 类比分析法

类比分析法是一种比较常用的定性和半定量评价方法，一般有生态整体类比、生态因子类比和生态问题类比等。

根据已有的开发建设活动（项目、工程）对生态系统产生的影响来分析或预测拟进行的开发建设活动（项目、工程）可能产生的影响。选择好类比对象（类比项目）是进行类比分析或预测评价的基础，也是该法成败的关键。类比对象的选择条件是：工程性质、工艺和规模与拟建项目基本相当，生态因子（地理、地质、气候、生物因素等）相似，项目建成已有一定时间，所产生的影响已基本全部显现。类比对象确定后，需选择和确定类比因子及指标，并对类比对象开展调查与评价，再分析拟建项目与类比对象的差异。根据类比对象与拟建项目的比较，得出类比分析结论。主要应用范围包括：

（1）进行生态影响识别（包括评价因子筛选）；

（2）以原始生态系统作为参照，可评价目标生态系统的质量；

（3）进行生态影响的定性分析与评价；

(4) 进行某一个或几个生态因子的影响评价;

(5) 预测生态问题的发生与发展趋势及其危害;

(6) 确定环保目标和寻求最有效、可行的生态保护措施。

6. 系统分析法

系统分析法是指把要解决的问题视为一个系统,对系统要素进行综合分析,找出解决问题的可行方案的咨询方法。具体步骤包括:限定问题、确定目标、调查研究、收集数据、提出备选方案和评价标准、备选方案评估以及提出最可行方案。

系统分析法因其能妥善解决一些多目标动态性问题,已广泛应用于各行各业,尤其在进行区域开发或解决优化方案选择问题时,系统分析法显示出其他方法所不能达到的效果。

在生态系统质量评价中使用系统分析的具体方法有专家咨询法、层次分析法、模糊综合评判法、综合排序法、系统动力学、灰色关联等方法。

7. 生物多样性评价法

生物多样性是生物(动物、植物、微生物)与环境形成的生态复合体以及与此相关的各种生态过程的总和,包括生态系统、物种和基因三个层次。

生态系统多样性指生态系统的多样化程度,包括生态系统的类型、结构、组成、功能和生态过程的多样性等。物种多样性指物种水平的多样化程度,包括物种丰富度和物种均匀度。基因多样性(或遗传多样性)指一个物种的基因组成中遗传特征的多样性,包括种内不同种群之间或同一种群内不同个体的遗传变异性。

物种多样性常用的评价指标包括物种丰富度、香农-威纳多样性指数、Pielou 均匀度指数、Simpson 优势度指数等。

物种丰富度(Species Richness):调查区域内物种种数之和。

香农-威纳多样性指数(Shannon-Wiener Diversity Index)计算公式为

$$H = -\sum_{i=1}^{S} P_i \ln P_i \tag{7-2}$$

式中:

H ——香农-威纳多样性指数;

S ——调查区域内物种种类总数;

P_i ——调查区域内属于第 i 种的个体比例,如总个体数为 N,第 i 种个体数为 n_i,则 $P_i = n_i/N$。

Pielou 均匀度指数是反映调查区域各物种个体数目分配均匀程度的指数,计算公式为

$$J=\left(-\sum_{i=1}^{S}P_i\ln P_i\right)/\ln S \tag{7-3}$$

式中：

J ——Pielou 均匀度指数；

S ——调查区域内物种种类总数；

P_i ——调查区域内属于第 i 种的个体比例。

Simpson 优势度指数与均匀度指数相对应，计算公式为

$$D=1-\sum_{i=1}^{S}P_i^2 \tag{7-4}$$

式中：

D ——Simpson 优势度指数；

S ——调查区域内物种种类总数；

P_i ——调查区域内属于第 i 种的个体比例。

8. 生态系统评价方法

(1) 植被覆盖度

植被覆盖度可用于定量分析评价范围内的植被现状。

基于遥感估算植被覆盖度可根据区域特点和数据基础采用不同的方法，如植被指数法、回归模型、机器学习法等。

植袯指数法主要是通过对各像元中植被类型及分布特征的分析，建立植被指数与植被覆盖度的转换关系。采用归一化植被指数（$NDVI$）估算植被覆盖度的方法如下：

$$FVC=\frac{NDVI-NDVI_s}{NDVI_v-NDVI_s} \tag{7-4}$$

式中：

FVC ——所计算像元的植被覆盖度；

$NDVI$ ——所计算像元的 $NDVI$ 值；

$NDVI_v$ ——纯植物像元的 $NDVI$ 值；

$NDVI_s$ ——完全无植被覆盖像元的 $NDVI$ 值。

(2) 生物量

生物量是指一定地段面积内某个时期生存着的活有机体的重量。不同生态系统的生物量测定方法不同，可采用实测与估算相结合的方法。

地上生物量估算可采用植被指数法、异速生长方程法等方法进行计算。基于植被指数的生物量统计法是通过实地测量的生物量数据和遥感植被指数建立统计模型，在遥感数据的基

础上反演得到评价区域的生物量。

(3) 生产力

生产力是生态系统的生物生产能力,反映生产有机质或积累能量的速率。群落(或生态系统)初级生产力是单位面积、单位时间群落(或生态系统)中植物利用太阳能固定的能量或生产的有机质的量。净初级生产力(NPP)是从固定的总能量或产生的有机质总量中减去植物呼吸所消耗的量,直接反映了植被群落在自然环境条件下的生产能力,表征陆地生态系统的质量状况。

(4) 生物完整性指数

生物完整性指数(Index of Biotic Integrity, IBI)已被广泛应用于河流、湖泊、沼泽、海岸滩涂、水库等生态系统健康状况评价,指示生物类群也由最初的鱼类扩展到底栖动物、着生藻类、维管植物、两栖动物和鸟类等。

(5) 生态系统功能评价

陆域生态系统服务功能评价方法可参考《全国生态状况调查评估技术规范——生态系统服务功能评估》(HJ 1173),根据生态系统类型选择适用指标。

9. 景观生态学评价方法

景观生态学法是通过研究某一区域、一定时段内的生态系统类群的格局、特点、综合资源状况等自然规律,以及人为干预下的演替趋势,揭示人类活动在改变生物与环境方面的作用的方法。景观生态学对生态质量状况的评判是通过两个方面进行的,一是空间结构分析,二是功能与稳定性分析。

空间结构分析包括:优势度的计算,由密度、频率和景观比例确定。

功能与稳定性分析包括:生物恢复力分析、异质性分析、种群源的持久性和可达性分析、景观组织的开放性分析。

四、生态保护对策措施

1. 总体要求

应针对生态影响的对象、范围、时段、程度,提出避让、减缓、修复、补偿、管理、监测、科研等对策措施,分析措施的技术可行性、经济合理性、运行稳定性、生态保护和修复效果的可达性,选择技术先进、经济合理、便于实施、运行稳定、长期有效的措施,明确措施的内容、设施的规模及工艺、实施位置和时间、责任主体、实施保障、实施效果等,编制生态保护措施平面布置图、生态保护措施设计图,并估算(概算)生态保护投资。

优先采取避让方案,源头防止生态破坏,包括通过选址选线调整或局部方案优化避让生态敏感区，施工作业避让重要物种的繁殖期、越冬期、迁徙洄游期等关键活动期和特别保护期，取消或调整产生显著不利影响的工程内容和施工方式等。优先采用生态友好的工程建设技术、工艺及材料等。

坚持山水林田湖草沙一体化保护和系统治理的思路，提出生态保护对策措施。必要时开展专题研究和设计，确保生态保护措施有效。坚持尊重自然、顺应自然、保护自然的理念，采取自然的恢复措施或绿色修复工艺，避免生态保护措施自身的不利影响。不应采取违背自然规律的措施，切实保护生物多样性。

2. 生态保护措施

(1) 项目施工前应对工程占用区域可利用的表土进行剥离，单独堆存，加强表土堆存防护及管理，确保有效回用。施工过程中，采取绿色施工工艺，减少地表开挖，合理设计高陡边坡支挡、加固措施，减少对脆弱生态的扰动。

(2) 项目建设造成地表植被破坏的，应提出生态修复措施，充分考虑自然生态条件，因地制宜，制订生态修复方案，优先使用原生表土和选用乡土物种，防止外来生物入侵，构建与周边生态环境相协调的植物群落，最终形成可自我维持的生态系统。生态修复的目标主要包括：恢复植被和土壤，保证一定的植被覆盖度和土壤肥力；维持物种种类和组成，保护生物多样性；实现生物群落的恢复，提高生态系统的生产力和自我维持力；维持生境的连通性等。生态修复应综合考虑物理（非生物）方法、生物方法和管理措施，结合项目施工工期、扰动范围，有条件的可提出"边施工、边修复"的措施要求。

(3) 尽量减少对动植物的伤害和生境占用。项目建设对重点保护野生植物、特有植物、古树名木等造成不利影响的，应提出优化工程布置或设计、就地或迁地保护、加强观测等措施，具备移栽条件、长势较好的尽量全部移栽。项目建设对重点保护野生动物、特有动物及其生境造成不利影响的，应提出优化工程施工方案、运行方式，实施物种救护，划定生境保护区域，开展生境保护和修复，构建活动廊道或建设食源地等措施。采取增殖放流、人工繁育等措施恢复受损的重要生物资源。项目建设产生阻隔影响的，应提出减缓阻隔、恢复生境连通的措施，如野生动物通道、过鱼设施等。项目建设和运行噪声、灯光等对动物造成不利影响的，应提出优化工程施工方案、设计方案或降噪遮光等防护措施。

(4) 矿山开采项目还应采取保护性开采技术或其他措施控制沉陷深度和保护地下水的生态功能。水利水电项目还应结合工程实施前后的水文情势变化情况、已批复的所在河流生态流量（水量）管理与调度方案等相关要求，确定合适的生态流量，具备调蓄能力且有生态需求的，应提出生态调度方案。涉及河流、湖泊或海域治理的，应尽量塑造近自然水域形态、底质、亲水岸线，尽量避免采取完全硬化措施。

3. 生态监测和环境管理

结合项目规模、生态影响特点及所在区域的生态敏感性，有针对性地提出全生命周期、长期跟踪或常规的生态监测计划，提出必要的科技支撑方案。大中型水利水电项目、采掘类项目、新建100 km以上的高速公路及铁路项目、大型海上机场项目等应开展全生命周期生态监测；新建50～100 km的高速公路及铁路项目、新建码头项目、高等级航道项目、围填海项目以及占用或穿（跨）越生态敏感区的其他项目应开展长期跟踪生态监测（施工期并延续至正式投运后5～10年），其他项目可根据情况开展常规生态监测。

【例7-4】 某高速公路建设项目推荐线路部分路段穿越风景名胜区。根据《环境影响评价技术导则　生态影响》，该项目应优先采取的生态保护措施是（　）。

A. 调整线路走向，避让风景名胜区

B. 采用全隧道方式穿越风景名胜区

C. 采用高架方式穿越风景名胜区

D. 调整风景名胜区规划范围

答：A

任务实践

一、生态环境影响评价因子筛选

根据拟建工程项目沿线的环境状况和工程规模，结合《环境影响评价技术导则　生态影响》（HJ 19），筛选出项目生态环境影响评价因子如附表7-1所示。

附表7-1　项目生态环境影响评价因子

受影响对象	评价因子	工程内容及影响方式	影响性质	影响程度
物种	分布范围、种群数量	占地等工程行为产生的直接影响	短期影响	中
生物群落	物种组成、群落结构	直接、间接影响	短期影响	弱
生态系统	植被覆盖度、生物量、生产力、生态系统功能	占地直接影响	短期影响	中
自然景观	景观多样性、完整性	生态阻隔等直接影响	长期影响	中

二、生态环境影响评价等级

根据《环境影响评价技术导则　生态影响》（HJ 19），本项目不涉及国家公园、自然保护区、世界自然遗产、重要生境、自然公园、生态保护红线等，跨越水体较小且不敏感。因此，生态环境评价工作等级确定为三级。

陆生生态评价范围集中在路线中心两侧各 300 m 以内区域，以及受项目施工活动影响的施工场地、施工道路、取弃土渣场等临时占地边界外 50 m 以内的区域。水生生态为河流水体过水桥桥位上游 1 km，下游 2.5 km。

三、生态环境影响评价内容与重点

生态环境影响评价内容包括公路建设对土地利用、农业生态、植被损失及恢复、野生动植物保护、固体废弃物处置的影响评价，以及弃渣场设置合理性的分析。

项目主要涉及农业生态系统，对生态环境的影响主要为对耕地，尤其是永久基本农田的占用。因此，评价重点为项目区的生态环境现状、工程占地对植被的破坏、对沿线保护动植物的影响及防治措施，以及施工期弃渣处置和水土保持措施，并提出有效的减缓和补偿措施。

习题：

1. 生态影响的定义及特点是什么？
2. 如何进行生态影响识别和评价因子筛选？
3. 生态影响评价过程中常用的标准有哪些？
4. 如何确定生态影响的评价等级和范围？
5. 如何进行生态现状调查？
6. 生态影响预测与评价的主要方法有哪些？
7. 生态影响的预防与恢复建议和措施有哪些？应遵循什么原则？

项目八　规划环境影响评价

项目背景

2002 年《中华人民共和国环境影响评价法》颁布以前，我国环境影响评价工作的重点是针对建设项目开展环境影响评价。建设项目环境影响评价对保护环境不因建设项目的实施而产生明显的污染与退化方面，起到了积极的预防作用。但是，相对于具体建设项目，政府行为和大范围建设规划不管是积极作用还是消极作用都远远大于单个建设项目，大面积区域开发、大范围产业发展以及对自然资源的深层次开发利用等，对环境和生态的影响都是更加重大和深远的。所以，对规划开展环境影响评价，对于生态环境保护具有深远的意义。

《中华人民共和国环境影响评价法》明确对规划开展环境影响评价，对规划实施后可能造成的环境影响进行分析、预测和评估，提出预防或者减轻不良环境影响的对策和措施，并进行跟踪监测。2009 年，《规划环境影响评价条例》发布，对规划环境影响评价作出了进一步明确具体的要求。

我国生态环境行政主管部门先后发布了《规划环境影响评价技术导则（试行）》（HJ/T 130—2003）、《规划环境影响评价技术导则　总纲》（HJ 130—2014）、《规划环境影响评价技术导则　总纲》（HJ 130—2019），以及《规划环境影响评价技术导则　煤炭工业矿区总体规划》（HJ 463—2009）、《规划环境影响评价技术导则　产业园区》（HJ 131—2021）、《规划环境影响评价技术导则　流域综合规划》（HJ 1218—2021）等多个规划环境影响评价相关导则，规划环境影响评价的技术方法进一步规范和细化。

项目任务

某市新型工业园区总体规划，范围东西长约 9 km，南北宽约 4 km，规划区总面积 22.16 km^2。区内无珍稀物种、无自然保护区、无风景名胜区，不涉及湿地。未来园区将打造新材料生产及应用、生命健康、电力能源百亿以上产业集群，发展成为某省传统产业循环化改造示范园区。园区总体规划全文略。试对该工业园区总体规划开展环境影响评价。

完成任务需要的知识

在对规划开展环境影响评价之前，需要明确以下几点：

1. 什么是规划环境影响评价？与建设项目环境影响评价相比，有什么特点？有什么原则？

2. 规划环境影响评价有哪些文件类型？此规划需要编制哪种环境影响评价文件类型？

3. 规划环境影响评价的方法有哪些？评价范围如何确定？

4. 规划环境影响评价的程序是怎样的？

5. 规划环境影响评价的内容包括什么？

知识模块

模块一 规划环境影响评价概述

一、规划环境影响评价的概念

规划环境影响评价是指在规划编制阶段，对规划实施后可能造成的环境影响进行分析、预测和评估，提出预防或者减轻不良环境影响的对策和措施，进行跟踪监测的方法与制度。

规划环境影响评价在规划过程的早期就全面地考虑其对环境的影响，充分评价各种替代方案，广泛咨询公众，并在实施前作出相关决策，从而有效预防可能出现的环境问题，是一种在规划层次上及早协调环境与发展关系的决策手段与规划手段，是规划决策的辅助工具。为规划的环境管理提供科学依据。

二、规划环境影响评价的特点

规划环境影响评价的评价对象是规划，规划与建设项目的不同之处在于，规划往往开发力度大、实施规模大、占地面积广，一般能使区域经济环境、社会环境以及更需我们关注的自然生态环境短时间内发生较大的变化，这种变化相对于建设项目的环境影响来说，影响更加巨大和持久、影响范围更加广泛，而且影响发生后更加难以治理和恢复。基于此，规划环境影响评价具有不同于建设项目环境影响评价的以下特点：

1. 战略性

规划的大范围性与高水平性使规划环境影响评价能够较好地解决长期的、区域性的环境问题，有助于解决不能在建设项目层次上解决的环境问题，有利于从决策的源头抓起，预防为主，强化综合决策，走可持续发展之路。

2. 广泛性和复杂性

规划环境影响评价范围广，其范围在地域上、空间上、时间上都远超单位建设项目对环境的影响，一般小至几十平方千米，大至一个地区、一个流域。同时，规划环境影响评价涉及规划项目内外的全部影响，评价内容复杂。

3. 不确定性

在规划编制阶段，规划内待开发项目及环境特征都具有不同程度的不确定性，规划方案只能就待开发项目活动的基本情况进行规划，这就导致规划环境影响评价相比建设项目环境影响评价具有更多的不确定性，只能采用系统分析方法进行宏观分析，论证规划方案的合理性，难以进行细化，其评价精度不如建设项目环境影响评价的评价精度高。

4. 累积性

同一区域的不同规划之间在一定时间和空间范围内会对环境目标和资源环境因子造成复合的、协同的、叠加的影响，规划环境影响评价需要综合分析规划区域内不同规划和多个建设项目可能产生的累积环境影响，将区域发展规模控制在环境容量许可的范围内。

5. 滞后性

规划环境影响评价是在规划的编制阶段开展，规划项目实施后，其环境影响可能并不能即刻反映出来，加之规划环境影响评价的不确定性较大，其环境影响也可能随着项目实施发生不同程度的变化，需要进行跟踪评价，即指规划编制机关在规划的实施过程中，对已经和正在产生的环境影响进行监测、分析和评价的过程，用以检验规划实施的实际环境影响以及不良环境影响减缓措施的有效性，并根据评价结果，提出完善环境管理方案，或者对正在实施的规划方案进行修订。

三、规划环境影响评价的文件类型

根据《中华人民共和国环境影响评价法》和《规划环境影响评价条例》，规划环境影响评价文件类型包括规划环境影响篇章或说明、规划环境影响报告书。编写环境影响篇章或说明的规划为“一地三域”综合性规划和“十专项”规划中的指导性规划。编写环境影响报告书的规划为“十专项”规划中的非指导性规划。

“一地三域”综合性规划指国务院有关部门、设区的市级以上地方人民政府及其有关部门组织编制的土地利用的有关规划，区域、流域、海域的建设、开发利用规划。

“十专项”规划指国务院有关部门、设区的市级以上地方人民政府及其有关部门组织编制的工业、农业、畜牧业、林业、能源、水利、交通、城市建设、旅游、自然资源开发的有关专项规划。专项规划分为指导性规划和非指导性规划。根据《〈中华人民共和国环境影响评价法〉释义及实用指南》,指导性规划是指一些宏观的、长远的综合性规划以及主要是提出预测性、参考性指标的指导性规划,非指导性规划是对一些指标、要求比较具体的专项规划。

四、规划环境影响评价的原则

1. 早期介入,过程互动

规划环境影响评价应在规划编制的早期阶段介入,在规划前期研究和方案编制、论证、审定等关键环节和过程中充分互动,不断优化规划方案,提高环境合理性。

2. 统筹衔接,分类指导

规划环境影响评价工作应突出不同类型、不同层级规划及其环境影响特点,充分衔接"三线一单"(即生态保护红线、环境质量底线、资源利用上线和生态环境准入清单)成果,分类指导规划所包含建设项目的布局和生态环境准入。

3. 客观评价,结论科学

规划环境影响评价应依据现有知识水平和技术条件对规划实施可能产生的不良环境影响的范围和程度进行客观分析,评价方法应成熟可靠,数据资料应完整可信,结论建议应具体明确且具有可操作性。

模块二　规划环境影响评价的方法、范围和程序

一、规划环境影响评价的方法

常用的规划环境影响评价的方法见表 8-1,开展具体评价工作时可根据需要选用,也可选用其他已广泛应用、可验证的技术方法。

表 8-1　规划环境影响评价的常用方法

评价环节	可采用的主要方式和方法
规划分析	核查表、叠图分析、矩阵分析、专家咨询(如智暴法、德尔斐法等)、情景分析、类比分析、系统分析。
现状调查与评价	现状调查:资料收集、现场踏勘、环境监测、生态调查、问卷调查、访谈、座谈会。环境要素的调查方式和监测方法可参考 HJ 2.2、HJ 2.3、HJ 2.4、HJ 19、HJ 610、HJ 623、HJ 964 和有关监测规范执行; 现状分析与评价:专家咨询、指数法(单指数、综合指数)、类比分析、叠图分析、生态学分析法(生态系统健康评价法、生物多样性评价法、生态机理分析法、生态系统服务功能评价方法、生态环境敏感性评价方法、景观生态学法等,以下同)、灰色系统分析法。

续表 8-1

评价环节	可采用的主要方式和方法
环境影响识别与评价指标确定	核查表、矩阵分析、网络分析、系统流图、叠图分析、灰色系统分析法、层次分析、情景分析、专家咨询、类比分析、压力-状态-响应分析。
规划实施生态环境压力分析	专家咨询、情景分析、负荷分析（估算单位国内生产总值物耗、能耗和污染物排放量等）、趋势分析、弹性系数法、类比分析、对比分析、供需平衡分析。
环境影响预测与评价	类比分析、对比分析、负荷分析（估算单位国内生产总值物耗、能耗和污染物排放量等）、弹性系数法、趋势分析、系统动力学法、投入产出分析、供需平衡分析、数值模拟、环境经济学分析（影子价格、支付意愿、费用效益分析等）、综合指数法、生态学分析法、灰色系统分析法、叠图分析、情景分析、相关性分析、剂量-反应关系评价；环境要素影响预测与评价的方式和方法可参考 HJ 2.2、HJ 2.3、HJ 2.4、HJ 19、HJ 610、HJ 623、HJ 964 执行。
环境风险评价	灰色系统分析法、模糊数学法、数值模拟、风险概率统计、事件树分析、生态学分析法、类比分析。可参考 HJ 169 执行。

【例 8-1】（不定项选择）根据《规划环境影响评价技术导则　总纲》，环境现状分析与评价的方法可采用生态学分析法，下列属于生态学分析法的有（　）。

A. 生态系统健康评价法

B. 生物多样性评价法

C. 生态系统服务功能评价方法

D. 生态环境敏感性评价方法

答：A、B、C、D

二、规划环境影响评价的范围

1. 按照规划实施的时间维度和可能影响的空间尺度来界定规划环境影响评价范围。

2. 时间维度上，应包括整个规划期，并根据规划方案的内容、年限等选择规划环境影响评价的重点时段。

3. 空间尺度上，应包括规划空间范围以及可能受到规划实施影响的周边区域。周边区域确定应考虑各环境要素评价范围，兼顾区域流域污染物传输扩散特征、生态系统完整性和行政边界。

三、规划环境影响评价程序

规划环境影响评价程序包括工作程序和技术程序两部分。

1. 工作程序

规划环境影响评价应在规划编制的早期阶段介入，并与规划编制、论证及审定等关键环节和过程充分互动，互动内容一般包括：

(1) 在规划前期阶段，同步开展规划环评工作。通过对规划内容的分析，收集与规划相关的法律法规、环境政策等，收集上层位规划和规划所在区域战略环评及"三线一单"成果，对规划区域及可能受影响的区域进行现场踏勘，收集相关基础数据资料，初步调查环境敏感区情况，识别规划实施的主要环境影响，分析提出规划实施的资源、生态、环境制约因素，反馈给规划编制机关。

(2) 在规划方案编制阶段，完成现状调查与评价，提出环境影响评价指标体系，分析、预测和评价拟定规划方案实施的资源、生态、环境影响，并将评价结果和结论反馈给规划编制机关，作为方案比选和优化的参考和依据。

(3) 在规划的审定阶段，进一步论证拟推荐的规划方案的环境合理性，形成必要的优化调整建议，反馈给规划编制机关。针对推荐的规划方案提出不良环境影响减缓措施和环境影响跟踪评价计划，编制环境影响报告书。

如果拟选定的规划方案在资源、生态、环境方面难以承载，或者可能造成重大不良生态环境影响且无法提出切实可行的预防或减缓对策和措施，或者根据现有的数据资料和专家知识对可能产生的不良生态环境影响的程度、范围等无法作出科学判断，应向规划编制机关提出对规划方案作出重大修改的建议并说明理由。

(4) 规划环境影响报告书审查会后，应根据审查小组提出的修改意见和审查意见对报告书进行修改完善。

(5) 在规划报送审批前，应将环境影响评价文件及其审查意见正式提交给规划编制机关。

2. 技术程序

规划环境影响评价的技术程序如图 8-1 所示。

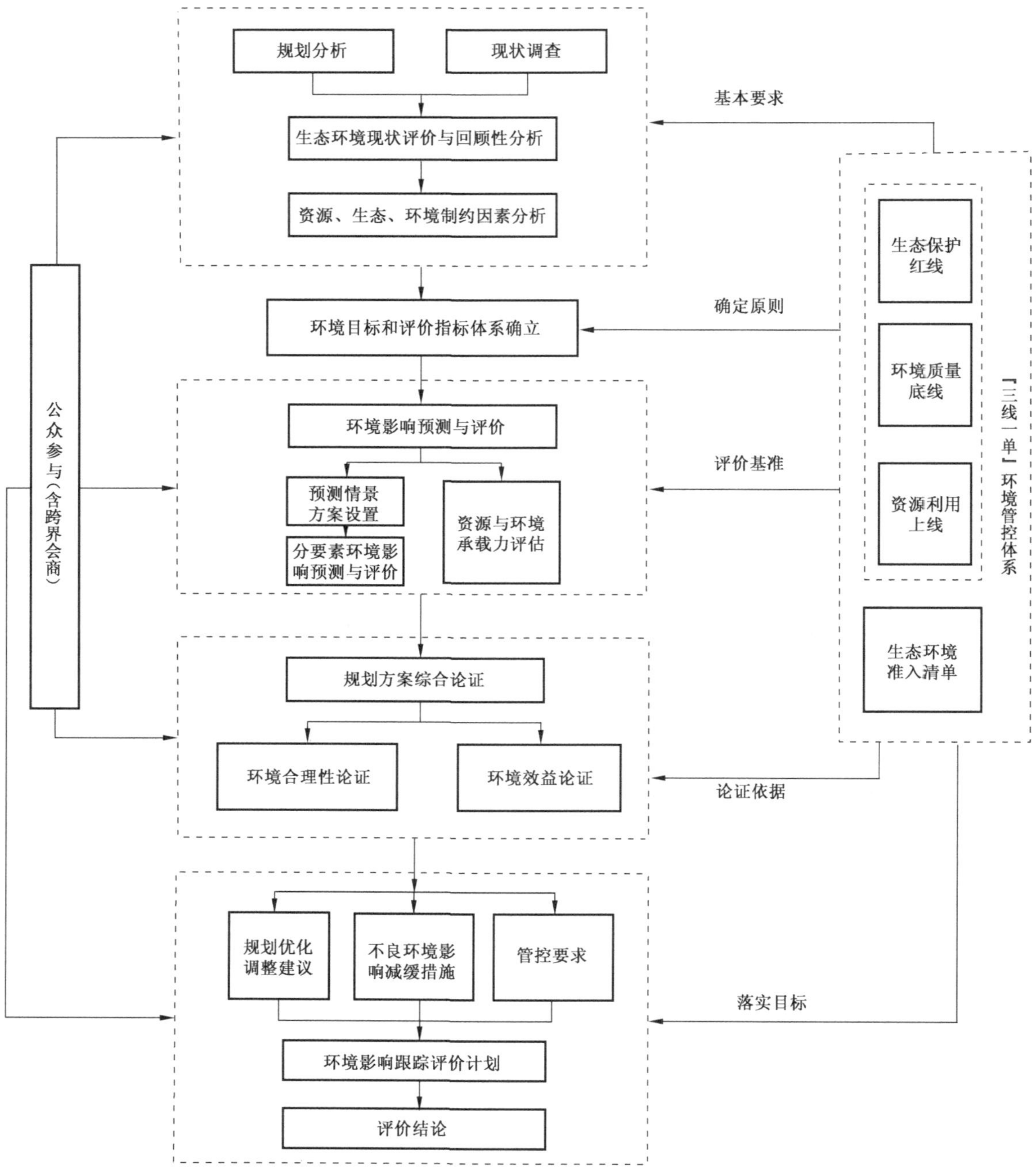

图 8-1　规划环境影响评价技术流程图

模块三　规划环境影响评价的内容

规划环境影响评价工作内容主要包括规划分析、现状调查与评价、环境影响识别与评价指标体系构建、环境影响预测与评价、规划方案综合论证和优化调整建议、环境影响减缓对策和措施、规划所包含建设项目环评要求、环境影响跟踪评价计划、公众参与、评价结论。

一、规划分析

规划分析包括规划概述和规划协调性分析。规划概述应明确可能对生态环境造成影响的规划内容；规划协调性分析应明确规划与相关法律、法规、政策的相符性，以及规划在空间布局、资源保护与利用、生态环境保护等方面的冲突和矛盾。

1. 规划概述

介绍规划编制背景和定位，结合图、表梳理分析规划的空间范围和布局，规划不同阶段目标、发展规模、布局、结构（包括产业结构、能源结构、资源利用结构等）、建设时序，配套基础设施等可能对生态环境造成影响的规划内容，梳理规划的环境目标、环境污染治理要求、环保基础设施建设、生态保护与建设等方面的内容。如规划方案包含的具体建设项目有明确的规划内容，应说明其建设时段、内容、规模、选址等。

2. 规划协调性分析

规划协调性分析包括以下三个方面：

（1）筛选出与本规划相关的生态环境保护法律法规、环境经济政策、环境技术政策、资源利用和产业政策，分析本规划与其相关要求的符合性。

（2）分析规划规模、布局、结构等规划内容与上层位规划、区域“三线一单”管控要求、战略或规划环评成果的符合性，识别并明确在空间布局以及资源保护与利用、生态环境保护等方面的冲突和矛盾。

（3）筛选出在评价范围内与本规划同层位的自然资源开发利用或生态环境保护相关规划，分析与同层位规划在关键资源利用和生态环境保护等方面的协调性，明确规划与同层位规划间的冲突和矛盾。

二、现状调查与评价

开展资源利用和生态环境现状调查、环境影响回顾性分析，明确评价区域资源利用水平和生态功能、环境质量现状、污染物排放状况，分析主要生态环境问题及成因，梳理规划实施的资源、生态、环境制约因素。

1. 现状调查

现状调查应包括自然地理状况、环境质量现状、生态状况及生态功能、环境敏感区和重点生态功能区、资源利用现状、社会经济概况、环保基础设施建设及运行情况等内容。实际工作中应根据规划环境影响特点和区域生态环境保护要求，从表 8-2 中选择相应内容开展调查和资料收集，并附相应图件。

表 8-2　资源、生态、环境现状调查内容

调查要素		主要调查内容
自然地理状况		地形地貌，河流、湖泊（水库）、海湾的水文状况，水文地质状况，气候与气象特征等。
环境质量现状	地表水环境	1. 水功能区划、海洋功能区划、近岸海域环境功能区划、保护目标及各功能区水质达标情况； 2. 主要水污染因子和特征污染因子、水环境控制单元主要污染物排放现状、环境质量改善目标要求； 3. 地表水控制断面位置及达标情况、主要水污染源分布和污染贡献率(包括工业、农业、生活污染源和移动源)、单位国内生产总值废水及主要水污染物排放量； 4. 附水功能区划图、控制断面位置图、海洋功能区划图、近岸海域环境功能区划图、水环境控制单元图、主要水污染源排放口分布图和现状监测点位图。
	地下水环境	1. 环境水文地质条件，包括含（隔）水层结构及分布特征、地下水补径排条件，地下水流场等； 2. 地下水利用现状，地下水水质达标情况，主要污染因子和特征污染因子； 3. 附环境水文地质相关图件，现状监测点位图。
	大气环境	1. 大气环境功能区划、保护目标及各功能区环境空气质量达标情况； 2. 主要大气污染因子和特征污染因子、大气环境控制单元主要污染物排放现状、环境质量改善目标要求； 3. 主要大气污染源分布和污染贡献率(包括工业、农业和生活污染源)、单位国内生产总值主要大气污染物排放量； 4. 附大气环境功能区划图、大气环境管控分区图、重点污染源分布图和现状监测点位图。
	声环境	声环境功能区划、保护目标及各功能区声环境质量达标情况，附声环境功能区划图和现状监测点位图。
	土壤环境	1. 土壤主要理化特征，主要土壤污染因子和特征污染因子，土壤中污染物含量，土壤污染风险防控区及防控目标，附土壤现状监测点位图； 2. 海洋沉积物质量达标情况。

续表 8-2

<table>
<tr><th colspan="2">调查要素</th><th>主要调查内容</th></tr>
<tr><td colspan="2">生态状况及生态功能</td><td>1. 生态保护红线与管控要求；
2. 生态功能区划、主体功能区划；
3. 生态系统的类型（森林、草原、荒漠、冻原、湿地、水域、海洋、农田、城镇等）及其结构、功能和过程；
4. 植物区系与主要植被类型，珍稀、濒危、特有、狭域野生动植物的种类、分布和生境状况；
5. 主要生态问题的类型、成因、空间分布、发生特点等；
6. 附生态保护红线图、生态空间图、重点生态功能区划图及野生动植物分布图等。</td></tr>
<tr><td colspan="2">环境敏感区和重点生态功能区</td><td>1. 环境敏感区的类型、分布、范围、敏感性（或保护级别）主要保护对象及相关环境保护要求等，与规划布局空间位置关系，附相关图件；
2. 重点生态功能区的类型、分布、范围和生态功能，与规划布局空间位置关系，附相关图件。</td></tr>
<tr><td rowspan="7">资源利用现状</td><td>土地资源</td><td>主要用地类型、面积及其分布，土地资源利用上线及开发利用状况，土地资源重点管控区，附土地利用现状图。</td></tr>
<tr><td>水资源</td><td>水资源总量、时空分布，水资源利用上线及开发利用状况和耗用状况(包括地表水和地下水)，海水与再生水利用状况，水资源重点管控区，附有关的水系图及水文地质相关图件。</td></tr>
<tr><td>能源</td><td>能源利用上线及能源消费总量、能源结构及利用效率。</td></tr>
<tr><td>矿产资源</td><td>矿产资源类型与储量、生产和消费总量、资源利用效率等，附矿产资源分布图。</td></tr>
<tr><td>旅游资源</td><td>旅游资源和景观资源的地理位置、范围和开发利用状况等，附相关图件。</td></tr>
<tr><td>岸线和滩涂资源</td><td>滩涂、岸线资源及其利用状况，附相关图件。</td></tr>
<tr><td>重要生物资源</td><td>重要生物资源（如林地资源、草地资源、渔业资源、海洋生物资源）和其他对区域经济社会发展有重要价值的资源地理分布、储量及其开发利用状况，附相关图件。</td></tr>
<tr><td>其他</td><td>固体废物</td><td>固体废物（一般工业固体废物、一般农业固体废物、危险废物、生活垃圾）产生量及单位国内生产总值固体废物产生量，危险废物的产生量、产生源分布等。</td></tr>
</table>

续表 8-2

调查要素	主要调查内容
社会经济概况	1. 评价范围内的人口规模、分布，经济规模与增长率，交通运输结构、空间布局等； 2. 重点关注评价区域的产业结构、主导产业及其布局、重大基础设施布局及建设情况等，附相应图件。
环保基础设施建设及运行情况	1. 评价范围内的污水处理设施（含管网）规模、分布、处理能力和处理工艺、服务范围； 2. 集中供热、供气情况； 3. 大气、水、土壤污染综合治理情况； 4. 区域噪声污染控制情况； 5. 一般工业固体废物与危险废物利用处置方式和利用处置设施情况（包括规模、分布、处理能力、处理工艺、服务范围和服务年限等）； 6. 现有生态保护工程及实施效果； 7. 环保投诉情况等。

现状调查应立足于收集和利用评价范围内已有的常规现状资料，并说明资料来源和有效性。有常规监测资料的区域，资料原则上包括近 5 年或更长时间段资料，能够说明各项调查内容的现状和变化趋势。对其中的环境监测数据，应给出监测点位名称、监测点位分布图、监测因子、监测时段、监测频次及监测周期等，分析说明监测点位的代表性。

当已有资料不能满足评价要求，或评价范围内有需要特别保护的环境敏感区时，可利用相关研究成果，必要时进行补充调查或监测，补充调查样点或监测点位应具有针对性和代表性。

2. 现状评价与回顾性分析

（1）资源利用现状评价

明确与规划实施相关的自然资源、能源种类，结合区域资源禀赋及其合理利用水平或上线要求，分析区域水资源、土地资源、能源等各类资源利用的现状水平和变化趋势。

（2）环境与生态现状评价

结合各类环境功能区划及其目标质量要求，评价区域水、大气、土壤、声等环境要素的质量现状和演变趋势，明确主要和特征污染因子，并分析其主要来源；分析区域环境质量达标情况、主要环境敏感区保护等方面存在的问题及成因，明确需解决的主要环境问题。

结合区域生态系统的结构与功能状况，评价生态系统的重要性和敏感性，分析生态状况和演变趋势及驱动因子。当评价区域涉及环境敏感区和重点生态功能区时，应分析其生态现状、保护现状和存在的问题等；当评价区域涉及受保护的关键物种时，应分析该物种种群与重要生境的保护现状和存在问题。明确需解决的主要生态保护和修复问题。

(3) 环境影响回顾性分析

结合上一轮规划实施情况或区域发展历程，分析区域生态环境演变趋势和现状生态环境问题与上一轮规划实施或发展历程的关系，调查分析上一轮规划环评及审查意见落实情况和环境保护措施的效果。提出本次评价应重点关注的生态环境问题及解决途径。

3. 制约因素分析

分析评价区域资源利用水平、生态状况、环境质量等现状与区域资源利用上线、生态保护红线、环境质量底线等管控要求间的关系，明确提出规划实施的资源、生态、环境制约因素。

三、环境影响识别与评价指标体系建立

识别规划实施可能产生的资源、生态、环境影响，初步判断影响的性质、范围和程度，确定评价重点，明确环境目标，建立评价的指标体系。

1. 环境影响识别

规划环境影响识别的内容主要有以下几个方面：

(1) 根据规划方案的内容、年限，识别和分析评价期内规划实施对资源、生态、环境造成影响的途径、方式，以及影响的性质、范围和程度。识别规划实施可能产生的主要生态环境影响和风险。

(2) 对于可能产生具有易生物蓄积、长期接触对人群和生物产生危害作用的无机和有机污染物、放射性污染物、微生物等的规划，还应识别规划实施产生的污染物与人体接触的途径以及可能造成的人群健康风险。

(3) 对资源、生态、环境要素的重大不良影响，可从规划实施是否导致区域环境质量下降和生态功能丧失、资源利用冲突加剧、人居环境明显恶化等三个方面进行分析与判断，具体判断标准如下：

① 导致区域环境质量、生态功能恶化的重大不良生态环境影响，主要包括规划实施使评价区域的环境质量下降（环境质量降级）或导致生态保护红线、重点生态功能区的组成、结构、功能发生显著不良变化或导致其功能丧失。

② 导致资源利用、环境保护严重冲突的重大不良生态环境影响，主要包括规划实施与规划范围内或相邻区域内的其他资源开发利用规划和环境保护规划等产生的显著冲突，规划实施可能导致的跨行政区、跨流域以及跨国界的显著不良影响。

③ 导致人居环境发生显著不利变化的重大不良生态环境影响，主要包括规划实施导致具有易生物蓄积、长期接触对人体和生物产生危害作用的无机和有机污染物、放射性污染物、

微生物等在水、大气和土壤等人群主要环境暴露介质中污染水平显著增加，农牧渔产品污染风险、人群健康风险显著增加，规划实施导致人居生态环境发生显著不良变化。

（4）通过环境影响识别，筛选出受规划实施影响显著的资源、生态、环境要素，作为环境影响预测与评价的重点。

2．环境目标与评价指标的确定

（1）环境目标确定

分析国家和区域可持续发展战略、生态环境保护法规与政策、资源利用法规与政策等的目标及要求，重点依据评价范围涉及的生态环境保护规划、生态建设规划以及其他相关生态环境保护管理规定，结合规划协调性分析结论，衔接区域“三线一单”成果，设定各评价时段有关生态功能保护、环境质量改善、污染防治、资源开发利用等的具体目标及要求。

（2）建立评价指标体系

结合规划实施的资源、生态、环境等制约因素，从环境质量、生态保护、资源利用、污染排放、风险防控、环境管理等方面构建评价指标体系。评价指标应符合评价区域生态环境特征，体现环境质量和生态功能不断改善的要求，体现规划的属性特点及其主要环境影响特征。

（3）确定评价指标值

评价指标应易于统计、比较和量化，指标值符合相关产业政策、生态环境保护政策、相关标准中规定的限值要求，如国内政策、标准中没有相应的规定，也可参考国际标准来确定；对于不易量化的指标可参考相关研究成果或经过专家论证，给出半定量的指标值或定性说明。

四、环境影响预测与评价

规划环境影响预测主要针对环境影响识别出的资源、生态、环境要素，开展多情景的影响预测与评价，一般包括预测情景设置、规划实施生态环境压力分析，环境质量、生态功能的影响预测与评价，对环境敏感区和重点生态功能区的影响预测与评价，环境风险预测与评价，资源与环境承载力评估等内容。

环境影响预测与评价应给出规划实施对评价区域资源、生态、环境的影响程度和范围，叠加环境质量、生态功能和资源利用现状，分析规划实施后能否满足环境目标要求，评估区域资源与环境承载能力。

应充分考虑不同层级和属性规划的环境影响特征以及决策需求，采用定性和定量相结合的方式开展评价。对主要环境要素的影响预测和评价可参考相应的环境影响评价技术导则来进行。

1．预测情景设置

应结合规划所依托的资源环境和基础设施建设条件、区域生态功能维护和环境质量改善要求等，从规划规模、布局、结构、建设时序等方面，设置多种情景开展环境影响预测与评价。

2. 规划实施生态环境压力分析

依据环境现状评价和回顾性分析结果，考虑技术进步等因素，估算不同情景下水、土地、能源等规划实施支撑性资源的需求量和主要污染物（包括常规污染物和特征污染物）的产生量、排放量。

依据生态现状评价和回顾性分析结果，考虑生态系统演变规律及生态保护修复等因素，评估不同情景下主要生态因子（如生物量、植被覆盖度/率、重要生境面积等）的变化量。

3. 影响预测与评价

（1）水环境影响预测与评价

预测不同情景下规划实施导致的区域水资源、水文情势、海洋水文动力环境和冲淤环境、地下水补径排状况等的变化，分析主要污染物对地表水和地下水、近岸海域水环境质量的影响，明确影响的范围、程度，评价水环境质量的变化能否满足环境目标要求，绘制必要的预测与评价图件。

（2）大气环境影响预测与评价

预测不同情景下规划实施产生的大气污染物对环境空气质量的影响，明确影响范围、程度，评价大气环境质量的变化能否满足环境目标要求，绘制必要的预测与评价图件。

（3）土壤环境影响预测与评价

预测不同情景下规划实施的土壤环境风险，评价土壤环境的变化能否满足相应环境管控要求，绘制必要的预测与评价图件。

（4）声环境影响预测与评价

预测不同情景下规划实施对声环境质量的影响，明确影响范围、程度，评价声环境质量的变化能否满足相应的功能区目标，绘制必要的预测与评价图件。

（5）生态影响预测与评价

预测不同情景下规划实施对生态系统结构、功能的影响范围和程度，评价规划实施对生物多样性和生态系统完整性的影响，绘制必要的预测与评价图件。

（6）环境敏感区影响预测与评价

预测不同情景下规划实施对评价范围内生态保护红线、自然保护区等环境敏感区的影响，评价其是否符合相应的保护和管控要求，绘制必要的预测与评价图件。

（7）人群健康风险分析

对可能产生具有易生物蓄积、长期接触对人群和生物产生危害作用的无机和有机污染物、放射性污染物、微生物等的规划，根据上述特定污染物的环境影响范围，估算暴露人群数量和暴露水平，开展人群健康风险分析。

（8）环境风险预测与评价

对于涉及重大环境风险源的规划，应进行风险源及源强、风险源叠加、风险源与受体响应关系等方面的分析，开展环境风险评价。

4. 资源与环境承载力评估

进行资源与环境承载力分析。分析规划实施支撑性资源（水资源、土地资源、能源等）可利用（配置）上线和规划实施主要环境影响要素（大气、水等）污染物允许排放量，结合现状利用和排放量、区域削减量，分析各评价时段剩余可利用的资源量和剩余污染物允许排放量。

进行资源与环境承载状态评估。根据规划实施新增资源消耗量和污染物排放量，分析规划实施对各评价时段剩余可利用资源量和剩余污染物允许排放量的占用情况，评估资源与环境对规划实施的承载状态。

【例 8-2】（不定项选择）根据《规划环境影响评价技术导则　总纲》规划环境影响预测与评价应包括（　）。

A. 规划实施对评价区域资源的影响

B. 规划实施对评价区域环境的影响

C. 规划实施对评价区域能源的影响

D. 规划实施对评价区域生态的影响

答：A、B、D

五、规划方案综合论证与优化调整建议

规划方案综合论证与优化调整建议是以改善环境质量和保障生态安全为核心，综合环境影响预测与评价结果，论证规划目标、规模、布局、结构等规划内容的环境合理性以及评价设定的环境目标的可达性，分析判定规划实施的重大资源、生态、环境制约的程度、范围、方式等，提出规划方案的优化调整建议并推荐环境可行的规划方案。如果规划方案优化调整后资源、生态、环境仍难以承载，不能满足资源利用上线和环境质量底线要求，应提出规划方案的重大调整建议。

1. 规划方案综合论证

规划方案的综合论证包括环境合理性论证和环境效益论证两部分内容。前者从规划实施对资源、生态、环境综合影响的角度，论证规划内容的合理性；后者从规划实施对区域经济、社会与环境发挥的作用，以及协调当前利益与长远利益之间关系的角度，论证规划方案的合

理性。

（1）规划方案的环境合理性论证

基于区域环境保护目标以及“三线一单”要求，结合规划协调性分析结论，论证规划目标与发展定位的环境合理性。

基于环境影响预测与评价和资源与环境承载力评估结论，结合资源利用上线和环境质量底线等要求，论证规划规模和建设时序的环境合理性。

基于规划布局与生态保护红线、重点生态功能区、其他环境敏感区的空间位置关系和对以上区域的影响预测结果，结合环境风险评价的结论，论证规划布局的环境合理性。

基于环境影响预测与评价和资源与环境承载力评估结论，结合区域环境管理和循环经济发展要求，以及规划重点产业的环境准入条件和清洁生产水平，论证规划用地结构、能源结构、产业结构的环境合理性。

基于规划实施环境影响预测与评价结果，结合生态环境保护措施的经济技术可行性、有效性，论证环境目标的可达性。

（2）规划方案的环境效益论证

分析规划实施在维护生态功能、改善环境质量、提高资源利用效率、减少温室气体排放、保障人居安全、优化区域空间格局和产业结构等方面的环境效益。

（3）不同类型规划方案综合论证重点

进行综合论证时，应针对不同类型和不同层级规划的环境影响特点，选择论证方向，突出重点。

对于资源能源消耗量大、污染物排放量高的行业规划，重点从流域和区域资源利用上线、环境质量底线对规划实施的约束、规划实施可能对环境质量的影响程度、环境风险、人群健康风险等方面，论述规划拟定的发展规模、布局（及选址）和产业结构的环境合理性。

对于土地利用的有关规划和区域、流域、海域的建设、开发利用规划，农业、畜牧业、林业、能源、水利、旅游、自然资源开发专项规划，重点从流域或区域生态保护红线、资源利用上线对规划实施的约束，以及规划实施对生态系统及环境敏感区、重点生态功能区结构、功能的影响和生态风险等角度，论述规划方案的环境合理性。

对于公路、铁路、城市轨道交通、航运等交通类规划，重点从规划实施对生态系统结构、功能所造成的影响，规划布局与评价区域生态保护红线、重点生态功能区、其他环境敏感区的协调性等方面，论述规划布局（及选线、选址）的环境合理性。

对于产业园区等规划，重点从区域资源利用上线、环境质量底线对规划实施的约束、规划及包括的交通运输实施可能对环境质量的影响程度以及环境风险与人群健康风险等方面，综合论述规划规模、布局、结构、建设时序以及规划环境基础设施、重大建设项目的环境合理性。

对于城市规划、国民经济与社会发展规划等综合类规划，重点从区域资源利用上线、生态保护红线、环境质量底线对规划实施的约束，城市环境基础设施对规划实施的支撑能力、规划及相关交通运输实施对改善环境质量、优化城市生态格局、提高资源利用效率的作用等方面，综合论述规划方案的环境合理性。

2. 规划方案的优化调整建议

根据规划方案的环境合理性和环境效益论证结果，对规划内容提出明确的、具有可操作性的优化调整建议，特别是出现以下情形时：

（1）规划的主要目标、发展定位不符合上层位主体功能区规划、区域“三线一单”等要求。

（2）规划空间布局和包含的具体建设项目选址、选线不符合生态保护红线、重点生态功能区，以及其他环境敏感区的保护要求。

（3）规划开发活动或包含的具体建设项目不满足区域生态环境准入清单要求、属于国家明令禁止的产业类型或不符合国家产业政策、环境保护政策。

（4）规划方案中配套的生态保护、污染防治和风险防控措施实施后，区域的资源、生态、环境承载力仍无法支撑规划实施，环境质量无法满足评价目标，或仍可能造成重大的生态破坏和环境污染，或仍存在显著的环境风险。

（5）规划方案中有依据现有科学水平和技术条件，无法或难以对其产生的不良环境影响的程度或范围作出科学、准确判断的内容。

还应明确优化调整后的规划布局、规模、结构、建设时序，给出相应的优化调整图、表，说明优化调整后的规划方案具备资源、生态和环境方面的可支撑性。将优化调整后的规划方案，作为评价推荐的规划方案。说明规划环评与规划编制的互动过程、互动内容和各时段向规划编制机关反馈的建议及其被采纳情况等互动结果。

【例 8-3】 根据《规划环境影响评价技术导则　总纲》，规划方案的环境合理性论证的内容不包括（　）。

A. 论证规划目标与发展定位的环境合理性

B. 论证规划规模和建设时序的环境合理性

C. 论证重点生态功能区布局的环境合理性

D. 论证规划布局的环境合理性

答：C

【例 8-4】 （不定项选择）根据《规划环境影响评价技术导则　总纲》，规划方案综合论证和优化调整建议的基本要求不包括（　）。

A. 综合环境影响预测与评价结果，论证规划目标、规模、布局、结构等规划内容的环境合理性及评价设定的环境目标可逆性

B. 分析判定规划实施的重大资源、生态、环境制约的程度、范围、方式等

C. 提出规划方案的优化调整建议并推荐环境可行的规划方案

D. 论证上层规划的调整建议

答：A、D

六、环境影响减缓对策和措施

规划的环境影响减缓对策和措施是针对评价推荐的规划方案实施后可能产生的不良环境影响，在充分评估规划方案中已明确的环境污染防治、生态保护、资源能源增效等相关措施的基础上，提出的环境保护方案和管控要求。

环境影响减缓对策和措施应具有针对性和可操作性，能够指导规划实施中的生态环境保护工作，有效预防重大不良生态环境影响的产生，并促进环境目标在相应的规划期限内可以实现。环境影响减缓对策和措施一般包括生态环境保护方案和管控要求。主要内容包括：

（1）提出现有生态环境问题解决方案，规划区域整体性污染治理、生态修复与建设、生态补偿等环境保护方案，以及与周边区域开展联防联控等预防和减缓环境影响的对策措施。

（2）提出规划区域资源能源可持续开发利用、环境质量改善等目标、指标性管控要求。

（3）对于产业园区等规划，从空间布局约束、污染物排放管控、环境风险防控、资源开发利用等方面，以清单方式列出生态环境准入要求，成果形式见表 8-3。

表 8-3　生态环境准入清单包含内容

清单类型	准入内容
空间布局约束	1. 针对生态保护红线，明确不符合生态功能定位的各类禁止开发活动； 2. 针对生态保护红线外的生态空间，明确应避免损害其生态服务功能和生态产品质量的开发建设活动； 3. 针对大气、水等重点管控单元，开发建设活动避免降低管控单元环境质量，避免环境风险，管控单元外新建、改扩建污染型项目，需划定缓冲区域。
污染物排放管控	1. 如果区域环境质量不达标，现有污染源提出削减计划，严格控制新增污染物排放的开发建设活动，新建、改扩建项目应提出更加严格的污染物排放控制要求；如果区域未完成环境质量改善目标，禁止新增重点污染物排放的建设项目； 2. 如果区域环境质量达标，新建、改扩建项目保证区域环境质量维持基本稳定。
环境风险防控	针对涉及易导致环境风险的有毒有害和易燃易爆物质的生产、使用、排放、贮运等新建、改扩建项目，提出禁止准入要求或限制性准入条件以及环境风险防控措施。

续表 8-3

清单类型	准入内容
资源开发利用要求	1. 执行区域已确定的土地、水、能源等主要资源能源可开发利用总量； 2. 针对新建、改扩建项目，明确单位面积产值、单位产值水耗、用水效率、单位产值能耗等限制性准入要求； 3. 对于取水总量已超过控制指标的地区，提出禁止高耗水产业准入的要求；对于地下水禁止开采区或者限制开采区，提出禁止新增、限制地下水开发的准入要求； 4. 针对高污染燃料禁燃区，禁止新建、改扩建采用高污染燃料的项目和设施。

七、规划所包含建设项目环境影响评价要求

如规划方案中包含具体的建设项目，应针对建设项目所属行业特点及其环境影响特征，提出建设项目环境影响评价的重点内容和基本要求，并依据规划环评的主要评价结论提出建设项目的生态环境准入要求（包括选址或选线、规模、资源利用效率、污染物排放管控、环境风险防控和生态保护要求等）、污染防治措施建设要求等。

对符合规划环评环境管控要求和生态环境准入清单的具体建设项目，应将规划环评结论作为重要依据，其环评文件中选址选线、规模分析内容可适当简化。当规划环评资源、环境现状调查与评价结果仍具有时效性时，规划所包含的建设项目环评文件中现状调查与评价内容可适当简化。

八、环境影响跟踪评价计划

结合规划实施的主要生态环境影响，拟定跟踪评价计划，监测和调查规划实施对区域环境质量、生态功能、资源利用等的实际影响，以及不良生态环境影响减缓措施的有效性。

跟踪评价取得的数据、资料和结果应能够说明规划实施带来的生态环境质量实际变化，反映规划优化调整建议、环境管控要求和生态环境准入清单等对策措施的执行效果，并为后续规划实施、调整、修编，完善生态环境管理方案和加强相关建设项目环境管理等提供依据。

跟踪评价计划应包括工作目的、监测方案、调查方法、评价重点、执行单位、实施安排等内容。主要包括：

（1）明确需重点调查、监测、评价的资源生态环境要素，提出具体监测计划及评价指标，以及相应的监测点位、频次、周期等。

（2）提出调查和分析规划优化调整建议、环境影响减缓措施、环境管控要求和生态环境准入清单落实情况和执行效果的具体内容和要求，明确分析和评价不良生态环境影响预防和减缓措施有效性的监测要求和评价准则。

（3）提出规划实施对区域环境质量、生态功能、资源利用等的阶段性综合影响，环境影响减缓措施和环境管控要求的执行效果，后续规划实施调整建议等跟踪评价结论的内容和

要求。

九、公众参与和会商意见处理

收集整理公众意见和会商意见，对于已采纳的，应在环境影响评价文件中明确说明修改的具体内容；对于未采纳的，应说明理由。

十、评价结论

评价结论是对全部评价工作内容和成果的归纳总结，应文字简洁、观点鲜明、逻辑清晰、结论明确。

在评价结论中应明确以下内容：

1. 区域生态保护红线、环境质量底线、资源利用上线，区域环境质量现状和演变趋势，资源利用现状和演变趋势，生态状况和演变趋势，区域主要生态环境问题、资源利用和保护问题及成因，规划实施的资源、生态、环境制约因素。

2. 规划实施对生态、环境影响的程度和范围，区域水、土地、能源等各类资源要素和大气、水等环境要素对规划实施的承载能力，规划实施可能产生的环境风险，规划实施环境目标可达性分析结论。

3. 规划的协调性分析结论，规划方案的环境合理性和环境效益论证结论，规划优化调整建议等。

4. 减缓不良环境影响的生态环境保护方案和管控要求。

5. 规划包含的具体建设项目环境影响评价的重点内容和简化建议等。

6. 规划实施环境影响跟踪评价计划的主要内容和要求。

7. 公众意见、会商意见的回复和采纳情况。

任务实践

一、总则（略）

二、规划概述（略）

三、规划方案分析

1. 与相关规划协调性分析

（1）产业发展协调性分析

① 与《产业结构调整指导目录（2019 年本）》的符合性分析

根据《产业结构调整指导目录（2019 年本）》，石油、天然气-原油、天然气、液化天然气、成品油的储运和管道输送设施、网络和液化天然气加注设施建设、液化天然气技术、装备开发与应用建材-石墨烯材料生产及应用开发，属于鼓励类项目，规划区能源相关企业（企业名称略）均不在限制范围之内。

② 与其他省市相关产业规划协调性分析（略）。

（2）与上位政策符合性分析

① 与省、市国民经济和社会发展“十四五”规划纲要或目标建议的符合性分析

本规划与省、市国民经济和社会发展“十四五”规划纲要或目标建议在发展目标与定位、产业发展方向上基本相符。具体条文比对（略）。

② 与《某市城市总体规划（2010—2030）》协调性分析

本规划与《某市城市总体规划（2010—2030）》在发展目标与定位、经济发展目标、结构与布局等各方面是协调的。具体条文比对（略）。

（3）与相关规划的资源环境协调性分析

总体上看，新型工业园区总体规划在土地资源、矿产资源利用、交通运输、水环境、地下水环境、声环境、固体废物管理、生态环境上与城市总体规划（2010—2030 年）、省市国民经济和社会发展第十四个五年规划、市“十三五”城乡环境保护规划、市土地利用总体规划（2010—2030 年）是基本协调的。具体条文比对（略）。

（4）与环境保护规划的协调性分析

新型工业园区总体规划与省、市环境保护纲要（2010—2030 年）、市生态文明建设规划（2014—2025 年）是协调的。具体条文比对（略）。

2. 与功能区划的协调性分析

新型工业园区总体规划与全国主体功能区规划、市水环境功能区划、市环境空气质量功能区划、市声环境功能区划、市地下水功能区划、市生态功能区划、市水源保护区是协调的。具体条文比对（略）。

3. 园区建设的资源环境制约因素分析及对策

（1）土地资源制约因素分析及对策

制约因素：园区占用耕地、林地等，永久改变土地利用类型，农业用地转化为工业用地，减少农业种植面积。

环境对策与措施：在《园区土地利用总体规划》中，调整土地利用规划，实现区域农业用地的总体平衡。合理规划工业用地，节约土地。耕地、林地补偿，安排失地农民就业。

(2) 水资源制约因素分析及对策

制约因素:新型工业园区水源由某水库地表水、某河水、当地地下水及中水联合供给。

环境对策与措施:做好区域的水资源规划和优化。控制发展耗水产业。水资源梯级使用,中水回用,回用率100%。保护具有开采价值的地下水源,严格管理食品企业用地下水。

(3) 能源制约因素分析及对策

制约因素:天然气和电需求大。

环境对策与措施:园区电力、天然气、余热资源丰富,能够满足园区发展需要。

(4) 其他资源环境制约因素(地表水、地下水、大气、固废、风险等)分析及对策(略)

四、现状调查与评价(略)

五、园区现状及回顾性评价(略)

六、环境影响识别与评价指标体系构建

1. 环境影响识别

附表 8-1　园区建设环境影响识别表

主要议题	主要的影响环境行为和/或主要影响	正/负效应	影响程度	影响时段	与规划决策的相关性
A 占用土地					
土地利用类型	(a) 永久改变土地利用类型,农业用地转化为工业用地,减少农业种植面积	N	★	L	用地规模
	(b) 大幅度提高土地单位面积的产值	B	★★★	L	
B 生态环境					
珍稀物种	区内无珍稀物种				选址
生态敏感区	园区内无自然保护区、风景名胜区	N	★★	L	选址
湿地	不涉及湿地				选址
C 地下水					
供水	规划工业用水不涉及开采地下水供水问题	B	★★	L	供水规划

续附表 8-1

主要议题	主要的影响环境行为和/或主要影响	正/负效应	影响程度	影响时段	与规划决策的相关性
地下水	(a) 硬化地面,减少地表径流下渗	N	★	L	功能区布局
	(b) 浅层地下水埋深一般,包气带防护性能中等	N	★★★	L	选址/功能区布局
	(c) 化学品泄漏可能污染地下水	N	★★	L	选址
	(d) 园区目前有地下水饮用水源地一、二级保护区,调整后无地下水饮用水源地一、二级保护区	N	★★★	L	选址/功能区布局
D 其他影响(略)					

注:B 为有利影响;N 为不利影响;★为影响较小;★★为影响中等;★★★为影响显著;L 为长期影响;S 为短期影响。

2. 评价因子及评价标准(略)

七、环境影响预测与评价

1. 预测情景设置

(1)规划方案情景(情景一)

根据规划产业规模及产业定位设置为情景一。

(2)优化情景(情景二)

根据规划,并结合水资源上线、环境质量底线,设定能承载的资源消耗、污染排放水平,提出情景二,对相关产业进行限制发展(详情略)。

2. 水污染物预测

附表 8-2 园区规划期末废水量及水质预测

情景	废水类别	废水量/(m^3/a)	主要废水污染物量/(t/a)			
			COD	BOD_5	NH_3-N	SS
情景一	生产废水	5 883 927	2 941.96	1 765.18	205.94	2 353.57
	生活废水	4 812 647	1 925.06	962.53	168.44	1 203.16
	合计	10 696 574	4 867.02	2 727.71	374.38	3 556.73

续附表 8-2

情景	废水类别	废水量 (m^3/a)	主要废水污染物量 (t/a)			
			COD_{cr}	BOD_5	NH_3-N	SS
情景二	生产废水	5289946	2644.97	1586.98	185.15	2115.98
	生活废水	4812647	1925.06	962.53	168.44	1203.16
	合计	10102593	4570.03	2549.51	353.59	3319.14

(1) 地表水环境影响分析

园区产生的生产废水和生活污水排入依托的某污水厂，出水水质达到《城镇污水处理厂污染物排放标准》(GB 18918—2002)一级 A 标准。该污水厂已建成投产，处理工艺和剩余处理规模能够满足园区废水处理要求。该污水厂建设前环境影响评价已完成，园区废水不会对地表水产生过大影响。

(2) 园区废水"零排放"方案可行性分析

某污水处理厂目前深度处理采用"高效沉淀池＋纤维转盘滤池＋臭氧催化氧化"工艺，尾水采用二氧化氯消毒，出水水质好，效果稳定可靠，有较多应用实例，符合《城市污水再生利用 城市杂用水水质》(GB/T 18920—2002)标准及满足《城市污水再生利用 工业用水水质》(GB/T 19923—2005)标准，处理后的出水回用于园区企业循环水系统作为补水或用于区内绿化及道路清洗，完全能做到污水零排放。水平衡计算(略)。

(3)其他环境影响分析(略)

八、资源环境承载力分析

1. 自然资源承载力分析

(1) 土地资源

园区规划面积均为适建区用地，不属于基本农田保护区。规划区所在地按温饱、小康、富裕分别计算人口承载力，均大于规划区人口规模，可以实现自给自足，耕地资源压力不大(见附表 8-3)。

附表 8-3　规划区所在地土地资源承载力分析数据

年限	耕地面积/hm^2	生产潜力/($kg/hm^2 \cdot a$)	人口规模/万人	温饱/(400 kg/人)		小康/(450 kg/人)		富裕/(500 kg/人)	
				人口承载力	超载与否	人口承载力	超载与否	人口承载力	超载与否
规划期末	118 921	3 000	62	89	否	79	否	71	否

（2）其他资源承载力分析（略）

九、环境风险评价（略）

十、规划的环境合理性综合论证与环境影响减缓措施（略）

十一、环境影响减缓对策和措施（略）

十二、公众参与及搬迁安置（略）

十三、评价结论与建议（略）

习题：

1. 规划环境影响评价在工作中应遵循的原则是什么？
2. 与建设项目环境影响评价相比，规划环境影响评价有哪些特点？
3. 列举规划环境影响评价的常用方法。
4. 规划分析的基本内容有哪些？
5. 规划环境影响识别的内容和方法是什么？
6. 规划环境影响预测内容和方法是什么？
7. 规划环境影响评价的减缓措施有哪些？

项目九　环境风险评价

项目背景

近年来，突发性环境污染事故，特别是重化工行业环境污染事故频发，给环境造成严重污染的同时，也给关联人群的生命财产安全造成了巨大的威胁。比如，1984 年 12 月 4 日印度博帕尔农药厂异氰酸甲酯毒气泄漏事故，1986 年 4 月 26 日苏联切尔诺贝利核电站事故，以及我国 2015 年 8 月 12 日天津市发生的特别重大火灾爆炸事故，2019 年 3 月 21 日江苏盐城响水化工厂爆炸事故，均为重大环境污染事故，导致了公私财产的重大损失和多人人身伤亡的严重后果。这些灾难型事件加剧了公众对于环境风险隐患的担忧，也引发了政府相关部门和相关学者的极大关注。

在环境影响评价工作领域，原国家环境保护总局在 2004 年颁布了《建设项目环境风险评价技术导则》（HJ/T 169—2004），2017 年进行修订，2018 年由生态环境部颁发《建设项目环境风险评价技术导则》（HJ 169—2018），于 2019 年 3 月 1 日正式实施，规定了环境风险评价的目的、程序、方法等方面的内容。

2016 年发布新修订的《建设项目环境影响评价技术导则　总纲》（HJ 2.1—2016）规定：对建设阶段和生产运行阶段，可能发生突发事件或事故，引起有毒有害、易燃易爆等物质泄漏，对环境和人身造成影响和损害的建设项目，应开展影响人群健康的潜在环境风险因素识别。对存在环境风险的建设项目，应分析环境风险源项，计算环境风险后果，开展环境风险评价。

项目任务

某新建化工有限公司拟生产电子酚醛树脂 4 000 t/a、电子阻燃环氧树脂 4 000 t/a，水性 PU 增粘乳液 2 000 t/a，主要的生产工艺为合成反应、混合搅拌、分装等工艺，原料中的丁酮、乙醇、丙二醇单甲醚，属于危险化学品。本项目存在的环境风险主要包括原辅材料运输、储存和处理处置过程发生泄漏、火灾二次污染以及环保治理措施发生故障等。试以《建设项目环境风险评价技术导则》（HJ 169—2018）为指导，通过对本项目进行评价工作分级、风险识别和源项分析，进行风险预测和评价。

完成任务需要的知识

在对该化工项目开展环境风险评价之前，需要明确以下几点：

1. 建设项目环境风险评价包括哪些内容？
2. 如何进行环境风险评价工作分级？
3. 如何进行风险识别？如何进行源项分析？如何进行风险预测和评价？

知识模块

模块一　环境风险评价概述

一、环境风险的概念

环境风险是指突发事故对环境造成的危害程度及可能性。环境风险具有不确定性和危害性两个特点。不确定性是指人们对事件发生的时间、地点、强度等难以预测；危害性是指具有风险的事件对风险的承受者会造成的损失或危害，包括对人身健康、经济财产、社会福利以及生态系统带来不同程度的危害。

二、建设项目环境风险评价的原则和工作程序

环境风险评价应以突发性事故导致的危险物质环境急性损害防控为目标，对建设项目的环境风险进行分析、预测和评估，提出环境风险预防、控制、减缓措施，明确环境风险监控及应急建议要求，为建设项目环境风险防控提供科学依据。环境风险评价工作程序见图9-1。

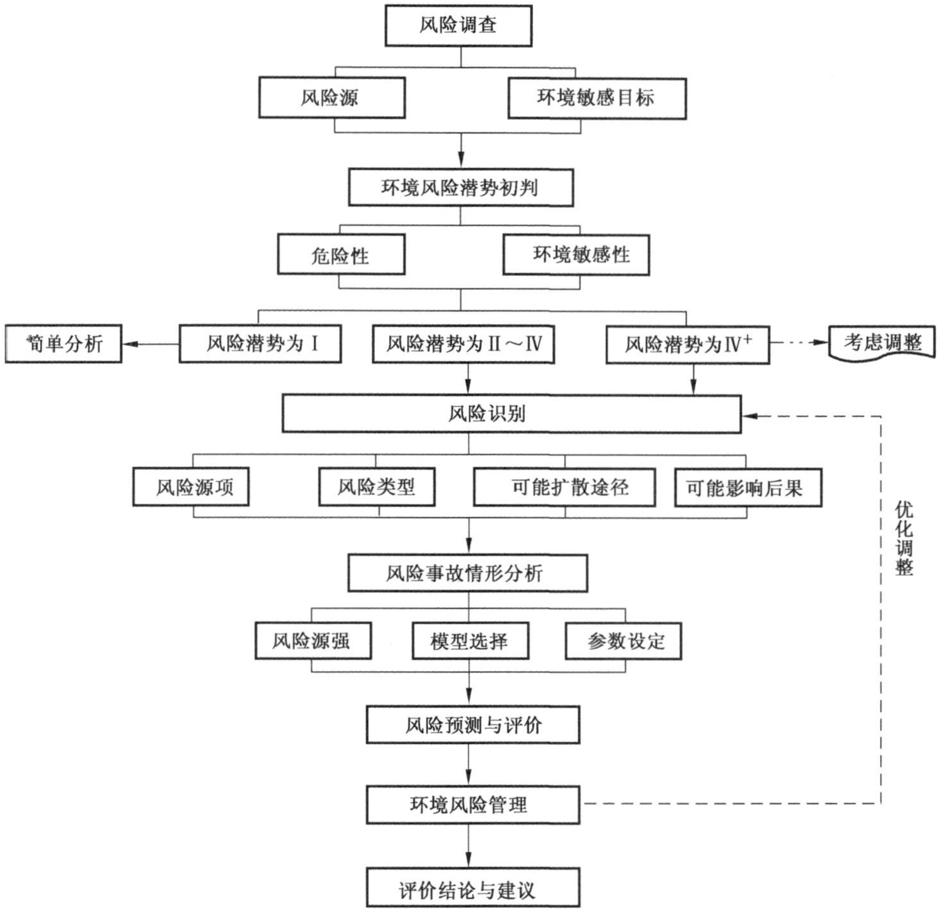

图 9-1 环境风险评价工作程序

模块二 环境风险评价工作等级划分和评价范围

一、评价工作等级划分

环境风险评价工作等级划分为一级、二级、三级。根据建设项目涉及的物质及工艺系统危险性和所在地的环境敏感性确定环境风险潜势，按照表 9-1 确定评价工作等级。风险潜势为Ⅳ及以上，进行一级评价；风险潜势为Ⅲ，进行二级评价；风险潜势为Ⅱ，进行三级评价；风险潜势为Ⅰ，可开展简单分析，即相对于详细评价工作内容而言，在描述危险物质、环境影响途径、环境危害后果、风险防范措施等方面给出定性的说明。

表 9-1 评价工作等级划分

环境风险潜势	Ⅳ、Ⅳ⁺	Ⅲ	Ⅱ	Ⅰ
评价工作等级	一	二	三	简单分析

根据评价等级的不同，各环境要素的风险预测要求有所不同。

1. 大气环境风险预测

一级评价需选取最不利气象条件和事故发生地的最常见气象条件，选择适用的数值方法进行分析预测，给出风险事故情形下危险物质释放可能造成的大气环境影响范围与程度。对于存在极高大气环境风险的项目，应进一步开展关心点概率分析。二级评价需选取最不利气象条件，选择适用的数值方法进行分析预测，给出风险事故情形下危险物质释放可能造成的大气环境影响范围与程度。三级评价应定性分析说明大气环境影响后果。

2. 地表水环境风险预测

一级、二级评价应选择适用的数值方法预测地表水环境风险，给出风险事故情形下可能造成的影响范围与程度；三级评价应定性分析说明地表水环境影响后果。

3. 地下水环境风险预测

一级评价应优先选择适用的数值方法预测地下水环境风险，给出风险事故情形下可能造成的影响范围与程度；低于一级评价的，风险预测分析与评价要求参照《环境影响评价技术导则　地下水环境》执行。

二、评价范围

大气环境风险评价范围：一级、二级评价距建设项目边界一般不低于 5 km；三级评价距建设项目边界一般不低于 3 km。油气、化学品输送管线项目一级、二级评价距管道中心线两侧一般均不低于 200 m；三级评价距管道中心线两侧一般均不低于 100 m。当大气毒性终点浓度预测到达距离超出评价范围时，应根据预测到达距离进一步调整评价范围。

地表水环境风险评价范围参照《环境影响评价技术导则　地表水》(HJ 2.3)确定。

地下水环境风险评价范围参照《环境影响评价技术导则　地下水环境》(HJ 610)确定。

环境风险评价范围应根据环境敏感目标分布情况、事故后果预测可能对环境产生危害的范围等综合确定。项目周边所在区域，评价范围外存在需要特别关注的环境敏感目标，评价范围需延伸至所关心的目标。

模块三　环境风险评价的内容

一、风险调查

1. 建设项目风险源调查

调查建设项目危险物质数量和分布情况、生产工艺特点，收集危险物质安全技术说明书（MSDS）等基础资料。

2. 环境敏感目标调查

根据危险物质可能的影响途径，明确环境敏感目标，给出环境敏感目标区位分布图，列表明确调查对象、属性、相对方位及距离等信息。

二、环境风险潜势初判

环境风险潜势，是对建设项目潜在环境危害程度的概化分析表达，是基于建设项目涉及的物质和工艺系统危险性及其所在地环境敏感程度的综合表征。

环境风险潜势初判具体步骤如下：

1. 确定危险物质及其临界量

《建设项目环境风险评价技术导则》（HJ 169—2018）附录 B 明确列出了建设项目生产、使用、储存过程中可能涉及的 385 种有毒有害、易燃易爆物质及其临界量，其临界量数据来源于《企业突发环境事件风险分级方法》中“附录 A 突发环境事件风险物质及临界量清单”，并随该标准数据更新而更新。限于篇幅，本书不再列出，读者可自行查阅。

对于上述资料中未列入，但是据风险调查需要分析计算的危险物质，该类物质临界量参考欧盟《塞维索指令Ⅲ》（2012/18/EU），其临界量可按表 9-2 中的推荐值选取。其中，健康危害急性毒性物质分类见《化学品分类和标签规范　第 18 部分：急性毒性》（GB 30000.18），危害水环境物质分类见《化学品分类和标签规范　第 28 部分：对水生环境的危害》（GB 30000.28）。

表 9-2　其他危险物质临界量推荐值

序号	物质	推荐临界量/t
1	健康危险急性毒性物质（类别 1）	5
2	健康危险急性毒性物质（类别 2，类别 3）	50
3	危害水环境物质（急性毒性类别 1）	100

2. 定量分析危险物质数量与临界量的比值（Q）

计算所涉及的每种危险物质在厂界内的最大存在总量与其临界量的比值 Q。在不同厂区的同一种物质，按其在厂界内的最大存在总量计算。对于长输管线项目，按照两个截断阀室之间管段危险物质最大存在总量计算。

当只涉及一种危险物质时，计算该物质的总量与其临界量比值，即为 Q；

当存在多种危险物质时，则按式 9-1 计算物质总量与其临界量比值 Q：

$$Q=\sum_{i=1}^{n}\frac{q_i}{Q_i} \tag{9-1}$$

式中：

q_i——每种危险物质的最大存在总量，t；

Q_i——每种危险物质的临界量，t。

当 $Q<1$ 时，该项目环境风险潜势为Ⅰ；

当 $Q\geqslant1$ 时，将 Q 值划分为 $1\leqslant Q<10$；$10\leqslant Q<100$；$Q\geqslant100$。

【例 9-1】某化工项目，存在两种风险物质，在厂区最大存在量分别为 380 t、130 t，临界量分别为 40 t、20 t，则危险物质数量与临界量比值（Q）为（　）。

A. 9.5　　B. 6.5　　C. 16　　D. 0.259

答：C

3. 确定行业及生产工艺（*M*）

分析项目所属行业及生产工艺特点，按照表 9-3 评估生产工艺情况。具有多套工艺单元的项目，对每套生产工艺分别评分并求和。将 M 划分为 $M>20$、$10<M\leqslant20$、$5<M\leqslant10$、$M=5$，分别以 M_1、M_2、M_3 和 M_4 表示。

表 9-3　行业及生产工艺（M）

行业	评估依据	分值
石化、化工、医药、轻工、化纤、有色冶炼等	涉及光气及光气化工艺、电解工艺（氯碱）、氯化工艺、硝化工艺、合成氨工艺、裂解（裂化）工艺、氟化工艺、加氢工艺、重氮化工艺、氧化工艺、过氧化工艺、胺基化工艺、磺化工艺、聚合工艺、烷基化工艺、新型煤化工工艺、电石生产工艺、偶氮化工艺	10/套
	无机酸制酸工艺、焦化工艺	5/套
	其他高温或高压，且涉及危险物质的工艺过程①、危险物质贮存罐区	5/套（罐区）
管道、港口/码头等	涉及危险物质管道运输项目、港口/码头等	10
石油天然气	石油、天然气、页岩气开采（含净化）、气库（不含加气站的气库）、油库（不含加气站的油库）、油气管线②（不含城镇燃气管线）	10
其他	涉及危险物质使用、贮存的项目	5

① 高温指工艺温度≥300 ℃，高压指压力容器的设计压力≥10.0 MPa；
② 长输管道运输项目应按站场、管线分段进行评价。

4. 危险物质及工艺系统危险性(P)分级

根据危险物质数量与临界量比值（Q）和行业及生产工艺（M）、按照表9-4确定危险物质及工艺系统危险性等级（P）、分别以 P_1、P_2、P_3、P_4 表示。

表 9-4　危险物质及工艺系统危险性等级判断(P)

危险物质数量与临界量比值（Q）	行业及生产工艺（M）			
	M_1	M_2	M_3	M_4
$Q \geqslant 100$	P_1	P_1	P_2	P_3
$10 \leqslant Q < 100$	P_1	P_2	P_3	P_4
$1 \leqslant Q < 10$	P_2	P_3	P_4	P_4

5. 环境敏感程度(E)的分级确定

分析危险物质在事故情形下的环境影响途径，如大气、地表水、地下水等，按照以下方式对建设项目各要素环境敏感程度（E）等级进行判断。

（1）大气环境

依据环境敏感目标环境敏感性及人口密度划分环境风险受体的敏感性，共分为三种类型，E_1 为环境高度敏感区，E_2 为环境中度敏感区，E_3 为环境低度敏感区，分级原则见表9-5。

表 9-5　大气环境敏感程度分级

分级	大气环境敏感性
E_1	周边5 km范围内居住区、医疗卫生、文化教育、科研、行政办公等机构人口总数大于5万人，或其他需要特殊保护区域；或周边500 m范围内人口总数大于1 000人；油气、化学品输送管线管段周边200 m范围内，每千米管段人口数大于200人。
E_2	周边5 km范围内居住区、医疗卫生、文化教育、科研、行政办公等机构人口总数大于1万人，小于5万人；或周边500 m范围内人口总数大于500人，小于1 000人；油气、化学品输送管线管段周边200 m范围内，每千米管段人口数大于100人，小于200人。
E_3	周边5 km范围内居住区、医疗卫生、文化教育、科研、行政办公等机构人口总数小于1万人；或周边500 m范围内人口总数小于500人；油气、化学品输送管线管段周边200 m范围内，每千米管段人口数小于100人。

【例9-2】某聚氯乙烯化工项目，项目厂界距园区管委会办公楼（员工300人）约500 m，项目厂界东侧相距化肥厂（员工1 500人）500 m。项目厂界外西侧、北侧5 km范围内有10个自然村（人口总数为7 200人）。该项目环境风险评价专项中大气环境敏感程度是（　）。

A. E_0 环境极度敏感　B. E_1 环境高度敏感　C. E_2 环境中度敏感　D. E_3 环境低度敏感

答:B

(2) 地表水环境

依据事故情况下危险物质泄漏到水体的排放点受纳地表水体功能敏感性,与下游环境敏感目标情况,共分为三种类型,E_1 为环境高度敏感区,E_2 为环境中度敏感区,E_3 为环境低度敏感区,分级原则见表 9-6。其中地表水功能敏感性分区和环境敏感目标分级分别见表 9-7 和表 9-8。

表 9-6 地表水环境敏感程度分级

环境敏感目标	地表水功能敏感性		
	F_1	F_2	F_3
S_1	E_1	E_1	E_2
S_2	E_1	E_2	E_3
S_3	E_1	E_2	E_3

表 9-7 地表水功能敏感性分区

敏感性	地表水环境敏感特征
敏感 F_1	排放点进入地表水水域环境功能为Ⅱ类及以上,或海水水质分类第一类;或以发生事故时,危险物质泄漏到水体的排放点算起,排放进入受纳河流最大流速时,24 h 流经范围内涉跨国界的。
较敏感 F_2	排放点进入地表水水域环境功能为Ⅲ类,或海水水质分类第二类;或以发生事故时,危险物质泄漏到水体的排放点算起,排放进入受纳河流最大流速时,24 h 流经范围内涉跨省界的。
低敏感 F_3	上述地区之外的其他地区。

表 9-8 环境敏感目标分级

分级	环境敏感目标
S_1	发生事故时,危险物质泄漏到内陆水体的排放点下游(顺水流向)10 km 范围内、近岸海域一个潮周期水质点可能达到的最大水平距离的两倍范围内,有如下一类或多类环境风险受体:集中式地表水饮用水水源保护区(包括一级保护区、二级保护区及准保护区)、农村及分散式饮用水水源保护区;自然保护区;重要湿地;珍稀濒危野生动植物天然集中分布区;重要水生生物的自然产卵场及索饵场、越冬场和洄游通道;世界文化和自然遗产地;红树林、珊瑚礁等滨海湿地生态系统;珍稀、濒危海洋生物的天然集中分布区;海洋特别保护区;海上自然保护区;盐场保护区;海水浴场;海洋自然历史遗迹;风景名胜区;或其他特殊重要保护区域。
S_2	发生事故时,危险物质泄漏到内陆水体的排放点下游(顺水流向)10 km 范围内、近岸海域一个潮周期水质点可能达到的最大水平距离的两倍范围内,有如下一类或多类环境风险受体的:水产养殖区;天然渔场;森林公园;地质公园;海滨风景游览区;具有重要经济价值的海洋生物生存区域。

续表 9-8

分级	环境敏感目标
S_3	排放点下游(顺水流向)10 km 范围、近岸海域一个潮周期水质点可能达到的最大水平距离的两倍范围内无上述类型 1 和类型 2 包括的敏感保护目标。

【例 9-3】某项目发生事故时,该项目危险物质可能泄漏到厂址东侧 1 800 m 处的一地表水体（水域环境功能为Ⅱ类）,该泄露排放点下游（顺水流向）4 km 处有一重要水生生物的自然产卵场。该项目环境风险评价地表水环境敏感程度分级判定为（ ）。

A. E_1 环境高度敏感区 B. E_2 环境中度敏感区 C. E_3 环境低度敏感区 D. 无法判定

答:A

（3）地下水环境

依据地下水功能敏感性与包气带防污性能,共分为三种类型,E_1 为环境高度敏感区,E_2 为环境中度敏感区,E_3 为环境低度敏感区,分级原则见表 9-9。其中地下水功能敏感性分区和包气带防污性能分级分别见表 9-10 和表 9-11。当同一建设项目涉及两个 G 分区或 D 分级及以上时,取相对高值。

表 9-9 地下水环境敏感程度分级

包气带防污性能	地下水功能敏感性		
	G_1	G_2	G_3
D_1	E_1	E_1	E_2
D_2	E_1	E_2	E_3
D_3	E_2	E_3	E_3

表 9-10 地下水功能敏感性分区

敏感性	地下水环境敏感特征
敏感 G_1	集中式饮用水水源(包括已建成的在用、备用、应急水源,在建和规划的饮用水水源)准保护区;除集中式饮用水水源以外的国家或地方政府设定的与地下水环境相关的其他保护区,如热水、矿泉水、温泉等特殊地下水资源保护区。
较敏感 G_2	集中式饮用水水源(包括已建成的在用、备用、应急水源,在建和规划的饮用水水源)准保护区以外的补给径流区;未划定准保护区的集中式饮用水水源,其保护区以外的补给径流区;分散式饮用水水源地;特殊地下水资源(如热水、矿泉水、温泉等)保护区以外的分布区等其他未列入上述敏感分级的环境敏感区①。
不敏感 G_3	上述地区之外的其他地区。

注:①“环境敏感区”是指《建设项目环境影响评价分类管理名录》中所界定的涉及地下水的环境敏感区。

表 9-11　包气带防污性能分级

分级	包气带岩土的渗透性能
D_3	$Mb \geqslant 1.0$ m，$K \leqslant 1.0 \times 10^{-6}$ cm/s，且分布连续、稳定。
D_2	0.5 m $\leqslant Mb < 1.0$ m，$K \leqslant 1.0 \times 10^{-6}$ cm/s，且分布连续、稳定； $Mb \geqslant 1.0$ m，1.0×10^{-6} cm/s $< K \leqslant 1.0 \times 10^{-4}$ cm/s，且分布连续、稳定。
D_1	岩（土）层不满足上“D_2”和“D_3”条件。

注：Mb：岩土层单层厚度；K：渗透系数。

6. 环境风险潜势划分

建设项目环境风险潜势划分为Ⅰ、Ⅱ、Ⅲ、Ⅳ/Ⅳ$^+$级。根据前述方法确定的建设项目涉及的危险物质及工艺系统危险性（P）及其所在地的环境敏感程度（E），按照表 9-12 确定环境风险潜势。建设项目环境风险潜势综合等级取各要素等级的相对高值。

表 9-12　建设项目环境风险潜势划分

环境敏感程度（E）	危险物质及工艺系统危险性（P）			
	极高危害（P_1）	高度危害（P_2）	中度危害（P_3）	轻度危害（P_4）
环境高度敏感区（E_1）	Ⅳ$^+$	Ⅳ	Ⅲ	Ⅲ
环境中度敏感区（E_2）	Ⅳ	Ⅲ	Ⅲ	Ⅱ
环境低度敏感区（E_3）	Ⅲ	Ⅲ	Ⅱ	Ⅰ

注：Ⅳ$^+$为极高环境风险。

三、风险识别

1. 风险识别内容

物质危险性识别，包括主要原辅材料、燃料、中间产品、副产品、最终产品、污染物、火灾和爆炸伴生、次生物等。

生产系统危险性识别，包括主要生产装置、储运设施、公用工程和辅助生产设施，以及环境保护设施等。

危险物质向环境转移的途径识别，包括分析危险物质特性及可能的环境风险类型，识别危险物质影响环境的途径，分析可能影响的环境敏感目标。

2. 风险识别方法

（1）资料收集和准备

根据危险物质泄漏、火灾、爆炸等突发性事故可能造成的环境风险类型，收集和准备建设项目工程资料，周边环境资料，国内外同行业、同类型事故统计分析及典型事故案例资料。对已建工程应收集环境管理制度，操作和维护手册，突发环境事件应急预案，应急培训、演练记录，历史突发环境事件及生产安全事故调查资料，设备失效统计数据等。

(2) 物质危险性识别

按前述危险物质确定方法识别出的危险物质，以图表的方式给出其易燃易爆、有毒有害危险特性，明确危险物质的分布。

(3) 生产系统危险性识别

按工艺流程和平面布置功能区划，结合物质危险性识别，以图表的方式给出危险单元划分结果及单元内危险物质的最大存在量。按生产工艺流程分析危险单元内潜在的风险源。

按危险单元分析风险源的危险性、存在条件和转化为事故的触发因素。

采用定性或定量分析方法筛选确定重点风险源。

(4) 环境风险类型及危害分析

环境风险类型包括危险物质泄漏，以及火灾、爆炸等引发的伴生、次生污染物排放。

根据物质及生产系统危险性识别结果，分析环境风险类型、危险物质向环境转移的可能途径和影响方式。

3. 风险识别结果

在风险识别的基础上，图示危险单元分布。给出建设项目环境风险识别汇总，包括危险单元、风险源、主要危险物质、环境风险类型、环境影响途径、可能受影响的环境敏感目标等，说明风险源的主要参数。

四、风险事故情形分析

1. 风险事故情形设定

(1) 风险事故情形设定内容

在风险识别的基础上，选择对环境影响较大并具有代表性的事故类型，设定风险事故情形。风险事故情形设定内容应包括环境风险类型、风险源、危险单元、危险物质和影响途径等。

(2) 风险事故情形设定原则

同一种危险物质可能有多种环境风险类型。风险事故情形应包括危险物质泄漏，以及火灾、爆炸等引发的伴生、次生污染物排放情形。对不同环境要素产生影响的风险事故情形，应分别进行设定。

对于火灾、爆炸事故，需将事故中未完全燃烧的危险物质在高温下迅速挥发释放至大气，以及燃烧过程中产生的伴生、次生污染物对环境的影响作为风险事故情形设定的内容。

设定的风险事故情形发生可能性应处于合理的区间，并与经济技术发展水平相适应。一般而言，发生频率小于 10^{-6}/年的事件是极小概率事件，可作为代表性事故情形中最大可信事故设定的参考。

风险事故情形设定的不确定性与筛选。由于事故触发因素具有不确定性，因此事故情形的设定并不能包含全部可能的环境风险，但通过具有代表性的事故情形分析可为风险管理提供科学依据。事故情形的设定应在环境风险识别的基础上筛选，设定的事故情形应具有危险物质、环境危害、影响途径等方面的代表性。

2. 源项分析

源项分析应基于风险事故情形的设定，合理估算源强。根据风险事故情形确定事故源参数（如泄漏点高度、温度、压力、泄漏液体蒸发面积等）、释放或泄漏速率、释放或泄漏时间、释放或泄漏量、泄漏液体蒸发量等，给出源强汇总。

泄漏频率可按表 9-13 确定，也可采用事故树、事件树分析法或类比法等确定。

表 9-13　泄漏频率表

部件类型	泄漏模式	泄漏频率
反应器/工艺储罐/气体储罐/塔器	泄漏孔径为 10 mm 孔径	1.00×10^{-4}/a
	10 min 内储罐泄漏完	5.00×10^{-6}/a
	储罐全破裂	5.00×10^{-6}/a
常压单包容储罐	泄漏孔径为 10 mm 孔径	1.00×10^{-4}/a
	10 min 内储罐泄漏完	5.00×10^{-6}/a
	储罐全破裂	5.00×10^{-6}/a
常压双包容储罐	泄漏孔径为 10 mm 孔径	1.00×10^{-4}/a
	10 min 内储罐泄漏完	1.25×10^{-8}/a
	储罐全破裂	1.25×10^{-8}/a
常压全包容储罐	储罐全破裂	1.00×10^{-8}/a
内径≤75 mm 的管道	泄漏孔径为 10%孔径	5.00×10^{-6}/（m·a）
	全管径泄漏	1.00×10^{-6}/（m·a）
75 mm＜内径≤150 mm 的管道	泄漏孔径为 10%孔径	2.00×10^{-6}/（m·a）
	全管径泄漏	3.00×10^{-7}/（m·a）
内径＞150 mm 的管道	泄漏孔径为 10%孔径（最大 50 mm）	2.40×10^{-6}/（m·a）①
	全管径泄漏	1.00×10^{-7}/（m·a）

续表 9-13

部件类型	泄漏模式	泄漏频率
泵体和压缩机	泵体和压缩机最大连接管泄漏孔径为 10%孔径（最大 50 mm）	5.00×10^{-4}/a
	泵体和压缩机最大连接管全管径泄漏	1.00×10^{-4}/a
装卸臂	装卸臂连接管泄漏孔径为 10%孔径（最大 50 mm）	3.00×10^{-7}/h
	装卸臂全管径泄漏	3.00×10^{-8}/h
装卸软管	装卸软管连接管泄漏孔径为 10%孔径(最大 50 mm)	4.00×10^{-5}/h
	装卸软管全管径泄漏	4.00×10^{-6}/h

注：以上数据来源于荷兰 TNO 紫皮书(Guidelines for Quantitative) 以及 Reference Manual Bevi Risk Assessments；

① 来源于国际油气协会（International Association of Oil & Gas Producers）发布的 Risk Assessment Data Directory（2010,3）。

事故源强是为事故后果预测提供分析模拟情形。事故源强设定可采用的方法有：

（1）计算法

计算法适用于以腐蚀或应力作用等引起的泄漏型为主的事故。泄漏时间应结合建设项目探测和隔离系统的设计原则确定。一般情况下，设置紧急隔离系统的单元，泄漏时间可设定为 10 min；未设置紧急隔离系统的单元，泄漏时间可设定为 30 min。

液体、气体和两相流泄漏速率的计算如下：

① 液体泄漏

液体泄漏速率 Q_L 用伯努利方程计算（限制条件为液体在喷口内不应有急骤蒸发）：

$$Q_L = C_d A\rho\sqrt{\frac{2(P-P_0)}{\rho}+2gh} \tag{9-2}$$

式中：

Q_L ——液体泄漏速率，kg/s；

P ——容器内介质压力，Pa；

P_0 ——环境压力，Pa；

ρ ——泄漏液体密度，kg/m^3；

g ——重力加速度，9.81 m/s^2；

h ——裂口之上液位高度，m；

C_d ——液体泄漏系数，按表 9-14 选取；

A ——裂口面积，m^2。

表 9-14　液体泄漏系数（C_d）

雷诺数 Re	裂口形状		
	圆形（多边形）	三角形	长方形
>100	0.65	0.60	0.55
≤100	0.50	0.45	0.40

② 气体泄漏

当式（9-3）成立时，气体流动属音速流动（临界流）：

$$\frac{P_0}{P} \leqslant \left(\frac{2}{\gamma+1}\right)^{\frac{\gamma}{\gamma-1}} \tag{9-3}$$

当式（9-4）成立时，气体流动属于亚音速流动（次临界流）：

$$\frac{P_0}{P} > \left(\frac{2}{\gamma+1}\right)^{\frac{\gamma}{\gamma-1}} \tag{9-4}$$

式中：

P ——容器压力，Pa；

P_0——环境压力，Pa；

γ ——气体的绝热指数（比热容比），即定压比热容 C_P 与定容比热容 C_V 之比；

假定气体特性为理想气体，其泄漏速率 Q_G 按式（9-5）计算：

$$Q_G = YC_d AP\sqrt{\frac{M\gamma}{RT_G}\left(\frac{2}{\gamma+1}\right)^{\frac{\gamma+1}{\gamma-1}}} \tag{9-5}$$

式中：

Q_G ——气体泄漏速率，kg/s；

P ——容器压力，Pa；

C_d ——气体泄漏系数；当裂口形状为圆形时取 1.00，三角形时取 0.95，长方形时取 0.90；

M ——物质的摩尔质量，kg/mol；

R ——气体常数，J/（mol·K）；

T_G ——气体温度，K；

A ——裂口面积，m^2；

Y ——流出系数，对于临界流 $Y=1.0$；对于次临界流按式（9-6）计算：

$$Y=\left(\frac{P_0}{P}\right)^{\frac{1}{\gamma}}\times\left[1-\left(\frac{P_0}{P}\right)^{\frac{\gamma-1}{\gamma}}\right]^{\frac{1}{2}}\times\left[\left(\frac{2}{\gamma-1}\right)\times\left(\frac{\gamma+1}{2}\right)^{\frac{\gamma+1}{\gamma-1}}\right]^{\frac{1}{2}} \tag{9-6}$$

③ 两相流泄漏

假定液相和气相是均匀的，且互相平衡，两相流泄漏速率 Q_{LG} 按式（9-7）计算：

$$Q_{LG}=C_dA\sqrt{2\rho_m(P-P_C)} \tag{9-7}$$

$$\rho_m=\frac{1}{\frac{F_V}{\rho_1}+\frac{1-F_V}{\rho_2}} \tag{9-8}$$

$$F_V=\frac{C_P(T_{LG}-T_C)}{H} \tag{9-9}$$

式中：

Q_{LG} ——两相流泄漏速率，kg/s；

C_d ——两相流泄漏系数，取 0.8；

P_C ——临界压力，Pa，取 0.55 Pa；

P ——操作压力或容器压力，Pa；

A ——裂口面积，m^2；

ρ_m ——两相混合物的平均密度，kg/m^3；

ρ_1 ——液体蒸发的蒸汽密度，kg/m^3；

ρ_2 ——液体密度，kg/m^3；

F_V ——蒸发的液体占液体总量的比例；

C_P ——两相混合物的定压比热容，J/(kg · K)；

T_{LG} ——两相混合物的温度，K；

T_C ——液体在临界压力下的沸点，K；

H ——液体的汽化热，J/kg。

当 $F_V>1$ 时，表明液体将全部蒸发成气体，此时应按气体泄漏计算；如果 F_V 很小，则可近似地按液体泄漏公式计算。

（2）经验法

经验估算法适用于以火灾、爆炸等突发性事故伴生、次生的污染物释放。火灾、爆炸事故在高温下迅速挥发释放至大气的未完全燃烧危险物质，以及在燃烧过程中产生的伴生、次生污染物，可按经验法估算释放量。火灾爆炸事故中未参与燃烧有毒有害物质的释放比例取值见表 9-15。

表 9-15　火灾爆炸事故有毒有害物质释放比例

单位：%

Q	LC_{50}					
	<200	≥200，<1 000	≥1 000，<2 000	≥2 000，<10 000	≥10 000，<20 000	≥20 000
≤100	5	10				
>100，≤500	1.5	3	6			
>500，≤1 000	1	2	4	5	8	
>1 000，≤5 000		0.5	1	1.5	2	3
>5 000，≤10 000			0.5	1	1	2
>10 000，≤20 000				0.5	1	1
>20 000，≤50 000					0.5	0.5
>50 000，≤100 000						0.5

注：LC_{50}为物质半致死浓度，mg/m^3；Q为有毒有害物质在线量，t。

火灾伴生、次生污染物往往还会产生二氧化硫和一氧化碳，其产生量估算方法如下：

① 二氧化硫产生量

油品火灾伴生、次生二氧化硫产生量按式（9-10）计算：

$$G_{二氧化硫}=2BS \tag{9-10}$$

式中：

$G_{二氧化硫}$——二氧化硫排放速率，kg/h；

B——物质燃烧量，kg/h；

S——物质中硫的含量，%。

② 一氧化碳产生量

油品火灾伴生、次生一氧化碳产生量按式（9-11）计算：

$$G_{一氧化碳}=2\ 330qCQ \tag{9-11}$$

式中：

$G_{一氧化碳}$——一氧化碳的产生量，kg/s；

q——化学不完全燃烧值，取1.5%～6.0%；

C——物质中碳的含量，取85%；

Q——参与燃烧的物质量，t/s。

（3）其他估算方法

装卸事故，泄漏量按装卸物质流速和管径及失控时间计算，失控时间一般可按5～30 min

计；油气长输管线泄漏事故，按管道截面100%断裂估算泄漏量，应考虑截断阀启动前、后的泄漏量。截断阀启动前，泄漏量按实际工况确定；截断阀启动后，泄漏量以管道泄压至与环境压力平衡所需要时间计；水体污染事故源强应结合污染物释放量、消防用水量及雨水量等因素综合确定。

【例9-4】（不定项选择）某原油长输管线发生泄漏事故，关于泄漏量估算的说法，正确的有（　）。

A. 按管道截面90%断裂估算泄漏量

B. 应考虑截断阀启动前、后的泄漏量

C. 截断阀启动前，泄漏量按实际工况确定

D. 截断阀启动后，泄漏量以管道泄压至与环境压力平衡所需要时间计

答：B、C、D

五、风险预测与评价

环境风险预测评价常利用数学模型和必要的模拟实验计算或估计评价项目对环境产生的风险大小与范围。风险预测与评价主要包括有毒有害物质在大气、地表水、地下水环境中的运移扩散这几个部分。

1. 有毒有害物质在大气中的扩散

(1) 预测模型筛选

有毒有害物质在大气中的扩散预测模型主要包括SLAB模型和AFTOX模型。

其中，SLAB模型适用于平坦地形下重质气体排放的扩散模拟。SLAB模型处理的排放类型包括地面水平挥发池、抬升水平喷射、烟囱或抬升垂直喷射以及瞬时体源。SLAB模型可以在一次运行中模拟多组气象条件，但模型不适用于实时气象数据输入。

AFTOX模型适用于平坦地形下中性气体和轻质气体排放以及液池蒸发气体的扩散模拟。AFTOX模型可模拟连续排放或瞬时排放，液体或气体，地面源或高架源，点源或面源的指定位置浓度、下风向最大浓度及其位置等。

预测计算时，应区分重质气体与轻质气体排放选择合适的大气风险预测模型。其中重质气体和轻质气体的判断依据可采用理查德森数进行判定。

理查德森数定义及计算公式：判定烟团、烟羽是否为重质气体，取决于它相对空气的“过剩密度”和环境条件等因素。通常采用理查德森数（R_i）作为标准进行判断。R_i的概念公式为

$$R_i = \text{烟团的势能}/\text{环境的湍流势能} \quad (9\text{-}12)$$

R_i 是个流体动力学参数。根据不同的排放性质,理查德森数的计算公式不同。一般地,依据排放类型,理查德森数的计算分连续排放、瞬时排放两种形式:

连续排放:

$$R_i=\frac{\left[\frac{g(Q/\rho_{rel})}{D_{rel}}\times\frac{\rho_{rel}-\rho_a}{\rho_a}\right]^{\frac{1}{3}}}{U_r} \tag{9-13}$$

瞬时排放:

$$R_i=\frac{g(Q_t/\rho_{rel})^{\frac{1}{3}}}{U_r^2}\times\frac{\rho_{rel}-\rho_a}{\rho_a} \tag{9-14}$$

式中:

ρ_{rel} ——排放物质进入大气的初始密度,kg/m^3;

ρ_a ——环境空气密度,kg/m^3;

Q ——连续排放烟羽的排放速率,kg/s;

Q_t ——瞬时排放的物质质量,kg;

D_{rel}——初始的烟团宽度,即源直径,m;

U_r ——10 m 高处风速,m/s。

判定连续排放还是瞬时排放,可以通过对比排放时间 T_d 和污染物到达最近的受体点(网格点或敏感点)的时间 T 确定。

$$T=2X/U_r \tag{9-15}$$

式中:

X ——事故发生地与计算点的距离,m;

U_r——10 m 高处风速,m/s。假设风速和风向在 T 时间段内保持不变。当 $T_d>T$ 时,可被认为是连续排放的;当 $T_d\leqslant T$ 时,可被认为是瞬时排放。

判断标准为:对于连续排放,$R_i\geqslant 1/6$ 为重质气体,$R_i<1/6$ 为轻质气体;对于瞬时排放,$R_i>0.04$ 为重质气体,$R_i\leqslant 0.04$ 为轻质气体。当 R_i 处于临界值附近时,说明烟团、烟羽既不是典型的重质气体扩散,也不是典型的轻质气体扩散。可以进行敏感性分析,分别采用重质气体模型和轻质气体模型进行模拟,选取影响范围最大的结果。

采用上述推荐模型进行气体扩散后果预测,模型选择应结合模型的适用范围、参数要求等说明模型选择的依据,选用推荐模型以外的其他技术成熟的大气风险预测模型时,需说明模型选择理由及适用性。

(2) 预测范围与计算点

预测范围即预测物质浓度达到评价标准时的最大影响范围，通常由预测模型计算获取。预测范围一般不超过 10 km。

计算点分特殊计算点和一般计算点。特殊计算点指大气环境敏感目标等关心点，一般计算点指下风向不同距离点。一般计算点的设置应具有一定分辨率，距离风险源 500 m 范围内可设置 10～50 m 间距，大于 500 m 范围内可设置 50～100 m 间距。

(3) 事故源参数

根据大气风险预测模型的需要，调查泄漏设备类型、尺寸、操作参数（压力、温度等），泄漏物质理化特性（摩尔质量、沸点、临界温度、临界压力、比热容比、气体定压比热容、液体定压比热容、液体密度、汽化热等）。

(4) 气象参数

对于一级评价，需选取最不利气象条件及事故发生地的最常见气象条件分别进行后果预测。其中最不利气象条件取 F 类稳定度，1.5 m/s 风速，温度 25 ℃，相对湿度 50%；最常见气象条件由当地近 3 年内的至少连续 1 年气象观测资料统计分析得出，包括出现频率最高的稳定度、该稳定度下的平均风速（非静风）、日最高平均气温、年平均湿度。

对于二级评价，需选取最不利气象条件进行后果预测。最不利气象条件取 F 类稳定度，1.5 m/s 风速，温度 25℃，相对湿度 50%。

(5) 大气毒性终点浓度值选取

大气毒性终点浓度即预测评价标准。大气毒性终点浓度值选取参见《建设项目环境风险评价技术导则》（HJ 169—2018）附录 H，分为 1、2 级。其中 1 级为当大气中危险物质浓度低于该限值时，绝大多数人员暴露 1 h 不会对生命造成威胁，当超过该限值时，有可能对人群造成生命威胁；2 级为当大气中危险物质浓度低于该限值时，暴露 1 h 一般不会对人体造成不可逆的伤害，或出现的症状一般不会损伤该个体采取有效防护措施的能力。

(6) 预测结果的表达

对于有毒有害物质在大气中的扩散预测，应当给出下风向不同距离处有毒有害物质的最大浓度，以及预测浓度达到不同毒性终点浓度的最大影响范围，还要给出各关心点的有毒有害物质浓度随时间变化情况，以及关心点的预测浓度超过评价标准时对应的时刻和持续时间。对于存在极高大气环境风险的建设项目，应开展关心点概率分析，即有毒有害气体（物质）剂量负荷对个体的大气伤害概率、关心点处气象条件的频率、事故发生概率的乘积，以反映关心点处人员在无防护措施条件下受到伤害的可能性。

2. 有毒有害物质在地表水、地下水环境中的运移扩散

(1) 预测模型筛选

有毒有害物质进入水环境包括事故直接导致和事故处理处置过程间接导致的情况，一般为瞬时排放源和有限时段内的排放源。

对于地表水，根据风险识别结果、有毒有害物质进入水体的方式、水体类别及特征，以及有毒有害物质的溶解性，选择适用的预测模型。其中，对于油品类泄漏事故，流场计算以及其他事故按《环境影响评价技术导则　地表水环境》(HJ 2.3)中的相关要求，选取适用的预测模型，溢油漂移扩散过程按《海洋工程　环境影响评价技术导则》(GB/T 19485)中的溢油粒子模型进行溢油轨迹预测。

地下水风险预测模型及参数参照《环境影响评价技术导则　地下水环境》(HJ 610)进行预测。

(2) 终点浓度值(预测评价标准)选取

终点浓度值根据水体分类及预测点水体功能要求，按照《地表水环境质量标准》(GB 3838)、《生活饮用水卫生标准》(GB 5749)、《海水水质标准》(GB 3097)或《地下水质量标准》(GB/T 14848)选取。对于未列入上述标准，但确需进行分析预测的物质，其终点浓度值选取可参照《环境影响评价技术导则　地表水环境》(HJ 2.3)和《环境影响评价技术导则　地下水环境》(HJ 610)进行判定。对于难以获取终点浓度值的物质，可按质点运移到达判定。

(3) 预测结果表述

对于地表水，根据风险事故情形对水环境的影响特点，预测结果可表述为：给出有毒有害物质进入地表水体最远超标距离及时间，给出有毒有害物质经排放通道到达下游(按水流方向)环境敏感目标处的到达时间、超标时间、超标持续时间及最大浓度，对于在水体中漂移类物质，应给出漂移轨迹。

对于地下水，给出有毒有害物质进入地下水体到达下游厂区边界和环境敏感目标处的到达时间、超标时间、超标持续时间及最大浓度。

3. 环境风险评价

结合各要素风险预测，分析说明建设项目环境风险的危害范围与程度。大气环境风险的影响范围和程度由大气毒性终点浓度确定，明确影响范围内的人口分布情况；地表水、地下水对照功能区质量标准浓度(或参考浓度)进行分析，明确对下游环境敏感目标的影响情况。环境风险可采用后果分析、概率分析等方法开展定性或定量评价，以避免急性损害为重点，确定环境风险防范的基本要求。

六、环境风险管理

1. 环境风险管理目标

环境风险管理目标是采用最低合理可行原则（As Low As Reasonable Practicable，ALARP）管控环境风险。采取的环境风险防范措施应与社会经济技术发展水平相适应，运用科学的技术手段和管理方法，对环境风险进行有效的预防、监控、响应。

2. 风险防范措施

大气环境风险防范应结合风险源状况明确环境风险的防范、减缓措施，提出环境风险监控要求，并结合环境风险预测分析结果、区域交通道路和安置场所位置等，提出事故状态下人员的疏散通道及安置等应急建议。

事故废水环境风险防范应明确“单元—厂区—园区、区域”的环境风险防控体系要求，设置事故废水收集（尽可能以非动力自流方式）和应急储存设施，以满足事故状态下收集泄漏物料、污染消防水和污染雨水的需要，明确并图示防止事故废水进入外环境的控制、封堵系统。

应急储存设施应根据发生事故的设备容量、事故时消防用水量及可能进入应急储存设施的雨水量等因素综合确定。应急储存设施内的事故废水，应及时进行有效处置，做到回用或达标排放。结合环境风险预测分析结果，提出实施监控和启动相应的园区/区域突发环境事件应急预案的建议要求。

地下水环境风险防范应重点采取源头控制和分区防渗措施，加强地下水环境的监控、预警，提出事故应急减缓措施。

针对主要风险源，提出设立风险监控及应急监测系统，实现事故预警和快速应急监测跟踪，提出应急物资、人员等的管理要求。

对于改建、扩建和技术改造项目，应分析依托企业现有环境风险防范措施的有效性，提出完善意见和建议。

环境风险防范措施应纳入环保投资和建设项目竣工环境保护验收内容。考虑事故触发具有不确定性，厂内环境风险防控系统应纳入园区、区域环境风险防控体系，明确风险防控设施、管理的衔接要求。极端事故风险防控及应急处置应结合所在园区、区域环境风险防控体系统筹考虑，按分级响应要求及时启动园区、区域环境风险防范措施，实现厂内与园区、区域环境风险防控设施及管理有效联动，有效防控环境风险。

【例 9-5】（不定项选择）某化工项目污水处理设施建于集中式饮用水水源地上游 5 km 处，对下游方向 1 km 处下伏潜水含水层进行跟踪监测时，发现该污水特征污染物呈明显上升趋势，有向下游污染的风险，该项目可采取的地下水污染应急防控措施有（　）。

A. 修复污水设施的渗漏点

B. 在监测井下游建立注水阻隔系统

C. 建立抽水水力阻隔系统

D. 监测地下水特征水质因子浓度变化

答：A、B、C、D

3. 突发环境事件应急预案

按照国家、地方和相关部门要求，提出企业突发环境事件应急预案编制或完善的原则要求，包括预案适用范围、环境事件分类与分级、组织机构与职责、监控和预警、应急响应、应急保障、善后处置、预案管理与演练等内容。

明确企业、园区、区域、地方政府环境风险应急体系。企业突发环境事件应急预案应体现分级响应、区域联动的原则，与地方政府突发环境事件应急预案相衔接，明确分级响应程序。

七、评价结论与建议

1. 项目危险因素

简要说明主要危险物质、危险单元及其分布，明确项目危险因素，提出优化平面布局、调整危险物质存在量及危险性控制的建议。

2. 环境敏感性及事故环境影响

简要说明项目所在区域环境敏感目标及其特点，根据预测分析结果，明确突发性事故可能造成环境影响的区域和涉及的环境敏感目标，提出保护措施及要求。

3. 环境风险防范措施和应急预案

结合区域环境条件和园区/区域环境风险防控要求，明确建设项目环境风险防控体系，重点说明防止危险物质进入环境及进入环境后的控制、消减、监测等措施，提出优化调整风险防范措施建议及突发环境事件应急预案原则要求。

4. 环境风险评价结论与建议

综合环境风险评价专题的工作过程，明确给出建设项目环境风险是否可防控的结论。根据建设项目环境风险可能影响的范围与程度，提出缓解环境风险的建议措施。对存在较大环境风险的建设项目，须提出环境影响后评价的要求。

任务实践

本建设项目主要生产电子酚醛树脂、电子阻燃环氧树脂、水性 PU 增粘乳液等。原料中的丁酮、乙醇、丙二醇单甲醚，属于危险化学品。在正常使用过程中挥发出的废气经处理后排放，一般对周围环境和人体造成的影响可以控制在允许范围内，但是如果发生泄漏会影响周围空气环境质量，毒性物质泄露会直接影响到周围地区人员的健康甚至生命安全。因此，当生产控制系统发生故障或发生突发事故时，都可能造成环境污染事故。

一、环境风险评价工作等级

1. 危险物质数量与临界量的比值（Q）

本项目的原辅料在《建设项目环境风险评价技术导则》(HJ 169—2018)附录 B 和《危险化学品重大危险源辨识》(GB 18218—2018) 中的物质见附表 9-1。建设项目 Q 值确定详见附表 9-1。

附表 9-1　建设项目 Q 值确定表

序号	物质	CAS 号	最大存在总量 q_n/t	临界量 Q_n/t	该种危险物质 Q 值
1	丙酮	67-64-1	120	10	12
2	甲苯	108-88-3	120	10	12
3	丁酮	78-93-3	24	10	2.4
4	环己酮	108-94-1	20	10	2
5	乙酸乙酯	141-78-6	56	10	5.6
6	120 号溶剂油	—	60	2 500	0.024
7	甲基丙烯酸甲酯	80-62-6	40	10	4
8	二甲基甲酰胺	68-12-2	20	5	4
9	0＃柴油	——	0.8	2 500	0.000 32
10	1-4 萘醌	——	8	50	0.16
11	六亚甲基二异氰酸酯	——	20	50	0.4
项目 Q 值Σ					42.224 32

从上表可知，本项目的 Q 值属于 $10 \leqslant Q < 100$。

2. 行业及生产工艺特点（M）

本项目生产过程中，反应釜中会发生聚合反应，生产过程中涉及危险物质的使用及贮存，其储存条件为常温常压，故 M 值的确定详见附表 9-2。

附表 9-2　建设项目 M 值确定表

序号	工艺单元名称	生产工艺	数量/套	M 分值
1	反应单元	聚合工艺	8	80
2	储罐	储罐	2	10
项目 M 值∑				90

从上表可知，本项目的 $M>20$，属于 M_1。

2. 危险物质及工艺系统危险性(P)

根据危险物质数量与临界量比值(Q)和行业及生产工艺(M)，按照表 9-4 确定危险物质及工艺系统危险性等级(P)。本项目的 Q 值属于 $10 \leqslant Q < 100$，M 值属于 M_1，本项目的 P 值为 P_1(高度危害)。

4. 环境敏感程度(E)

环境敏感程度分为大气环境、地表水环境、地下水环境的敏感程度。

根据现状调查和表 9-5，本项目大气环境敏感度属于 E_2 类。

根据现状调查和表 9-6、表 9-7、表 9-8，企业周边地表水功能敏感性为 F_3，地表水环境敏感目标分级为 S_3，本项目地表水环境敏感程度分级为 E_3 类。

根据现状调查和表 9-9、表 9-10、表 9-11，本项目地下水环境敏感程度属于 E_2 类。

5. 环境风险潜势划分和评价工作等级

本项目环境敏感性最高为 E_2，危险物质及工艺系统危险性属于 P_1 类，根据表 9-1 和表 9-12，本项目环境风险评价工作等级为一级。

二、风险识别

本项目的环境风险详见附表 9-3。

附表 9-3　环境风险识别表

序号	危险单元	风险源	主要危险物质	环境风险类型	环境影响途径	可能受影响的环境敏感目标
1	生产车间	储罐、反应釜	丙酮、甲苯、丁酮、环己酮、乙酸乙酯、120 号溶剂油、二甲基甲酰胺、甲基丙烯酸甲酯	毒性、可燃	地表水、大气	居民区
2	仓库	仓库		毒性、可燃	地表水、大气	居民区

续附表 9-3

序号	危险单元	风险源	主要危险物质	环境风险类型	环境影响途径	可能受影响的环境敏感目标
3	危废暂存间	固态原料废包装袋、固态原料废包装桶、液态原料废包装桶、废树脂胶黏剂	丙酮、甲苯、非甲烷总烃	毒性	地表水	项目附近河流
4	二级冷凝＋水喷淋＋UV光解	工艺废气、灌装废气	非甲烷总烃、甲苯、丙酮	毒性	大气	居民区

三、源项分析

1. 风险事故情形确定

根据《建设项目环境风险评价技术导则》（HJ 169—2018），本项目可能发生的各类风险事故，其影响后果见附表 9-4。

附表 9-4　本项目风险事故影响后果比较一览表

序号	风险事故	影响后果	影响程度
1	生产装置及生产过程潜在的风险事故	在生产中使用丙酮、甲苯、丁酮、环己酮、乙酸乙酯时，输送管道破裂导致物料泄漏，泄漏的物料挥发出有机废气从而影响环境空气质量，或危害人体健康。由于生产过程对所有管道进行定期检查和维护，发生事故的可能性较小，且事故发生后采取对策，防止物料泄露至车间外，影响后果一般。	一般
2	危险废物贮运过程中的风险事故	本项目生产过程会产生危废，其运输过程如果出现翻车事故，或贮存过程出现跑冒滴漏等情况，地面污染物经雨水冲刷则可能会进入地表水体，或挥发出的气态污染物向四周自然扩散。本项目委托具有危险废物运输资质的专业运输公司，且运输路线尽量避开饮用水源保护区及大型城镇中心，因此危险废物贮运事故的影响后果也可以得到有效控制。	一般
3	危险物质贮运过程中的风险事故	本项目使用的危险物质装卸过程因操作不当导致物料泄露，危险物质大量溢出而对环境造成污染或人员伤害；丙酮、甲苯、丁酮、环己酮、乙酸乙酯、120 号溶剂油、二甲基甲酰胺、甲基丙烯酸甲酯若发生散落会挥发有机废气，危害人体健康。	较大
4	污染治理设施的风险事故	由于本项目生产过程中有非甲烷总烃、甲苯等污染物产生，一旦污染防治措施失效，则污染物将直接排入周边环境。由于防治措施失效的概率较小，发生事故的可能性较小，且发生事故后立即采取对策，故影响后果一般。	一般

续附表 9-4

序号	风险事故	影响后果	影响程度
5	火灾爆炸引起的次生环境风险事故	本项目使用的丙酮、甲苯、丁酮、环己酮、乙酸乙酯遇高温、明火可能引发火灾或爆炸，同时释放出非甲烷总烃、一氧化碳、甲苯等有毒有害气体。发生爆炸风险的可能性很小，事故一旦发生危害较大。故项目火灾爆炸影响后果较大。	较大

根据上表，企业生产过程中可能发生风险事故影响后果、影响程度最大的为危险物质贮运过程中的风险事故、火灾爆炸引起的次生环境风险事故。本项目最大可信事故设定为化学品泄漏和火灾次生事件作为最大可信事故。

2. 风险事故情景设定

本项目液体化学品泄漏形成的蒸汽扩散至周边环境，影响环境空气质量，严重时可能引起严重中毒事故，当蒸汽浓度达到一定范围，有点火源（如明火、电气火花、静电火花等）时易发生火灾爆炸引起的次生环境事件。设定本项目风险事故情景为：装卸的化学品为甲苯、丙酮、丁酮、120 号溶剂油、乙酸乙酯等；若输料管道发生泄漏，泄漏物料铺满卸料平台，卸料平台尺寸约为 10 m×10 m；若桶装物料发生泄露，泄露物料铺满仓库中转区，中转区面积约为 20 m^2；发生泄漏事故后，若由于操作不当，易燃品丙酮、丁酮、环己酮、甲苯、乙酸乙酯引起的火灾爆炸事故。

气象条件设定选取最不利气象条件及所在地最常见气象条件分别进行后果预测，具体参数略。

本项目环境风险源强见附表 9-5。

附表 9-5　环境风险危险化学品泄漏源强一览表

风险事故情形描述	危险单元	危险物质	影响途径	释放或泄漏速率/(kg/s)	释放或泄漏时间/min	最大释放或泄漏量/kg	泄漏液体蒸发量/kg	
							不利气象	常见气象
输料时发生泄漏	储罐区	丙酮	大气	0.178 2	10	106.92	79.151 6	103.848 1
		甲基丙烯酸甲酯	大气	0.213 5	10	128.1	16.973 2	22.269 2
		乙酸乙酯	大气	0.203 5	10	122.1	39.015 9	51.189 4
		甲苯	大气	0.195 8	10	117.48	19.747 5	25.909 0
		丁酮	大气	0.183 2	10	109.92	30.005 8	39.363 1
		环已酮	大气	0.214 8	10	128.88	5.723 2	7.509 0
		二甲基甲酰胺	大气	0.214 4	10	128.64	1.570 6	2.060 6

四、风险预测与评价

选择 SLAB 模型作为本次环境风险预测模型。大气环境风险评价范围为距离项目边界 5 km 范围。本项目风险源 500 m 范围内设置间距 50 m，500～1000 m 范围内设置间距 100 m。

丙酮泄漏预测结果显示，在最不利气象条件下，发生事故后网格点及敏感目标处质量浓度未达到毒性终点浓度－1 和毒性终点浓度－2，在不利气象条件下发生丙酮泄漏事故，对周边环境及保护目标影响在可接受范围内。最常见气象条件下，对周边质量浓度超过毒性终点浓度－2 对应距离为 10 m，其影响局限在厂区范围内，对外界环境影响较小。当发生泄漏事故及火灾事故时，应第一时间疏散厂内员工，并尽快通知周边厂区员工。

其他危险物质预测结果和评价略。

五、环境风险管理（略）

习题：

1. 什么是环境风险评价？
2. 建设项目环境风险评价的程序是什么？
3. 环境风险评价的内容有哪些？
4. 简述环境风险评价等级与评价范围。
5. 简述环境风险管理内容。

项目十　碳排放环境影响评价

项目背景

全球变暖和极端天气频发等气候变化问题已成为现代人类有史以来面临的最大威胁。大量温室气体人为源产生的温室气体排放，是加剧温室效应的主要原因。为减缓和控制温室效应，国际社会积极采取措施控制碳排放量。作为世界上最大的发展中国家，中国根据自己的国情提出了2030年实现碳达峰和2060年实现碳中和的“双碳”目标。2021年7月，生态环境部发布《关于开展重点行业建设项目碳排放环境影响评价试点的通知》，以河北省、吉林省、浙江省、山东省、广东省、重庆市、陕西省作为试点地区，以电力、钢铁、建材、有色、石化和化工为重点行业，开展重点省市重点行业建设项目碳排放环境影响评价试点工作。《关于开展重点行业建设项目碳排放环境影响评价试点的通知》附件《重点行业建设项目碳排放环境影响评价试点技术指南（试行）》，适用于电力、钢铁、建材、有色、石化和化工等六大重点行业中需编制环境影响报告书的建设项目二氧化碳排放环境影响评价，其他行业的建设项目碳排放环境影响评价也可参照使用。碳排放环境影响评价正式开展。

项目任务

某金属制品生产线项目，年产铜金属制品3 000 t。项目设备包括高低炉水平连铸（配500 kg保温炉）、干式滚筒炉渣处理机、天然气加热炉、切割机、挤压机、拉丝机、退火炉、车床等设备。项目所在地区为城市工业区，项目评价范围内不包含当地饮用水源、风景区、自然保护区等生态保护区，不涉及生态保护红线。项目天然气加热炉消耗天然气量为30 t/a。项目消耗的精炼剂和除渣剂含碳酸盐分别为1.2 t/a和3.6 t/a。购入电量2 000 MWh/a，无热力购入。项目满负荷运行时工业增加值为1 000万元/a，工业总产值为15 000万元/a，总能耗（以当量值计）为270 t标煤/a。试对该项目开展碳排放环境影响评价。

完成任务需要的知识

在开展碳排放环境影响评价之前，需要明确以下几点：

1. 了解碳排放的基础知识，明白其中的专业术语。

2. 理解碳排放环境影响评价的工作程序。

3. 掌握碳排放源识别。

4. 掌握碳排放核算方法。

知识模块

模块一　基础知识

一、温室气体和碳排放

温室气体指大气层中自然存在的和由于人类活动产生的，能够吸收和散发由地球表面、大气层和云层所产生的、波长在红外光谱内的辐射的气态成分。温室气体主要包括二氧化碳（CO_2）、甲烷（CH_4）、氧化亚氮（N_2O）、氢氟碳化物（HFCs）、全氟碳化物（PFCs）、六氟化硫（SF_6）与三氟化氮（NF_3）。可见，温室气体并非单指二氧化碳。

碳排放指特定时段内直接或间接向大气排放温室气体的行为。目前，国内不同文件对于碳排放的定义不同，有的将碳排放定义为二氧化碳排放，有的将碳排放定义为温室气体排放。如《关于开展重点行业建设项目碳排放环境影响评价试点的通知》中明确，本次试点主要开展建设项目二氧化碳（CO_2）排放环境影响评价，有条件的地区还可开展以甲烷（CH_4）、氧化亚氮（N_2O）、氢氟碳化物（HFCs）、全氟碳化物（PFCs）、六氟化硫（SF_6）、三氟化氮（NF_3）等其他温室气体排放为主的建设项目环境影响评价试点。《浙江省建设项目碳排放评价编制指南（试行）》中，明确碳排放指建设项目在生产运行阶段煤炭、石油、天然气等化石燃料（包括自产和外购）燃烧活动和工业生产过程等活动产生的二氧化碳排放，以及因使用外购的电力和热力等所导致的二氧化碳排放。而《重庆市建设项目环境影响评价技术指南——碳排放评价（试行）》中，则明确碳排放为特定时段内直接或间接向大气排放温室气体的行为。

可见，各试点地区碳排放环境影响评价技术指南中，对于碳排放是指所有温室气体还是单指二氧化碳并不统一，但均有明确说明，二氧化碳作为主要的温室气体，单对其开展环境影响评价自然是相对简单的。笔者认为，将所有温室气体纳入碳排放环境影响评价是必然趋势。本章所指碳排放均指温室气体排放，具体项目在开展碳排放环境影响评价过程中，可根据相关管理部门要求确定核算因子。

【例 10-1】（不定项选择）下列哪项不属于温室气体（　）。

A. PFCs　　B. CH_4　　C. N_2O　　D. SO_2　　E. N_2

答：D、E

二、碳排放源

碳排放源指向大气中排放温室气体的物理单元或过程。碳排放源主要包括能源活动、工业生产过程、农业活动、废弃物处理和土地利用变化与林业五个部分。这是地区温室气体排放核算常采用的碳排放源界定方法。

建设项目引起的碳排放，经常会涉及能源活动排放，工业生产过程排放，净购入的电力、热力产生的排放。能源活动排放指燃料在氧化燃烧过程中产生的碳排放。工业生产过程排放指在生产过程中除燃料燃烧之外的物理或化学变化造成的碳排放。净购入电力和热力对应的排放指净购入使用的电力和热力（蒸汽、热水）所对应的电力或热力生产活动产生的碳排放。建设项目净购入使用的电力和热力为输入的电力和热力量减去输出（至项目外）的电力和热力量。

碳排放分为直接排放和间接排放，直接排放指项目范围内持有或控制的碳排放源直接产生的碳排放；间接排放指项目范围内由生产经营活动导致的，但出现在项目范围外其他主体持有或控制的碳排放源产生的碳排放。

【例 10-2】下列哪项是间接碳排放源（　）？

A. 制造电力、热、蒸汽或其他能源产生的温室气体排放

B. 外购电力、热、冷和蒸汽等

C. 生产过程中由于生物、物理或化学过程产生的温室气体排放

D. 组织拥有或控制原料、产品、固体废弃物与员工通勤等运输过程产生的温室气体排放

答：B

三、全球变暖潜势

全球变暖潜势是单位质量的某种温室气体在给定时间段内辐射强度的影响与等量二氧化碳辐射强度影响相关联的系数，用于评价各种温室气体对气候变化影响的相对能力。温室气体全球变暖潜势值参见表 10-1。

表 10-1　温室气体全球变暖潜势值

序号	温室气体名称		化学分子式	全球变暖潜势
1	二氧化碳		CO_2	1
2	甲烷		CH_4	21
3	氧化亚氮		N_2O	310
4	氢氟碳化物（HFCs）	HFC-23	CHF_3	11 700
		HFC-32	CH_2F_2	650

续表 10-1

序号	温室气体名称		化学分子式	全球变暖潜势
4	氢氟碳化物（HFCs）	HFC-125	CHF_2CF_3	2 800
		HFC-134a	CH_2FCF_3	1 300
		HFC-143a	CH_3CF_3	3 800
		HFC-152a	CH_3CHF_2	140
		HFC-227ea	CF_3CHFCF_3	2 900
		HFC-236fa	$CF_3CH_2CF_3$	6 300
		HFC-245fa	$CHF_2CH_2CF_3$	1 030*
5	全氟化碳（PFCs）	PFC-14	CF_4	6 500
		PFC-116	C_2F_6	9 200
6	六氟化硫		SF_6	23 900

注：数据来源于《省级温室气体清单编制指南（试行）》，除标注 * 的数据为政府间气候变化专门委员会（IPCC）第四次评估报告外其余均为 IPCC 第二次评估报告值。

四、相关术语

1. 碳排放量和二氧化碳当量

碳排放量指以二氧化碳当量表示碳排放数量，简称排放量。计量单位为“吨二氧化碳当量（tCO_{2e}）”。其中二氧化碳当量指在辐射强度上与某种温室气体质量相当的二氧化碳的量。温室气体二氧化碳当量等于给定温室气体的质量乘以它的全球变暖潜势值。

【例 10-3】冰箱/空调的制冷剂氢氟碳化物（HFCs）和全氟碳化物（PFCs）在使用过程中会逸散到空气中，虽然逸散的过程缓慢，但是 HFCs 和 PFCs 的全球增温潜势远高于 CO_2。这部分排放对气候变化有显著影响。某超市冷冻柜冷媒 R404a（掺配物 HFC-125，含量 44%）产生的 HFC-125 排放量为 0.831 6 kg，则其二氧化碳当量为（　）t CO_{2e}。

A. 2.328　　B. 2 328　　C. 2.495　　D. 无法计算

答：A

2. 活动水平数据和排放因子

活动水平数据指导致碳排放的生产或消费活动量的表征值。如各种化石燃料的消耗量、原材料的使用量、购入的电量、购入的热量等。

碳排放因子指单位生产或消费活动量的碳排放系数。

3. 碳排放强度和碳排放水平

碳排放强度是指单位用地、单位原料、单位产品（或主产品）、单位工业增加值、单位产值或单位能耗的碳排放量。

碳排放水平指一定区域或行业碳排放强度的统计水平。可选取平均水平、先进水平等进行评价。

4. 碳排放绩效和碳汇

碳排放绩效是指建设项目在生产运行阶段单位原料、产品（或主产品）或工业产值碳排放量。

碳汇是指通过植树造林、植被恢复等措施，吸收大气中的二氧化碳，从而减少温室气体在大气中浓度的过程、活动或机制。

模块二　碳排放环境影响评价工作程序

我国生态环境部发布的《重点行业建设项目碳排放环境影响评价试点技术指南（试行）》要求，电力、钢铁、建材、有色、石化和化工等六大重点行业中需编制环境影响报告书的建设项目，在环境影响报告书中增加碳排放环境影响评价专章，按照《关于加强高耗能、高排放建设项目生态环境源头防控的指导意见》要求，分析建设项目碳排放是否满足相关政策要求，明确建设项目碳产生节点，开展碳减排及与污染物协同控制措施可行性论证，核算碳产生和排放量，分析建设项目碳排放水平，提出建设项目碳排放环境影响评价结论。

碳排放评价工作主要内容包括政策符合性分析、现状调查和资料收集、工程分析、措施可行性论证和方案比选、碳排放评价、碳排放控制措施与监测计划、评价结论。相关工作融入环境影响评价报告相应章节中，并设立单独评价专章，其一般工作流程见图 10-1。

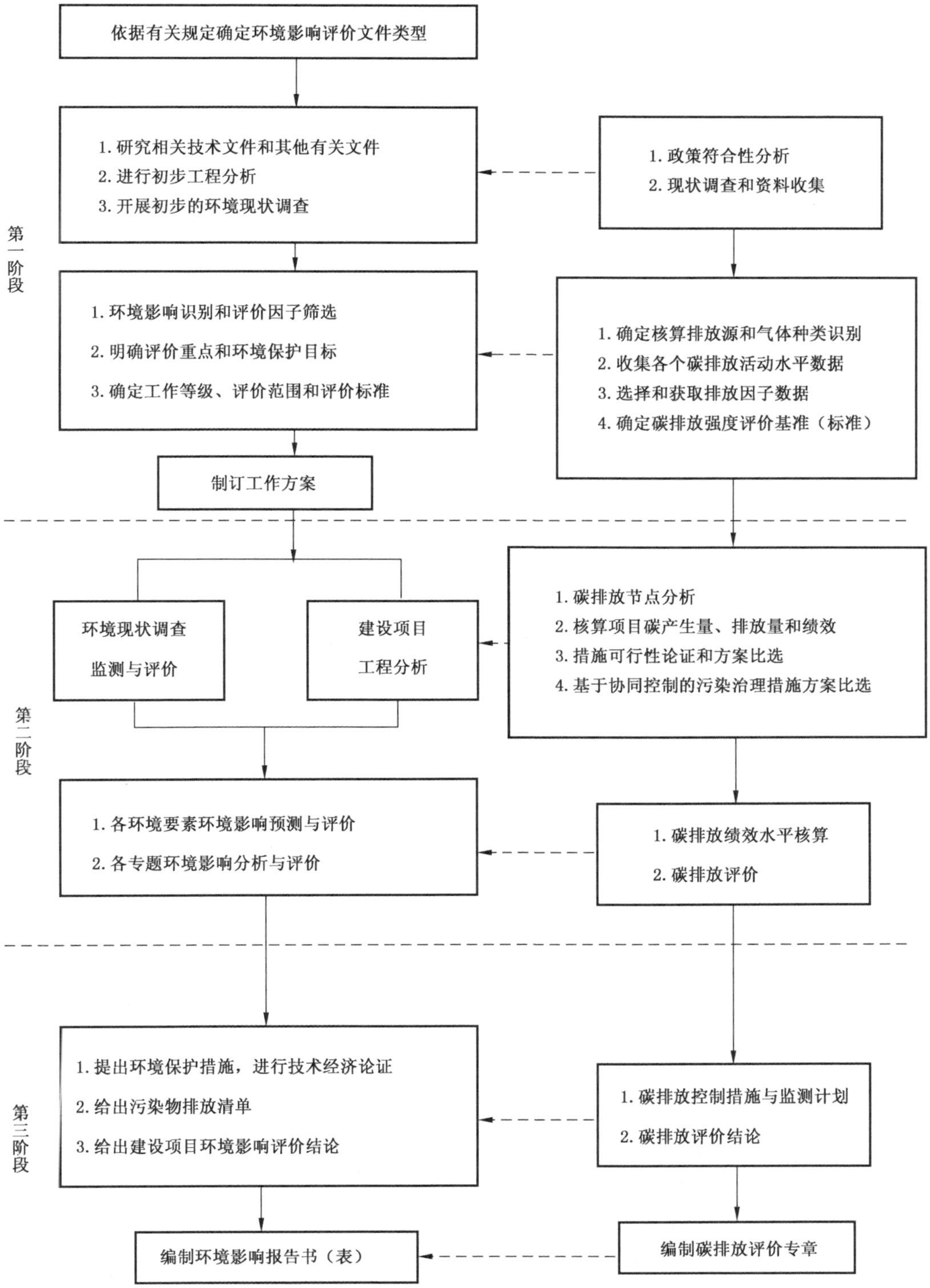

图 10-1　建设项目碳排放环境影响评价工作程序图

模块三　碳排放环境影响评价内容

一、建设项目碳排放政策符合性分析

收集相关资料，分析建设项目碳排放与国家、地方和行业碳达峰行动方案，“三线一单”生态环境分区管控方案和生态环境准入清单，相关法律、法规、政策，相关规划和规划环境影响评价结论等的相符性。

二、现状调查和资料收集

收集建设项目主要经济和技术资料，识别碳排放源和温室气体种类，收集各个排放活动水平数据；确定碳排放绩效评价基准（标准）。

1. 碳排放源识别

分析建设项目核算边界内相关生产设施和场所产生的碳排放情况。明确建设项目能源结构及各种能源消费量、涉及碳排放的工业生产环节原辅料使用量、净购入电力和热力量等活动水平数据，分析确定建设项目生产营运阶段碳排放类型及排放种类。碳排放源识别示例见表 10-2。建设项目碳排放环境影响评价中，应参考建设项目对应行业的《温室气体排放核算方法与报告指南》开展碳排放源识别。

表 10-2　建设项目碳排放源识别示例表

排放类型		设施举例	温室气体种类					
			CO_2	CH_4	N_2O	HFCs	PFCs	SF_6
直接排放	燃料燃烧	锅炉、工业熔炉、工业窑炉等	√		*			
	工业过程排放	水泥回转炉、水泥立窑、合成氨造气炉、炼钢转炉等	*		*	*	*	*
间接排放	净调入电力和热力	电加热炉窑、电动机系统、交流电焊机、泵系统等电力和蒸汽（热力）使用终端（各种用热设备）	√					

注：√表示该类碳排放源主要排放的温室气体；*表示可能排放的温室气体。

2. 收集活动水平数据

（1）新建项目

可依据项目可研报告、立项文件、设计文件等开展调查和资料收集，包括工业总产值、工业增加值、产品产量、能源类型及消费量、净购入电力和热力、涉及碳排放的工业生产过程

（主体工程、辅助工程和环保工程等）原辅料使用量等内容。

（2）改扩建及异地搬迁项目

改扩建及异地搬迁建设项目还应调查现有项目的评价基准年碳排放情况。

如企业已纳入国家或省级碳排放核算相关平台，可直接从平台引用现有项目相关数据，包括碳排放总量，化石燃料燃烧、工业生产过程、净购入电力和热力等领域的碳排放量，工业总产值，工业增加值，产品产量等。

（3）产能置换和区域削减项目碳排放变化量核算

对于涉及产能置换、区域削减的建设项目，还应核算被置换项目及污染物减排量出让方碳排放量变化情况。

三、工程分析

明确建设项目碳核算边界和产生节点；开展碳减排措施可行性论证与污染物治理措施方案比选；核算项目实施前后的碳产生、排放量和排放绩效。

1. 核算因子

核算因子应包括所有温室气体。我国目前处于碳排放环境影响评价的试点阶段，部分项目只要求开展二氧化碳排放核算和评价，具体开展环境影响评价时应以相关主管部门要求为准。

2. 核算边界

新建项目以法人企业或视同法人的独立核算单位为核算边界。改扩建及异地搬迁建设项目还应对拟建项目、项目实施前后企业边界分别作为核算边界进行核算。现有项目企业边界与环评中现有项目保持一致。

企业边界核算范围包括处于其运营控制权之下的所有生产场所和生产设施产生的碳排放总量，设施范围包括直接生产系统工艺装置、辅助生产系统和附属生产系统等。

对于涉及产能置换、区域削减的建设项目，还应核算被置换项目及污染物减排量出让方碳排放量变化情况。

3. 碳产生和排放情况分析

全面分析建设项目碳产排节点，在工艺流程图中增加碳产生、排放情况示意（包括正常工况、开停工及维修等非正常工况）。根据建设项目化石燃料、涉碳排放的工业生产原辅料以及净购入电力和热力特性及活动水平数据，分析碳排放影响因素。明确建设项目化石燃料燃烧源中的燃料种类、消费量、含碳量、低位发热量和燃烧效率等，涉及碳排放的工业生产环节原料、辅料及其他物料种类、使用量和含碳量，烧焦过程中的烧焦量、烧焦效率、残渣量及烧焦时间等，火炬燃烧环节火炬气流量、组成及碳氧化率等参数，以及净购入电力和热力量等数据。说明碳源头防控、过程控制、末端治理、回收利用等减排措施状况。

4. 核算方法

从燃料燃烧排放、净购入电力和热力排放、工业生产过程排放等方面，分别计算建设项目实施后的碳排放总量 $E_{碳总}$。改扩建及异地搬迁建设项目还应单独核算现有项目的碳排放总量、“以新带老”削减量及最终排放量。

结合项目特点及关键经济、用能指标，计算建设项目实施前后碳排放绩效，包括单位工业增加值碳排放 $Q_{工增}$、单位工业总产值碳排放 $Q_{工总}$、单位产品碳排放 $Q_{产品}$、单位能耗碳排放 $Q_{能耗}$。

（1）建设项目碳排放核算数据来源

国家或省级碳排放核算相关平台中的现有项目可直接获取燃料燃烧、工业生产过程、净购入电力和热力三个领域的碳排放量。

纳入排污许可证系统的现有项目，可获取化石燃料（煤炭、油品、天然气）消耗量、净购入电力和热力量、工业总产值、工业增加值、产品产量等数据。用电量也可通过电力公司获取。

新建项目可通过项目可研报告、设计报告以及业主提供的相关支撑技术材料获取。

排放因子数据根据相关行业《温室气体排放核算与报告要求》或《温室气体排放核算方法与报告指南》确定参数或者采用缺省值，其中《温室气体排放核算和报告要求》优先引用。目前我国发布的重点行业温室气体核算规范见表 10-3。

表 10-3 重点行业碳核算规范

序号	名称
1	GB/T 32150《工业企业温室气体排放核算和报告通则》
2	GB/T 32151.1《温室气体排放核算与报告要求》第 1 部分：发电企业
3	GB/T 32151.3《温室气体排放核算与报告要求》第 3 部分：镁冶炼企业
4	GB/T 32151.4《温室气体排放核算与报告要求》第 4 部分：铝冶炼企业
5	GB/T 32151.5《温室气体排放核算与报告要求》第 5 部分：钢铁生产企业
6	GB/T 32151.7《温室气体排放核算与报告要求》第 7 部分：平板玻璃生产企业
7	GB/T 32151.8《温室气体排放核算与报告要求》第 8 部分：水泥生产企业
8	GB/T 32151.9《温室气体排放核算与报告要求》第 9 部分：陶瓷生产企业
9	GB/T 32151.10《温室气体排放核算与报告要求》第 10 部分：化工生产企业
10	GB/T 32151.12《温室气体排放核算与报告要求》第 12 部分：纺织服装企业
11	《中国钢铁生产企业温室气体排放核算方法与报告指南（试行）》

续表 10-3

序号	名称
12	《中国化工生产企业温室气体排放核算方法与报告指南（试行）》
13	《中国平板玻璃生产企业温室气体排放核算方法与报告指南（试行）》
14	《中国水泥生产企业温室气体排放核算方法与报告指南（试行）》
15	《中国陶瓷生产企业温室气体排放核算方法与报告指南（试行）》
16	《中国石油和天然气生产企业温室气体排放核算方法与报告指南（试行）》
17	《中国石油化工企业温室气体排放核算方法与报告指南（试行）》
18	《中国独立焦化企业温室气体排放核算方法与报告指南（试行）》
19	《中国煤炭生产企业温室气体排放核算方法与报告指南（试行）》
20	《造纸和纸制品生产企业温室气体排放核算方法与报告指南（试行）》
21	《氟化工企业温室气体排放核算方法与报告指南（试行）》
22	《其他有色金属冶炼和压延加工业企业温室气体排放核算方法与报告指南（试行）》
23	《工业其他行业企业温室气体排放核算方法与报告指南（试行）》

（2）建设项目碳排放一般核算方法

项目碳排放总量 $E_{碳总}$ 计算公式如下：

$$E_{碳总}=E_{燃料燃烧}+E_{工业生产过程}+E_{电和热} \tag{10-1}$$

式中：

$E_{燃料燃烧}$ ——企业所有净消耗化石燃料燃烧活动产生的碳排放量，单位为吨二氧化碳（tCO_2）；

$E_{工业生产过程}$ ——企业工业生产过程产生的碳排放量，单位为吨二氧化碳（tCO_2）。

$E_{电和热}$ ——企业净购入电力和净购入热力产生的碳排放量，单位为吨二氧化碳（tCO_2）。

① 燃料燃烧的碳排放量 $E_{燃料燃烧}$ 计算公式为

$$E_{燃料燃烧}=\sum(AD_{i燃料}\times EF_{i燃料}) \tag{10-2}$$

式中：

i ——化石燃料种类；

$AD_{i燃料}$ ——i 化石燃料燃烧消耗量（t 或 kNm^3）；

$EF_{i燃料}$ ——i 化石燃料燃烧碳排放因子（tCO_2/t 或 tCO_2/kNm^3）。

也可采用以下公式计算

$$E_{燃料燃烧}=\sum NCV_i\times FC_i\times CC_i\times OF_i\times 44/12 \tag{10-3}$$

式中：

NCV_i ——第 i 种化石燃料的平均低位发热量，对固体或液体燃料，单位为百万千焦/吨（GJ/t）；对气体燃料，单位为百万千焦/万立方米（GJ/万 Nm^3）；

FC_i ——第 i 种化石燃料的净消耗量，对固体或液体燃料，单位为吨（t）；对气体燃料，单位为万立方米（万 Nm^3）；

CC_i ——第 i 种化石燃料的单位热值含碳量，单位为吨碳/百万千焦（tC/GJ）；

OF_i ——第 i 种化石燃料的碳氧化率，单位为%。

② 工业生产过程的碳排放量 E 工业生产过程，根据对应行业的《温室气体排放核算方法与报告指南》或《温室气体排放核算与报告要求》中方法进行计算，示例行业计算如下：

a. 钢铁高炉使用焦炭产生的碳排放量可按能源作为原材料（还原剂）进行计算，公式如下：

$$E_{原材料}=AD_{还原剂}\times EF_{还原剂} \tag{10-4}$$

式中：

$E_{原材料}$ ——能源作为原材料(还原剂)用途导致的碳排放量，tCO_2；

$AD_{还原剂}$ ——能源作为还原剂用途的碳排放因子，推荐值为 2.862，无量纲；

$EF_{还原剂}$ ——活动水平，即能源作为还原剂的消耗量，t。

b. 水泥熟料窑的碳排放量可按物料衡算法计算，公式如下：

$$D=\left[\sum_{i=1}^{n}\left(m_i\times\frac{S_{m_i}}{100}\right)+\sum_{i=1}^{n}\left(f_i\times\frac{S_{f_i}}{100}\right)+\sum_{i=1}^{n}(g_i\times S_{g_i}\times10^{-5})-\sum_{i=1}^{n}\left(P_i\times\frac{S_{P_i}}{100}\right)\right]\times 44/12 \tag{10-5}$$

式中：

D ——核算时段内碳排放量，tCO_2；

m_i ——核算时段内第 i 种入窑物料使用量，t；

S_{m_i} ——核算时段内第 i 种入窑物料含碳率，%；

f_i ——核算时段内第 i 种固体燃料使用量，t；

S_{f_i} ——核算时段内第 i 种固体燃料含碳率，%；

g_i ——核算时段内第 i 种入炉气体燃料使用量，10^4 m^3；

S_{g_i} ——核算时段内第 i 种入炉气体燃料碳含量，mg/m^3；

P_i ——核算时段内第 i 种产物产生量，t；

S_{P_i} ——核算时段内第 i 种产物含碳率，%。

c. 煤制合成气建设项目碳排放量可按物料衡算法计算，公式如下：

$$E_{CO_2煤制合成气}=(Q_{煤}\times CC_{煤}+Q_{燃料气}\times CC_{燃料气}\times 10^{-9}-Q_{净化气}\times CC_{净化气}\times 10^{-9}-Q_{气化渣}\times CC_{气化渣}-Q_{低价排放气}\times CC_{低价排放气-CO}\times 28/12)\times 44/12 \quad (10\text{-}6)$$

式中：

$E_{CO_2煤制合成气}$——煤制合成气工段产生的 CO_2 排放，tCO_2；

$Q_{煤}$——煤炭使用量，t；

$CC_{煤}$——煤炭中含碳质量分数，t_c/t；

$Q_{燃料气}$——粉煤气化、硫回收等装置燃料气用量，Nm^3；

$CC_{燃料气}$——燃料气碳含量，mg/Nm^3；

$Q_{净化气}$——净化气流量，Nm^3；

$CC_{净化气}$——净化气碳含量，mg/Nm^3；

$Q_{气化渣}$——气化灰渣设计产生量，t；

$CC_{气化渣}$——气化灰渣中碳的质量分数，t_c/t；

$Q_{低价排放气}$——低温甲醇洗尾气流量，Nm^3；

$CC_{低价排放气-CO}$——低温甲醇洗尾气的 CO 含量，mg/Nm^3。

d. 企业消耗的各种碳酸盐以及草酸发生分解反应导致的碳排放，公式如下：

$$E_{过程}=E_{草酸}+\sum E_{碳酸盐}=AD_{草酸}\times EF_{草酸}+\sum(AD_{碳酸盐}\times EF_{碳酸盐}) \quad (10\text{-}7)$$

式中：

$E_{过程}$——核算和报告年度内的过程排放量，单位为吨二氧化碳（tCO_2）；

$E_{草酸}$——草酸分解所导致的过程排放量，单位为吨二氧化碳（tCO_2）；

$E_{碳酸盐}$——某种碳酸盐分解所导致的过程排放量，单位为吨二氧化碳（tCO_2）；

$AD_{草酸}$——核算和报告年度内的草酸消耗量，单位为吨（t）；

$AD_{碳酸盐}$——核算和报告年度内某种碳酸盐的消耗量，单位为吨（t）；

$EF_{草酸}$——草酸分解的 CO_2 排放因子，单位为吨二氧化碳/吨草酸（tCO_2/t 草酸）；

$EF_{碳酸盐}$——某种碳酸盐分解的 CO_2 排放因子，单位为吨二氧化碳/吨碳酸盐（tCO_2/t 碳酸盐）。

③ 净购入电力和热力的碳排放量 $E_{电和热}$ 计算公式为

$$E_{电和热}=D_{电力}\times EF_{电力}+D_{热力}\times EF_{热力} \quad (10\text{-}8)$$

式中：

$D_{电力}$——净购入电量，单位为兆瓦时（MWh）；

$EF_{电力}$——电力的 CO_2 排放因子，单位为吨二氧化碳/兆瓦时（tCO_2/MWh）；

$D_{热力}$——净购入热力量，单位为百万千焦（GJ）；

$EF_{热力}$——热力的 CO_2 排放因子，单位为吨二氧化碳/百万千焦（tCO_2/GJ）。

【例 10-4】某项目运行边界内年消耗汽油 6 000 L，外购电力 1×10^4 MWh。已知汽油密度为 775 kg/m³，单位热值含碳量为 18.9 tC/TJ，碳氧化率为 98%，热值为 43 070 kJ/kg，排放因子为 2.92 tCO_2/t 燃料，外购电力排放因子为 0.948 9 tCO_2/MWh。计算该项目全年碳排放量。

解：$E_{碳总}=E_{燃料燃烧}+E_{工业生产过程}+E_{电和热}$

$=6\ 000\times775\times10^{-6}\times2.92+1\times10^4\times0.948\ 9$

$=9\ 502.578\ tCO_2$

答：该项目全年碳排放量为 9 502.578 tCO_2。

四、减污降碳措施可行性论证和方案比选

环境保护措施中增加碳排放控制措施内容，并从环境、经济技术可行性等方面统筹开展碳减排措施可行性论证和污染治理措施方案比选。

1. 碳减排措施可行性论证

从源头防控、过程控制、回收利用等方面给出建设项目拟采取碳减排措施，对拟选取的绿色节能工艺、产品和技术，降低化石燃料消费量，优化用能结构以及碳捕集利用等开展设备或工艺路线比选和经济技术可行性论证，强化同时降低污染物和温室气体排放的减污降碳协同效应。

2. 污染治理措施方案比选

在满足《建设项目环境影响评价技术导则　总纲》《环境影响评价技术导则　大气环境》《环境影响评价技术导则　地表水环境》关于污染治理措施方案选择要求前提下，在环境影响报告书环境保护措施论证及可行性分析章节，开展基于碳排放量最小的废气和废水污染治理设施和预防措施的多方案比选，即对于环境质量达标区，在保证污染物能够达标排放，并使环境影响可接受前提下，优先选择碳排放量最小的污染防治措施方案。对于环境质量不达标区，在保证环境质量达标因子能够达标排放，并使环境影响可接受前提下，优先选择碳排放量最小的针对达标因子的污染防治措施方案。

五、碳排放绩效水平核算

核算建设项目的碳排放绩效，重点行业碳排放绩效类型选取见表 10-4。改扩建、异地搬迁项目，还应核算现有工程碳排放绩效，并核算建设项目整体碳排放绩效水平。

表 10-4　重点行业碳排放绩效类型选取表

重点行业		排放绩效（吨/吨原料[①]）	排放绩效（吨/吨产品）	排放绩效（吨/万元工业产值）	排放绩效（吨/万元工业增加值）
电力	燃煤发电、燃气发电	√		√	√
钢铁	炼铁		√[②]	√	√
	炼钢		√[③]	√	√
	钢压延加工		√[④]	√	√
建材	水泥制造		√[⑤]	√	√
	平板玻璃制造		√[⑥]	√	√
有色	铝冶炼		√	√	√
	铜冶炼		√	√	√
石化	原油加工及石油制品制造	√		√	√
	煤制合成气生产	√	√	√	√
	煤制液体燃料生产	√	√	√	√
化工	有机化学原料制造[⑦]		√	√	√

注：① 原料按折标计算；② 吨产品为烧结矿、球团矿、生铁；③ 吨产品为石灰、粗钢；④ 吨产品为钢材；⑤ 吨产品为吨熟料；⑥ 吨产品为吨玻璃水；⑦ 环氧乙烷产品按当量计算。

评价指标计算方法如下：

1. 单位工业增加值碳排放

$$Q_{工增}=E_{碳总}/G_{工增} \tag{10-9}$$

式中：

$Q_{工增}$——单位工业增加值碳排放，tCO_2/万元；

$E_{碳总}$——项目满负荷运行时碳排放总量，tCO_2；

$G_{工增}$——项目满负荷运行时工业增加值，万元。

2. 单位工业总产值碳排放

$$Q_{工总}=E_{碳总}/G_{工总} \tag{10-10}$$

式中：

$Q_{工总}$——单位工业总产值碳排放，tCO_2/万元；

$E_{碳总}$——项目满负荷运行时碳排放总量，tCO_2；

$G_{工总}$——项目满负荷运行时工业总产值，万元。

3. 单位产品碳排放

$$Q_{产品}=E_{碳总}/G_{产量} \tag{10-11}$$

式中：

$Q_{产品}$——单位产品碳排放，tCO_2/产品产量计量单位；

$E_{碳总}$——项目满负荷运行时碳排放总量，tCO_2；

$G_{产量}$——项目满负荷运行时产品产量，无特定计量单位时以 t 产品计。

4. 单位能耗碳排放

$$Q_{能耗}=E_{碳总}/G_{能耗} \tag{10-12}$$

式中：

$Q_{能耗}$——单位能耗碳排放，tCO_2/t 标煤；

$E_{碳总}$——项目满负荷运行时碳排放总量，tCO_2；

$G_{能耗}$——项目满负荷运行时总能耗（以当量值计），t 标煤。

六、碳排放评价

根据碳排放和碳排放绩效核算结果，对企业建设项目实施前后碳排放情况进行纵向对比，与所在区域、行业（产品）进行横向对比，评价建设项目实施前后的碳排放水平，分析碳减排潜力；分析对区域碳排放强度考核目标可达性和对区域碳达峰的影响。

1. 碳排放绩效评价

（1）横向评价

以国家和项目所在地区公开发布碳排放强度基准（标准）作为评价依据，评价建设项目碳排放水平。

（2）纵向评价

对于改扩建项目或异地搬迁项目，根据拟实施改扩建或异地搬迁建设项目和企业现有项目绩效核算结果，对项目实施前后企业碳排放绩效进行纵向对比评价，项目实施后工业增加值碳排放强度原则上不高于现有项目。

2. 碳减排潜力分析及建议

结合环境经济效益，分析建设项目在现有技术条件下通过优化能源结构、工艺过程、循环利用方案等措施，进一步降低碳排放总量的潜力。从以下方面（不局限于以下方面）提出碳减排建议并预估减碳效益。

（1）提出降低能损，改进高能耗工艺，提高能源综合利用效率，实施碳减排工程等。

（2）结合碳强度考核、碳市场交易、碳排放履约、排污许可与碳排放协同管理相关要求等提出管理措施。

3. 碳排放影响评价

根据数据的可获得性，可选择分析项目碳排放对项目所在地区碳排放强度考核的影响和对地区碳达峰峰值的影响。

七、碳排放管理与监测计划

1. 提出碳排放控制措施和管理要求

在污染物排放清单中增加碳排放数据等内容；提出碳排放过程管理要求。

2. 提出碳排放监测计划

明确配备能源计量/检测设备要求，提出碳排放监测、报告和核查工作计划；设置能源及温室气体排放管理机构及人员等；提出建立碳排放相关监测和管理台账的要求，按照核算方法中所需参数，明确监测、记录信息和频次。

八、碳排放环境影响评价结论

对建设项目碳排放政策符合性、碳排放情况、减污降碳措施及可行性、碳排放水平、碳排放管理与监测计划等内容进行概括总结。结合区域碳达峰行动方案、地区碳排放强度下降目标以及同行业、同类型企业碳排放绩效对比情况等，给出建设项目碳排放水平是否可接受的结论。

任务实践

一、排放核算和预测

1. 核算边界

报告主体应以企业法人或视同法人的独立核算单位为边界，核算和报告其生产系统产生的温室气体排放。生产系统包括主要生产系统、辅助生产系统，以及直接为生产服务的附属生产系统，其中辅助生产系统包括动力、供电、供水、化验、机修、库房、运输等，附属生产系统包括生产指挥系统（厂部）和厂区内为生产服务的部门和单位（如职工食堂等）。

2. 排放源

本项目主要排放源为：

（1）燃料燃烧排放。本项目属于其他有色金属冶炼和压延加工业，企业所涉及的燃料燃烧排放是指煤炭、燃气、柴油等燃料在各种类型的固定或移动燃烧设备（如锅炉、窑炉、内燃机等）中与氧气充分燃烧产生的二氧化碳排放。本项目生产中天然气加热炉运行使用液化天然气。

（2）过程排放。其他有色金属冶炼和压延加工业企业所涉及的过程排放主要是企业消耗的各种碳酸盐发生分解反应导致的排放量。精炼剂和除渣剂含有一定量的碳酸盐。

（3）净购入电力产生的排放。企业消费的购入电力所对应的二氧化碳排放。

3. 核算方法

（1）燃料燃烧碳排放

计算燃料燃烧碳排放：

$$E_{燃料燃烧}=\sum NCV_i\times FC_i\times CC_i\times OF_i\times 44/12$$

式中：

NCV_i ——天然气的平均低位发热量，选择《其他有色金属冶炼和压延加工业企业温室气体排放核算方法与报告指南（试行）》附件二的推荐值，NCV_i 为 44.2 GJ/t；

FC_i ——天然气的净消耗量，本项目消耗液化天然气量为 30 t/a；

CC_i ——天然气的单位热值含碳量，选择《其他有色金属冶炼和压延加工业企业温室气体排放核算方法与报告指南（试行）》附件二的推荐值，CC_i 为 17.2×10^{-3} tC/GJ；

OF_i ——天然气的碳氧化率，选择《其他有色金属冶炼和压延加工业企业温室气体排放核算方法与报告指南（试行）》附件二的推荐值，取 98%。

计算得 $E_{燃料燃烧}=81.954\ tCO_{2e}/a$。

（2）工业生产过程碳排放

计算工业生产过程消耗的各种碳酸盐发生分解反应导致的碳排放量：

$$E_{过程}=\sum E_{碳酸盐}=\sum(AD_{碳酸盐}\times EF_{碳酸盐})$$

式中：

$AD_{碳酸盐}$——核算和报告年度内某种碳酸盐的消耗量，本项目消耗的精炼剂和除渣剂含碳酸盐分别为 1.2 t/a 和 3.6 t/a；

$EF_{碳酸盐}$——某种碳酸盐分解的 CO_2 排放因子，选择《其他有色金属冶炼和压延加工业企业温室气体排放核算方法与报告指南（试行）》附件二的推荐值，取 0.468。

计算得 $E_{过程}=2.2464\ tCO_{2e}/a$。

（3）净购入电力的碳排放量

计算净购入电力的碳排放量：

$$E_{电}=D_{电力}\times EF_{电力}$$

式中：

$D_{电力}$——净购入电力，项目净购入电力为 2 000 MWh/a；

$EF_{电力}$——电力的 CO_2 排放因子，采用国家最新发布值，取值来源于《2019 年度减排项目中国区域电网基准线排放因子》的项目区域电网 EF_{OM} 值，即 $EF_{电力}=0.7921\ tCO_2/MWh$。

计算得 $E_{电}=1584.2\ tCO_{2e}/a$。

（4）碳排放量汇总

$$E_{碳总}=E_{燃料燃烧}+E_{工业生产过程}+E_{电}$$

计算得 $E_{碳总}=1668.4\ tCO_{2e}/a$。

（5）单位工业增加值碳排放

$$Q_{工增}=E_{碳总}/G_{工增}$$

$G_{工增}$ 为 1 000 万元/a，计算得 $Q_{工增}=1.6684\ tCO_2$/万元。

（6）单位工业总产值碳排放

$$Q_{工总}=E_{碳总}/G_{工总}$$

$G_{工总}$ 为 15 000 万元/a，计算得 $Q_{工总}=0.1112\ tCO_2$/万元。

（7）单位产品碳排放

$$Q_{产品}=E_{碳总}/G_{产量}$$

$G_{产量}$ 为 3 000 t/a，计算得 $Q_{产品}=0.5561\ tCO_2$/t 产品。

（8）单位能耗碳排放

$$Q_{能耗}=E_{碳总}/G_{能耗}$$

$G_{能耗}$ 为 270 t 标煤/a，计算得 $Q_{能耗}=6.1793\ tCO_2$/t 标煤。

二、碳排放绩效评价

本项目碳排放强度详见附表 10-1。

附表 10-1　碳排放强度一览表

名称	$Q_{工增}$/（tCO_2/万元）	$Q_{工总}$/（tCO_2/万元）	$Q_{产品}$/（tCO_2/t 产品）	$Q_{能耗}$/（tCO_2/t 标煤）
碳排放强度	1.668 4	0.111 2	0.556 1	6.179 3

以上四项碳排放强度均低于项目所在地区有色金属冶炼和压延加工业的碳排放强度参考值（参考值数值略）。

三、碳减排措施及建议

1. 积极开展源头控制

优先选择绿色节能工艺、产品和技术，降低化石燃料消费量。优化用能结构，鼓励采用天然气、生物质等低碳能源替代煤炭。鼓励重点行业从技术和设备选型、节能技术、污染物治理及碳捕捉等方面，使用大气污染物和温室气体正协同减排技术，替代或淘汰负协同减排技术，提出协同控制最优方案。

2. 落实节能和提高能效技术

提高工业生产过程能源使用效率，对项目主体工程，提出降低能损，改进高能耗工艺，提高能源综合利用效率，实施碳减排工程等；对其他辅助措施，可提出采用低碳建筑等方式降低碳排放。

本项目在运营过程中应主要注重节能、加强循环利用；优先选用高效节能熔化炉、节能灯具、节能器具等节能新产品；本项目在使用液化天然气燃烧过程中，尽量提高天然气在生产工艺中的利用率、降低天然气消耗量，以达到二氧化碳的减排效果。

3. 碳排放管理方面

设置能源及温室气体排放管理机构及人员等；配备能源计量/检测设备，开展碳排放监测、报告和核查工作；结合区域碳强度考核、碳市场交易、碳排放履约、排污许可与碳排放协同管理相关要求等提出管理措施。

（1）组织管理

① 建立制度

为规范企业碳管理工作，结合自身生产管理实际情况，建立碳管理制度，包括但不限于建立企业碳管理工作组织体系；明确各岗位职责及权限范围；明确战略管理、碳排放管理、碳资产管理、信息公开等具体内容；明确各事项审批流程及时限；明确管理制度的时效性。

② 能力培养

为确保企业碳管理工作人员具备相应能力，企业应开展以下工作：通过教育、培训、技能和经验交流，确保从事碳管理有关工作人员具备相应的能力，并保存相关记录；对与碳管理工作有重大影响的人员进行岗位专业技能培训，并保存培训记录；企业可选择外派培训、内部培训和横向交流等方式开展培训工作。

③ 意识培养

企业应采取措施，使全体人员都意识到：实施企业碳管理工作的重要性；降低碳排放、提高碳排放绩效给企业带来的效益，以及个人工作改进能带来的碳排放绩效；偏离碳管理制度规定运行程序的潜在后果。

（2）排放管理

① 监测管理

企业应根据自身的生产工艺以及《其他有色金属冶炼和压延加工业企业温室气体排放核算方法与报告指南（试行）》中核算标准和国家相关部门发布的技术指南的有关要求，确保对其运行中的决定碳排放绩效的关键特性进行定期监视、测量和分析，关键特性至少应包括但不限于：排放源设施、各碳源流数据、具备实测条件的与排放因子相关的数据、碳排放相关数据和生产相关数据获取方式、数据的准确性。

企业应对监视和测量获取的相关数据进行分析，应开展以下工作：规范碳排放数据的整理和分析；对数据来源进行分类整理；对排放因子及相关参数的监测数据进行分类整理；对数据进行处理并进行统计分析；形成数据分析报告并存档。

② 报告管理

企业应基于碳排放核算的结果编写碳排放报告，并对其进行校核。核算报告编写应符合主管部门所规定的格式要求，对经过内部质量控制的核算结果进行确认形成最终企业盖章的碳排放报告，并按要求提交给主管部门 1 份，本企业存档 1 份。

企业碳排放报告存档时间宜与《企业碳排放核查工作规范》（DB 50/T700）对于核查机构记录保存时间的要求保持一致，不低于 5 年。

（3）信息公开

企业应按照主管部门相关要求和规定，核算并上报企业碳排放情况。鼓励企业选择合适的自发性披露渠道和方式，面向社会发布企业碳排放情况。

四、分析结论

本项目以企业法人独立核算单位为边界，核算生产系统产生的温室气体排放。主要排放源为燃料燃烧排放、工业生产过程排放、净购入电力排放。其中液化天然气燃烧排放量为 81.954 tCO_{2e}/a，生产过程中碳排放量为 2.246 4 tCO_{2e}/a，净购入电力的碳排放量为 1 584.2 tCO_{2e}/a，碳排放总量为 1 668.4 tCO_{2e}/a。四项碳排放强度均低于项目所在地区有色金属冶炼和压延加工业的碳排放强度参考值。在工艺设计、设备选型、建筑材料、电气系统、节能管理等方面，本项目均采用了一系列节能措施以实现生产中各个环节的节能降耗。本项目的碳排放水平可接受。

习题：

1. 温室气体包括哪几类？其变暖潜势分别是多少？
2. 如何进行建设项目碳排放源识别？
3. 如何进行碳排放源强核算？
4. 如何开展碳排放绩效水平核算和评价？

项目十一　公众参与

项目背景

公众参与是环境影响评价制度中的一个重要组成内容，在环境影响评价中发挥着重要作用。我国多项法律、规章均对开展公众参与作了明确的规定。如《中华人民共和国环境保护法》（2014 年修订）中明确规定公民、法人和其他组织依法享有获取环境信息、参与和监督环境保护的权利。对依法应当编制环境影响报告书的建设项目，建设单位应当在编制时向可能受影响的公众说明情况，充分征求意见。《中华人民共和国环境影响评价法》中明确规定：除国家规定需要保密的情形外，对环境可能造成重大影响、应当编制环境影响报告书的建设项目，建设单位应当在报批建设项目环境影响报告书前，举行论证会、听证会，或者采取其他形式，征求有关单位、专家和公众的意见。建设单位报批的环境影响报告书应当附具对有关单位、专家和公众的意见采纳或者不采纳的说明。《规划环境影响评价条例》（中华人民共和国国务院令第 559 号）规定，规划编制机关对可能造成不良环境影响并直接涉及公众环境权益的专项规划，应当在规划草案报送审批前，采取调查问卷、座谈会、论证会、听证会等形式，公开征求有关单位、专家和公众对环境影响报告书的意见。但是，依法需要保密的除外。

2006 年，原国家环保总局发布《环境影响评价公众参与暂行办法》（环发〔2006〕28 号），首次对环境影响评价公众参与进行了全面系统的规定，有效调动了公众参与生态环境保护的积极性和主动性，畅通了公众诉求表达渠道，对提高环境影响评价的决策质量和执行有效性起到了重要的作用。2018 年，生态环境部发布《环境影响评价公众参与办法》（生态环境部令第 4 号），进一步对公众参与责任主体以及信息公开内容、时限、载体等进行优化设计。

项目任务

某医药有限公司的某医药生产建设项目地点位于某产业园内，租赁生产车间一个，总占地面积 2 065 m^2，在车间内建设一条原料药生产线，包括 9 个中间体和最终产品生产，配套建设制冷机组、循环冷却水、纯水制备等设施，办公、综合仓库、危化品库、危废暂存间等设施以及供电、给排水、供热、应急事故水池、消防水池等依托高端化学原料药产业化基地。项目建成后年生产原料药 75 kg，折合制剂约 150 万片。该产业园已依法开展了规划环境影响评价公众参与，并已获得批复。

该医药有限公司于2020年6月20日委托某环保科技有限公司承担《某医药建设项目环境影响报告书》的编制工作。试依据《环境影响评价公众参与办法》（生态环境部令第4号）中相关规定，对本项目开展公众参与，编写环境影响评价公众参与说明。

完成任务需要的知识

根据环境影响评价相关法律、法规的要求开展公众参与，编写公众参与说明，需要掌握以下知识：

1. 公众参与的范围包括哪些？
2. 公众参与中面向的公众如何界定？
3. 公众参与作为环境影响评价的组成部分，其程序是怎样的？
4. 公众参与的内容包括哪些？

知识模块

模块一　公众参与概述

一、开展公众参与的环境影响评价范围

目前，我国开展公众参与的环境影响评价主要包括两大部分：一是可能造成不良环境影响并直接涉及公众环境权益的工业、农业、畜牧业、林业、能源、水利、交通、城市建设、旅游、自然资源开发的有关专项规划的环境影响评价，二是依法应当编制环境影响报告书的建设项目的环境影响评价。这两大类环境影响评价均需依据《环境影响评价公众参与办法》（生态环境部令第4号）开展公众参与。国家规定需要保密的情形除外。

土地利用的有关规划和区域、流域、海域的建设、开发利用规划的编制机关，在组织进行规划环境影响评价的过程中，可以参照《环境影响评价公众参与办法》（生态环境部令第4号）有关规定征求公众意见。

二、公众参与的概念及相关方界定

1. 环境影响评价中公众参与的概念

从社会学角度讲，公众参与是指社会群众、社会组织、单位或个人作为主体，在其权利义务范围内有目的的社会行动。“公众参与”是一种有计划的行动，它通过政府部门和开发行动负责单位与公众之间双向交流，使公民们能参加决策过程并且防止和化解公民和政府机构与

开发单位之间、公民与公民之间的冲突。公众参与的定义可以说是一个连续的、双向传递的过程。

环境影响评价中的公众参与是规划编制机关或者项目建设单位（或其委托的单位）同公众之间就规划或建设项目实施后可能造成的环境影响进行的一种双向交流，其目的是让公众充分了解拟建项目潜在的不良环境影响及相关的环保措施，保障社会公众的环境权益，使公众认可和支持项目建设，促使经济效益、社会效益和环境效益的协调发展。

2. 公众参与的责任主体

专项规划编制机关为专项规划环境影响评价中公众参与的主体，项目建设单位为编制环境影响报告书的建设项目环境影响评价公众参与的主体，对公众参与的真实性和结果负责。专项规划编制机关和建设单位可以委托环境影响报告书编制单位或者其他单位承担环境影响评价公众参与的具体工作。

3. 公众的界定

专项规划环境影响评价的公众参与中，公众为有关单位、专家和公众，需征求其对环境影响报告书草案的意见；建设项目环境影响评价的公众参与中，公众为环境影响评价范围内的公民、法人和其他组织，需听取其意见，国家生态环境主管部门鼓励建设单位将环境影响评价范围之外的公民、法人和其他组织列为公众并听取其意见。

【例 11-1】依据《规划环境影响评价条例》，专项规划在规划草案报送审批前，该规划环境影响报告书征求公众意见的主体应当是（　）。

A. 规划编制机关

B. 规划审批机关

C. 生态环境主管部门

D. 规划环境影响评价技术机构

答：A

三、公众参与的意义

1. 有利于更好地发挥公众的监督作用

公众是环境影响评价中公众参与的主体，社会公众共同享有环境，置身于规划或建设项目环境影响不良后果中，可以为规划方、建设方或环评方提供第一手资料，可以监督规划或项目建设产生的环境问题，可以监督相关环境影响评价机构的工作。

2. 有利于提高决策的民主化以及科学性

积极主动地参与环境影响评价是促进环境决策民主化和科学性的重要手段。环境影响评价过程中，实施主体（规划单位、建设单位和环评单位等）处于主导地位，难以完全避免其中掺杂的利益因素对环境影响评价的影响。公众参与机制作为解决办法之一，可以体现决策的民主化。同时，依靠理性的评价程序弥补实施主体在科技基础上的弱点，避免盲目和不确定性，实现了环境决策的科学性。提高决策的民主化和科学性减少公众与政府的冲突，减少因建设项目带来的环境污染问题，避免纠纷的激化，对稳定社会具有重要作用。

3. 有利于提高公众的环境意识，维护自身的合法权益

随着环境素养的逐步提高和环保意识的大力宣传，社会公众逐渐掌握了科学的环保知识。公众参与使公众积极主动地融合到环境影响评价中，全程参与，把握时机反馈意见，自觉维护自己的合法权益。公众的意愿得到合理的表达，环境决策更易得到公众的接受和认可，从而消除公众与规划或建设项目方的对立情绪，有利于减少环境群体性事件的发生。

4. 有利于生态保护和实施可持续发展战略

建立和发展公众参与环境影响评价机制有利于生态保护和实施可持续发展战略。公众参与的监督作用可以督促规划或建设项目的实施主体主动、更好地承担环境责任，采取更为积极有效的措施减少污染，缓解环境压力，合理规划和利用环境资源，维持生态系统的平衡，实现可持续发展。

四、公众参与的原则

1. 依法原则

公众参与过程中，公众参与的责任主体单位需要依法开展公众参与，依法公开环境影响评价公众参与的相关信息，依法听取公众对环境影响评价的意见。

2. 有序原则

有序原则要求公众参与必须理性、有序地进行。如果公众参与过程毫无秩序，甚至破坏社会秩序，那么不但无法实现有效的公众参与效果，相反会成为新的需要治理的问题。

3. 公开原则

在公众参与的全过程中应保证公众能够及时、全面并真实地了解规划或建设项目的相关情况。

4. 便利原则

根据规划或建设项目的性质以及所涉及区域公众的特点，选择公众易于获取的信息公开方式和便于公众参与的调查方式。

五、公众参与的工作程序

1. 专项规划环境影响评价公众参与的工作程序

专项规划编制机关应当在规划草案报送审批前，举行论证会、听证会，或者采取其他形式，征求有关单位、专家和公众对环境影响报告书草案的意见。

有关单位、专家和公众的意见与环境影响评价结论有重大分歧的，规划编制机关应当采取论证会、听证会等形式进一步论证。

规划编制机关应当在报送审查的环境影响报告书中附具对公众意见采纳或不采纳情况及其理由的说明。

2. 建设项目环境影响评价公众参与的工作程序

建设项目环境影响评价公众参与的工作程序如图 11-1 所示。

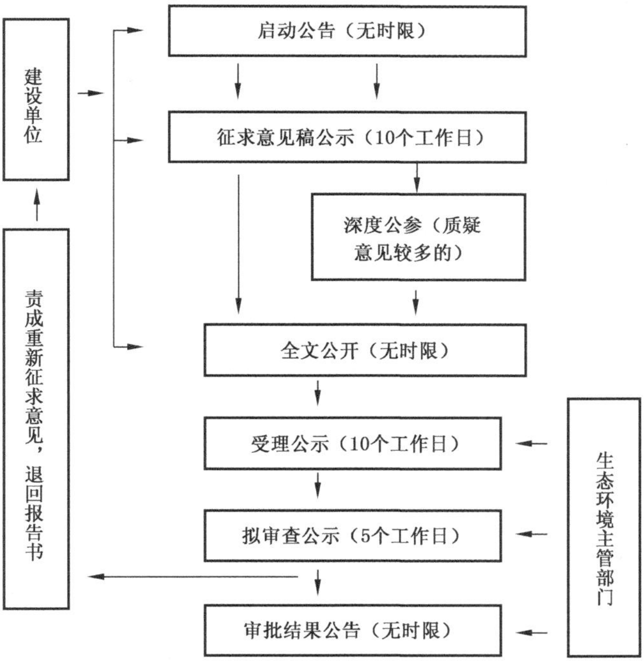

图 11-1　建设项目环境影响评价中公众参与的工作程序

【例 11-2】《中华人民共和国环境影响评价法》中，专项规划环境影响评价公众参与的时间是（　）。

A. 规划草案的环境影响报告书草案形成之后，规划草案报送审批机关审批之前

B. 规划草案的环境影响报告书草案形成之前，规划草案报送审批机关审批之前

C. 规划草案的环境影响报告书草案和规划草案报送审批机关审批之后

D. 规划草案的环境影响报告书草案审批之前，规划草案审批之后

答：A

模块二　建设项目环境影响评价公众参与的内容

因《环境影响评价公众参与办法》和《中华人民共和国环境影响评价法》《规划环境影响评价条例》等均未对专项规划环境影响评价公众参与的内容作更为详细的规定，所以本书暂只对建设项目环境影响评价中公众参与的内容展开论述，本模块下所有内容均针对建设项目环境影响评价公众参与，不再另作说明。

一、信息公开

1. 启动公告

（1）信息公开实施主体

启动公告的实施主体为建设单位。

（2）信息公开的时间节点

启动公告的时间节点为确定环境影响报告书编制单位后 7 个工作日内。

（3）信息公开的内容

启动公告公开的内容有：建设项目名称、选址选线、建设内容等基本情况，改建、扩建、迁建项目应当说明现有工程及其环境保护情况；建设单位名称和联系方式；环境影响报告书编制单位的名称；公众意见表的网络链接；提交公众意见表的方式和途径。

（4）信息公开的载体

启动公告可以选择建设单位网站、建设项目所在地公共媒体网站或者建设项目所在地相关政府网站作为信息公开的载体。

2. 征求意见稿公示

（1）信息公开实施主体

征求意见稿公示的实施主体为建设单位。

（2）信息公开的时间节点

征求意见稿公示的时间节点为建设项目环境影响报告书征求意见稿形成后。

（3）信息公开的内容

征求意见稿公示公开的内容有：环境影响报告书征求意见稿全文的网络链接及查阅纸质报告书的方式和途径；征求意见的公众范围；公众意见表的网络链接；公众提出意见的方式和途径；公众提出意见的起止时间。

(4) 信息公开的载体

征求意见稿公示，建设单位应当通过下列三种方式同步公开：通过网络平台公开，且持续公开期限不得少于 10 个工作日；通过建设项目所在地公众易于接触的报纸公开，且在征求意见的 10 个工作日内公开信息不得少于 2 次；通过在建设项目所在地公众易于知悉的场所张贴公告的方式公开，且持续公开期限不得少于 10 个工作日。

国家生态环境主管部门鼓励建设单位通过广播、电视、微信、微博及其他新媒体等多种形式开展征求意见稿公示。

(5) 信息公开的时限

建设单位征求公众意见的期限不得少于 10 个工作日。

3. 全文公开

(1) 信息公开实施主体

全文公开的实施主体为建设单位。

(2) 信息公开的时间节点

全文公开的时间节点为建设单位向生态环境主管部门报批环境影响报告书前。

(3) 信息公开的内容

全文公开的内容为拟报批的环境影响报告书全文和公众参与说明。

(4) 信息公开的载体

全文公开的载体为网络平台。

4. 受理公示

(1) 信息公开实施主体

受理公示的实施主体为受理建设项目环境影响报告书的生态环境主管部门。

(2) 信息公开的时间节点

受理公示的时间节点为生态环境主管部门受理建设项目环境影响报告书后。

(3) 信息公开的内容

受理公示的内容有：环境影响报告书全文；公众参与说明；公众提出意见的方式和途径。

(4) 信息公开的载体

受理公示的载体为生态环境主管部门网站或者其他方式。

(5) 信息公开的时限

受理公示的公开期限不得少于 10 个工作日。

5. 拟审查公示

（1）信息公开实施主体

拟审查公示的实施主体为受理建设项目环境影响报告书的生态环境主管部门。

（2）信息公开的时间节点

拟审查公示的时间节点为生态环境主管部门对环境影响报告书作出审批决定前。

（3）信息公开的内容

拟审查公示的内容有：建设项目名称、建设地点；建设单位名称；环境影响报告书编制单位名称；建设项目概况、主要环境影响和环境保护对策与措施；建设单位开展的公众参与情况；公众提出意见的方式和途径。同时，同步告知建设单位和利害关系人享有要求听证的权利。

（4）信息公开的载体

拟审查公示的载体为生态环境主管部门网站或者其他方式。

（5）信息公开的时限

拟审查公示的公开期限不得少于 5 个工作日。

6. 审批结果公告

（1）信息公开实施主体

审批结果公告的实施主体为受理建设项目环境影响报告书的生态环境主管部门。

（2）信息公开的时间节点

审批结果公告的时间节点为生态环境主管部门自作出建设项目环境影响报告书审批决定之日起 7 个工作日内。

（3）信息公开的内容

审批结果公告的内容为审批决定全文，并依法告知提起行政复议和行政诉讼的权利及期限。

（4）信息公开的载体

审批结果公告的载体为生态环境主管部门网站或者其他方式。

二、公众互动

建设单位可以通过发放科普资料、张贴科普海报、举办科普讲座或者通过学校、社区、大众传播媒介等途径，向公众宣传与建设项目环境影响有关的科学知识，加强与公众互动。

三、公众意见提交

1. 公众意见提交时段

（1）在环境影响报告书征求意见稿编制过程中，公众均可向建设单位提出与环境影响评价相关的意见。

（2）在生态环境主管部门受理环境影响报告书后和作出审批决定前的信息公开期间，公民、法人和其他组织可以提出对建设项目环境影响报告书审批的意见和建议，举报相关违法行为。

2. 公众意见表

公众意见表见表 11-1。公众提交意见时，应当提供有效的联系方式。国家生态环境主管部门鼓励公众采用实名方式提交意见并提供常住地址。

表 11-1　建设项目环境影响评价公众意见表

填表日期＿＿＿＿年＿＿月＿＿日

项目名称	××项目
一、本页为公众意见	
与本项目环境影响和环境保护措施有关的建议和意见（注：根据《环境影响评价公众参与办法》规定，涉及征地拆迁、财产、就业等与项目环评无关的意见或者诉求不属于项目环评公参内容）	（填写该项内容时请勿涉及国家秘密、商业秘密、个人隐私等内容，若本页不够可另附页）
二、本页为公众信息	
（一）公众为公民的请填写以下信息	
姓　名	
身份证号	
有效联系方式（电话号码或邮箱）	
经常居住地址	××省××市××县（区、市）××乡（镇、街道）××村（居委会）××村民组（小区）
是否同意公开个人信息（填同意或不同意）	（若不填则默认为不同意公开）
（二）公众为法人或其他组织的请填写以下信息	
单位名称	
工商注册号或统一社会信用代码	
有效联系方式（电话号码或邮箱）	
地　　址	××省××市××县（区、市）××乡（镇、街道）××路××号

注：法人或其他组织信息原则上可以公开，若涉及不能公开的信息请在此栏中注明法律依据和不能公开的具体信息。

3. 公众意见提交方式

（1）在环境影响报告书征求意见稿编制过程中，公众可以通过信函、传真、电子邮件或者建设单位提供的其他方式，在规定时间内将填写的公众意见表等提交建设单位，反映与建设项目环境影响有关的意见和建议。

（2）在生态环境主管部门受理环境影响报告书后和作出审批决定前的信息公开期间，公民、法人和其他组织可以依照规定的方式、途径和期限，提出对建设项目环境影响报告书审批的意见和建议，举报相关违法行为。

四、深度公众参与

1. 深度公众参与方式

对环境影响方面公众质疑性意见多的建设项目，建设单位应当按照下列方式组织开展深度公众参与：

（1）公众质疑性意见主要集中在环境影响预测结论、环境保护措施或者环境风险防范措施等方面的，建设单位应当组织召开公众座谈会或者听证会。座谈会或者听证会应当邀请在环境方面可能受建设项目影响的公众代表参加。

（2）公众质疑性意见主要集中在环境影响评价相关专业技术方法、导则、理论等方面的，建设单位应当组织召开专家论证会。专家论证会应当邀请相关领域专家参加，并邀请在环境方面可能受建设项目影响的公众代表列席。

建设单位可以根据实际需要，向建设项目所在地县级以上地方人民政府报告，并请求县级以上地方人民政府加强对公众参与的协调指导。县级以上生态环境主管部门应当在同级人民政府指导下配合做好相关工作。

2. 深度公众参与公告

建设单位决定组织召开公众座谈会、专家论证会的，应当在会议召开的 10 个工作日前，将会议的时间、地点、主题和可以报名的公众范围、报名办法，通过网络平台和在建设项目所在地公众易于知悉的场所张贴公告等方式向社会公告。

建设单位应当综合考虑地域、职业、受教育水平、受建设项目环境影响程度等因素，从报名的公众中选择参加会议或者列席会议的公众代表，并在会议召开的 5 个工作日前通知拟邀请的相关专家，并书面通知被选定的代表。

3. 深度公众参与纪要或结论

建设单位应当在公众座谈会、专家论证会结束后 5 个工作日内，根据现场记录，整理座谈会纪要或者专家论证结论，并通过网络平台向社会公开座谈会纪要或者专家论证结论。座谈会纪要和专家论证结论应当如实记载各种意见。

五、公众意见采纳或未采纳情况

建设单位应当对收到的公众意见进行整理，组织环境影响报告书编制单位或者其他有能力的单位进行专业分析后提出采纳或者不采纳的建议。

建设单位应当综合考虑建设项目情况、环境影响报告书编制单位或者其他有能力的单位的建议、技术经济可行性等因素，采纳与建设项目环境影响有关的合理意见，并组织环境影响报告书编制单位根据采纳的意见修改完善环境影响报告书。

对未采纳的意见，建设单位应当说明理由。未采纳的意见由提供有效联系方式的公众提出的，建设单位应当通过该联系方式，向其说明未采纳的理由。

六、公众参与说明

建设单位向生态环境主管部门报批环境影响报告书前，应当组织编写建设项目环境影响评价公众参与说明。公众参与说明应当包括下列主要内容：

（1）公众参与的过程、范围和内容；

（2）公众意见收集整理和归纳分析情况；

（3）公众意见采纳情况，或者未采纳情况、理由及向公众反馈的情况等。

篇幅所限，公众参与说明的内容和格式见《建设项目环境影响评价公众参与说明格式要求》，读者可自行查阅。本章任务实践部分，也按照《建设项目环境影响评价公众参与说明格式要求》编写，读者可参考。

生态环境主管部门应当对公众参与说明内容和格式是否符合要求、公众参与程序是否符合规定进行审查。

经综合考虑收到的公众意见、相关举报及处理情况、公众参与审查结论等，生态环境主管部门发现建设项目未充分征求公众意见的，应当责成建设单位重新征求公众意见，退回环境影响报告书。

七、特殊项目的公众参与

1. 产业园区内建设项目

对依法批准设立的产业园区内的建设项目，若该产业园区已依法开展了规划环境影响评价公众参与且该建设项目性质、规模等符合经生态环境主管部门组织审查通过的规划环境影响报告书和审查意见，建设单位开展建设项目环境影响评价公众参与时，可以按照以下方式予以简化：

（1）免予开展前文所述启动公告，相关应当公开的内容纳入征求意见稿公示一并公开；

（2）前文所述征求意见稿公示时限由 10 个工作日的期限减为 5 个工作日；

（3）前文所述征求意见稿公示载体中，免予采用“通过在建设项目所在地公众易于知悉的场所张贴公告的方式”。

2. 核设施建设项目

堆芯热功率300 MW以上的反应堆设施和商用乏燃料后处理厂的建设单位应当听取该设施或者后处理厂半径15 km范围内公民、法人和其他组织的意见；其他核设施和铀矿冶设施的建设单位应当根据环境影响评价的具体情况，在一定范围内听取公民、法人和其他组织的意见。

大型核动力厂建设项目的建设单位应当协调相关省级人民政府制定项目建设公众沟通方案，以指导与公众的沟通工作。

【例11-3】（不定项选择）公众意见提交时段包括（　）。

A. 环境影响报告书征求意见稿编制过程

B. 生态环境主管部门受理环境影响报告书之前

C. 生态环境主管部门受理环境影响报告书之后，作出审批决定之前

D. 生态环境主管部门作出审批决定后

答：A、C

任务实践

一、概述

某医药有限公司于2020年6月20日委托某环保科技有限公司承担《某医药建设项目环境影响报告书》的编制工作。项目建设单位严格按照《环境影响评价公众参与办法》（生态环境部令第4号）规定开展公众参与工作，于2020年10月15日至2020年10月21日进行了报告书征求意见稿公示；于2020年11月17日进行了报告书报批版公示。

二、首次环境影响评价信息公开情况

根据《环境影响评价公众参与办法》（生态环境部令第4号）第三十一条：

对依法批准设立的产业园区内的建设项目，若该产业园区已依法开展了规划环境影响评价公众参与且该建设项目性质、规模等符合经生态环境主管部门组织审查通过的规划环境影响报告书和审查意见，建设单位开展建设项目环境影响评价公众参与时，可以按照以下方式予以简化：

（1）免予开展本办法第九条规定的公开程序，相关应当公开的内容纳入本办法第十条规定的公开内容一并公开；

（2）本办法第十条第二款和第十一条第一款规定的10个工作日的期限减为5个工作日；

（3）免予采用本办法第十一条第一款第三项规定的张贴公告的方式。

本项目位于某产业园内，该产业园已依法开展了规划环境影响评价公众参与，并已获得批复。本项目性质、规模等符合经生态环境主管部门组织审查通过的规划环境影响报告书和审查意见，因此可以简化公众参与，免予第一次环境影响评价信息公开程序，应当公开的内容与第二次征求意见稿公开内容一并公开。

三、征求意见稿公示情况

1. 公示内容及时限

2020 年 10 月初，本项目环境影响报告书征求意见稿编制完成。某医药有限公司作为建设单位，于 2020 年 10 月 15 日至 2020 年 10 月 21 日对报告书征求意见稿进行了公示。公示内容见附表 11-1。

附表 11-1　某医药建设项目环境影响评价征求意见稿公示内容

某医药建设项目环境影响评价征求意见稿公示信息

一、建设项目名称及概要

项目名称：某医药建设项目

概要：该项目建设地点位于某产业化基地内，租赁生产车间一个，总占地面积 2 065 m^2，在车间内建设一条某原料药生产线，包括 9 个中间体和最终产品生产，配套建设制冷机组、循环冷却水、纯水制备等设施，办公、综合仓库、危化品库、危废暂存间等设施以及供电、给排水、供热、应急事故水池、消防水池等依托高端化学原料药产业化基地。项目建成后年生产原料药 75 kg，折合制剂约 150 万片。

二、建设单位名称及联系方式

建设单位：某医药有限公司

联系人：××

联系电话：××

通信地址：××市××开发区××路××号

三、承担评价工作的环境影响评价机构的名称及联系方式

环境影响评价单位：某环保科技有限公司

联系人：××

联系方式：××

电子邮件：××@qq.com

通信地址：××市××开发区××路××号

四、环境影响报告书征求意见稿全文链接及查阅纸质报告书的方法及途径

1. 环境影响报告书征求意见稿全文网络链接：略。

2. 查阅纸质报告书的方法及途径：建设单位公司内。

五、征求公众意见的范围

项目评价范围内（见报告书）的受影响的公民、法人和其他组织。

六、公众意见表的网络链接

https://www.mee.gov.cn/xxgk2018/xxgk/xxgk01/201810/t20181024_665329.html

七、公众提出意见的方式和途径

公众可在本次信息公示之日起 5 个工作日内，通过直接上门咨询、邮政信件、电话、传真、电子邮件等便于表达意见的形式，向建设单位或环评单位反馈意见和建议。

八、公众提出意见的起止时间

本次信息公示之日起 5 个工作日内。

某医药有限公司

2020 年 10 月 15 日

征求意见稿公示与《环境影响评价公众参与办法》(生态环境部令第 4 号)符合性分析见附表 11-2。

附表 11-2　某医药建设项目环境影响评价征求意见稿公示与生态环境部令第 4 号符合性分析

《环境影响评价公众参与办法》(生态环境部令第 4 号)规定	环境影响评价信息公开	是否符合
第十条　建设项目环境影响报告书征求意见稿形成后,建设单位应当公开下列信息,征求与该建设项目环境影响有关的意见: (一)环境影响报告书征求意见稿全文的网络链接及查阅纸质报告书的方式和途径; (二)征求意见的公众范围; (三)公众意见表的网络链接; (四)公众提出意见的方式和途径; (五)公众提出意见的起止时间。 建设单位征求公众意见的期限不得少于 10 个工作日。	本征求意见稿公示信息中提供了征求意见稿全文网络链接及查阅纸质报告书的方式;明确征求意见的公众范围主要包括项目评价范围内(见报告书)的受影响的公民、法人和其他组织;提供了公众提交公众意见表的网络链接;提供了公众提出意见的方式和途径;明确提出了公众提出意见的起止时间。	符合
第三十一条　对依法批准设立的产业园区内的建设项目,若该产业园区已依法开展了规划环境影响评价公众参与且该建设项目性质、规模等符合经生态环境主管部门组织审查通过的规划环境影响报告书和审查意见,建设单位开展建设项目环境影响评价公众参与时,可以按照以下方式予以简化: (一)免予开展本办法第九条规定的公开程序,相关应当公开的内容纳入本办法第十条规定的公开内容一并公开; (二)本办法第十条第二款和第十一条第一款规定的 10 个工作日的期限减为 5 个工作日; (三)免予采用本办法第十一条第一款第三项规定的张贴公告的方式。	本项目位于产业园内,项目性质、规模等符合经生态环境主管部门组织审查通过的规划环境影响报告书和审查意见,公示期限可减为 5 个工作日,征求意见稿征求公众意见的期限为 2020 年 10 月 15 日至 10 月 21 日,共 5 个工作日。 本项目征求意见稿公示中已包含《环境影响评价公众参与办法》(生态环境部令第 4 号)第九条应当公开的内容。	符合

2. 公示方式

(1) 网络

征求意见稿公示网络选择×网站,网络公示时间为 2020 年 10 月 15 日至 10 月 21 日共 5 个工作日,符合《环境影响评价公众参与办法》(生态环境部令第 4 号)"通过网络平台公开,且持续公开期限不得少于 10 个工作日,对依法批准设立的产业园区内的建设项目,若该产业园区已依法开展了规划环境影响评价公众参与且该建设项目性质、规模等符合经生态环境主管部门组织审查通过的规划环境影响报告书和审查意见，10 个工作日的期限减为 5 个工作日”的规定。

公示网站网址略。

网络公示截图略。

（2）报纸

征求意见稿报纸公示选择当地报纸《××报》，在 2020 年 10 月 15 日至 10 月 21 日征求意见期间，分别在 2020 年 10 月 16 日、2020 年 10 月 20 日登载两次，符合《环境影响评价公众参与办法》（生态环境部令第 4 号）“通过建设项目所在地公众易于接触的报纸公开，且在征求意见的 5 个工作日内公开信息不得少于 2 次”的规定。

征求意见稿报纸公示照片略。

（3）张贴

本建设项目位于产业园内，该产业园已依法开展了规划环境影响评价公众参与并获得批复，批复详情略。本项目性质、规模等符合经生态环境主管部门组织审查通过的规划环境影响报告书和审查意见，根据《环境影响评价公众参与办法》（生态环境部令第 4 号）第三十一条，“对依法批准设立的产业园区内的建设项目，若该产业园区已依法开展了规划环境影响评价公众参与且该建设项目性质、规模等符合经生态环境主管部门组织审查通过的规划环境影响报告书和审查意见，建设单位开展建设项目环境影响评价公众参与时，可以按照以下方式予以简化”，“（三）免予采用本办法第十一条第一款第三项规定的张贴公告的方式”。因此本项目简化公众参与，免予张贴公告。

3. 查阅情况

2020 年 10 月 15 日至 10 月 21 日征求意见稿公示期间，本项目环境影响报告书（征求意见稿）的纸质报告书放置在公司内以备公众查阅，并安排专人接待并记录查阅公众情况。截至 2020 年 10 月 21 日，无公众查阅报告书征求意见稿。

4. 公众提出意见情况

截至 2020 年 10 月 21 日，本项目环境影响报告书征求意见稿公示征求意见期间，建设单位及评价单位均未收到公众提出的意见。

四、其他公众参与情况

《环境影响评价公众参与办法》（生态环境部令第 4 号）第十四条规定，对环境影响方面公众质疑性意见多的建设项目，建设单位应当组织开展深度公众参与。本项目未收到公众的质疑性意见，故未开展深度公众参与。

五、公众意见处理情况

本项目未收到公众意见，未作公众意见处理。

六、报批前公开情况

1. 公开内容及日期

2020 年 11 月初，本项目环境影响报告书报批版编制完成。建设单位于 2020 年 11 月 17 日对本项目环境影响报告书报批版全文和公众参与说明进行了公示。《环境影响评价公众参与办法》(生态环境部令第 4 号)第二十条规定，“建设单位向生态环境主管部门报批环境影响报告书前，应当通过网络平台，公开拟报批的环境影响报告书全文和公众参与说明”，本项目报批前公开符合要求。公示内容见附表 11-3 和 11-4。

附表 11-3　某医药建设项目环境影响评价报批稿公示内容

某医药建设项目环境影响评价报批稿公示信息

一、建设项目名称及概要

项目名称：某医药建设项目

概要：该项目建设地点位于某产业化基地内，租赁生产车间一个，总占地面积 2 065 m^2，在车间内建设一条原料药生产线，包括 9 个中间体和最终产品生产，配套建设制冷机组、循环冷却水、纯水制备等设施，办公、综合仓库、危化品库、危废暂存间等设施以及供电、给排水、供热、应急事故水池、消防水池等依托高端化学原料药产业化基地。项目建成后年生产原料药 75 kg，折合制剂约 150 万片。

二、建设单位名称及联系方式

建设单位：某医药有限公司

联系人：××

联系电话：××

通信地址：××市××开发区××路××号

三、承担评价工作的环境影响评价机构的名称及联系方式

环境影响评价单位：某环保科技有限公司

联系人：××

联系方式：××

电子邮件：××@qq.com

通信地址：××市××开发区××路××号

四、环境影响报告书报批稿全文链接及查阅纸质报告书的方法及途径

1. 环境影响报告书报批稿全文网络链接：略。

2. 查阅纸质报告书的方法及途径：建设单位公司内。

五、征求公众意见的范围

项目评价范围内(见报告书)的受影响的公民、法人和其他组织。

六、公众意见表的网络链接

https://www.mee.gov.cn/xxgk2018/xxgk/xxgk01/201810/t20181024_665329.html

七、公众提出意见的方式和途径

公众可在本次信息公示发布后，通过直接上门咨询、邮政信件、电话、传真、电子邮件等便于表达意见的形式，向建设单位或环评单位反馈意见和建议。

某医药有限公司

2020 年 11 月 17 日

附表 11-4　某医药建设项目环境影响评价公众参与说明公示内容

某医药建设项目环境影响评价公众参与说明公示信息

一、公众参与概要

项目名称:某医药建设项目

概要:其医药有限公司于 2020 年 6 月 20 日委托某环保科技有限公司承担《某医药建设项目环境影响报告书》的编制工作。项目建设单位严格按照《环境影响评价公众参与办法》(生态环境部令第 4 号)规定开展公众参与工作,于 2020 年 10 月 15 日至 2020 年 10 月 21 日采用网络、报纸方式进行了报告书征求意见稿公示,公示期间未收到公众提出的意见。

根据《关于发布〈环境影响评价公众参与办法〉配套文件的公告》(生态环境部公告 2018 年第 48 号)中《建设项目环境影响评价公众参与说明格式要求》,本次公示的公众参与说明中,不包括“6. 报批前公开情况”一章,向生态环境主管部门报送公众参与说明时,会包含该章内容。

二、建设单位名称及联系方式

建设单位:某医药有限公司

联系人:××

联系电话:××

通信地址:××市××开发区××路××号

三、环境影响评价公众参与说明全文链接及查阅纸质报告书的方法及途径

1. 环境影响评价公众参与说明全文网络链接:略。

2. 查阅纸质环境影响评价公众参与说明的方法及途径:建设单位公司内。

某医药有限公司

2020 年 11 月 17 日

2. 公开方式

报批前公示网络选择某网站,网络公示时间自 2020 年 11 月 17 日开始,符合《环境影响评价公众参与办法》(生态环境部令第 4 号)第二十条“建设单位向生态环境主管部门报批环境影响报告书前,应当通过网络平台,公开拟报批的环境影响报告书全文和公众参与说明”的规定。

公示网站网址略。

网络公示截图略。

七、其他

本项目建设单位已按《环境影响评价公众参与办法》(生态环境部令第 4 号)第二十八条要求,将环境影响报告书编制过程中公众参与的相关原始资料,存档备查。

八、诚信承诺

本项目环境影响评价公众参与工作作出的诚信承诺如下:

我单位已按照《环境影响评价公众参与办法》(生态环境部令第4号)要求,在某医药建设项目环境影响报告书编制阶段开展了公众参与工作,在环境影响报告书中充分采纳了公众提出的与环境影响相关的合理意见,对未采纳的意见按要求进行了说明,并按照要求编制了公众参与说明。

我单位承诺,本次提交的《某医药建设项目环境影响评价公众参与说明》内容客观、真实,未包含依法不得公开的国家秘密、商业秘密、个人隐私。如存在弄虚作假、隐瞒欺骗等情况及由此导致的一切后果由某医药有限公司承担全部责任。

承诺单位:某医药有限公司(公章)

承诺时间:2020年11月17日

习题:

1. 什么是公众参与?
2. 公众参与的目的是什么?
3. 公众的范围有哪些?
4. 公众参与的程序是什么?
5. 公众参与的内容有哪些?

参考文献

[1] 李淑芹,孟宪林. 环境影响评价[M]. 北京:化学工业出版社,2018.

[2] 章丽萍,张春晖. 环境影响评价[M]. 北京:化学工业出版社,2019.

[3] 金腊华. 环境影响评价[M]. 北京:化学工业出版社,2015.

[4] 奚旦立. 环境监测[M]. 北京:高等教育出版社,2019.

[5] 钱瑜. 环境影响评价[M]. 南京:南京大学出版社,2009.

[6] 田永贵,顾玲. 环境影响评价[M]. 北京:化学工业出版社,2011.

[7] 陆书玉,栾胜基,朱坦. 环境影响评价[M]. 北京:高等教育出版社,2001.

[8] 何德文. 环境影响评价[M]. 2 版. 北京:科学出版社,2018.

[9] 朱世云,林春绵. 环境影响评价[M]. 2 版. 北京:化学工业出版社,2013.

[10] 王罗春,蒋海涛,胡晨燕. 环境影响评价[M]. 2 版. 北京:冶金工业出版社,2017.

[11] 赵丽. 环境影响评价[M]. 北京:中国矿业大学出版社,2018.

[12] 陈杰瑢. 物理性污染控制[M]. 北京:高等教育出版社,2007.

[13] 郝吉明,马广大,王书肖. 大气污染控制工程[M]. 4 版. 北京:高等教育出版社,2021.

[14] 林肇信,刘天齐,刘逸农. 环境保护概论（修订版）[M]. 北京:高等教育出版社,2010.

[15] 毛文永. 生态环境影响评价概论 [M]. 北京:中国环境科学出版社,2003.

[16] 环境保护部环境工程评估中心. 环境影响评价技术方法[M]. 北京:中国环境出版社,2014.

[17] 环境保护部环境工程评估中心. 环境影响评价案例分析[M]. 北京:中国环境出版社,2014.

[18] 徐颂. 环境影响评价技术方法基础过关 800 题[M]. 北京:中国环境出版社,2014.

[19] 徐颂. 环境影响评价技术导则与标准基础过关 800 题[M]. 北京:中国环境出版社,2014.

[20] 徐颂. 环境影响评价相关法律法规基础过关 700 题[M]. 北京:中国环境出版社,2014.

[21] 国家环境保护部环境工程评估中心. 环境影响评价岗位培训教材[M]. 北京:化学工业出版社,2006.

[22] 刘左军.《中华人民共和国环境影响评价法》释义及实用指南[M]. 北京: 中国民主法治出版社,2002.

[23] 生态环境部. 生态环境标准管理办法:生态环境部令[2020]17 号[A/OL].(2020-12-15). http://www.gov.cn/gongbao/content/2021/content_5588823.htm.

[24] 中华人民共和国生态环境部. 生态环境部建设项目环境影响报告书(表)审批程序规定:生态环境部令[2020]14 号[A/OL].(2020-11-23). https://www.mee.gov.cn/xxgk2018/xxgk/xxgk02/202011/t20201125_809643.html.

[25] 环境保护部. 建设项目环境影响评价技术导则 总纲:HJ 2.1—2016[S]. 北京:中国环境科学出版社,2016.

[26] 国家环境保护总局,国家质量监督检验检疫总局. 地表水环境质量标准:GB 3838—2002[S]. 北京:中国环境科学出版社,2002.

[27] 国家环境保护总局,国家质量监督检验检疫总局. 环境空气质量标准:GB 3095—2012[S]. 北京:中国环境科学出版社,2012.

[28] 国家环境保护总局,国家质量监督检验检疫总局. 声环境质量标准:GB 3096—2008[S]. 北京:中国环境科学出版社,2008.

[29] 国家环境保护局. 海水水质标准:GB 3097—1997[S]. 北京:中国环境科学出版社,1997.

[30] 国家环境保护总局. 城镇污水处理厂污染物排放标准:GB 18918—2002[S]. 北京:中国环境科学出版社,2002.

[31] 生态环境部. 污染物源强核算技术指南准则:HJ 884—2018[S]. 北京:中国环境出版社,2018.

[32] 生态环境部. 污染物源强核算技术指南锅炉:HJ 991—2018[S]. 北京:中国环境出版社,2018.

[33] 国家环境保护总局. 清洁生产标准造纸工业(漂白化学烧碱法麦草浆生产工艺):HJ/T 339—2007[S]. 北京:中国环境科学出版社,2007.

[34] 国家环境保护总局,国家质量监督检验检疫总局. 锅炉大气污染物排放标准:GB 13271—2014[S]. 北京:中国环境科学出版社,2014.

[35] 生态环境部. 污染源源强核算技术指南 火电:HJ 888—2018[S]. 北京:中国环境科学出版社,2018.

[36] 生态环境部. 环境影响评价技术导则 地表水环境：HJ 2.3—2018[S]. 北京：中国环境出版社，2018.

[37] 环境保护部. 环境影响评价技术导则 地下水环境：HJ 610—2016[S]. 北京：中国环境出版社，2016.

[38] 生态环境部. 环境影响评价技术导则 声环境：HJ 2.4—2021[S]. 北京：中国环境出版社，2021.

[39] 生态环境部. 规划环境影响评价技术导则 总纲：HJ 130—2019[S]. 北京：中国环境出版社，2019.

[40] 生态环境部. 建设项目环境风险评价技术导则：HJ 169—2018[S]. 北京：中国环境出版社，2018.

[41] 生态环境部. 环境影响评价技术导则 生态影响：HJ 19—2022[S]. 北京：中国环境出版社，2022.

[42] 生态环境部. 环境影响评价技术导则 土壤环境（试行）：HJ 964—2018[S]. 北京：中国环境科学出版社，2018.

[43] 国家环境保护总局. 声屏障声学设计和测量规范：HJ/T 90—2004[S]. 北京：中国环境科学出版社，2004.

[44] 国家发展和改革委员会，环境保护部，工业和信息化部. 制浆造纸行业清洁生产评价指标体系[J]. 天津造纸，2016，38(2)：7-25.

[45] 薛文博，王金南，杨金田，等. 国内外空气质量模型研究进展[J]. 环境与可持续发展，2013，38(3)：14-20.

[46] 胡夏. 规划环境影响评价对城市建设发展的重要性[J]. 城市地理，2015(7X)：2.

[47] 梁忠. 环境公众参与需兼顾有序性与有效性[J]. 世界环境，2017(3)：87.

[48] 牟艳军. 论公众参与在环境影响评价中的作用[J]. 内蒙古财经大学学报，2015，13(5)：49-52.

[49] 李军，周炜，舒适，等. 浅谈推进规划环评工作的重要性[C]. 2008 中国环境科学学会学术年会，2008.

[50] 生态环境部. 关于开展重点行业建设项目碳排放环境影响评价试点的通知：环办环评函[2021]346 号[A/OL]. (2021-07-27). https://www.mee.gov.cn/xxgk2018/xxgk/xxgk06/202107/t20210727_851553.html.

[51] 浙江省生态环境厅. 浙江省生态环境厅关于印发实施《浙江省建设项目碳排放评价编制指南（试行）》的通知：浙环函[2021]179 号[A/OL]. (2021-07-08). http://sthjt.zj.gov.

cn/art/2021/7/8/art_1229263469_2310637.html.

[52] 海南省生态环境厅.海南省生态环境厅关于印发《海南省规划碳排放环境影响评价技术指南(试行)》和《海南省建设项目碳排放环境影响评价技术指南(试行)》的函:琼环函[2021]260 号[A/OL].(2021-09-18).http://hnsthb.hainan.gov.cn/xxgk/0200/0202/hjywgl/hjyxpj/202109/t20210918_3055950.html.

[53] 重庆市生态环境局.重庆市生态环境局关于印发《重庆市规划环境影响评价技术指南——碳排放评价(试行)》《重庆市建设项目环境影响评价技术指南——碳排放评价(试行)》的通知:渝环[2021]15 号[A/OL].(2021-02-08).https://sthjj.cq.gov.cn/zwgk_249/zfxxgkml/zcwj/qtwj/202102/t20210208_8885745.html.

[54] 国家发展改革委办公厅.国家发展改革委办公厅关于印发首批 10 个行业企业温室气体排放核算方法与报告指南(试行)的通知:发改办气候[2013]2526 号[A/OL].(2013-11-04).http://www.gov.cn/zwgk/2013-11/04/content_2520743.htm.

[55] 国务院.中华人民共和国环境影响评价法[M].北京:法律出版社,2003.

[56] 国务院.规划环境影响评价条例[M].北京:中国法制出版社,2009.

[57] 生态环境部.环境影响评价公众参与办法:生态环境部令[2018]4 号[A/OL].(2018-07-16).https://www.mee.gov.cn/gzk/gz/202112/t20211211_963803.shtml.

[58] 生态环境部.关于发布《环境影响评价公众参与办法》配套文件的公告:生态环境部公告[2018]48 号[A/OL].(2018-10-16).https://www.mee.gov.cn/xxgk2018/xxgk/xxgk01/201810/t20181024_665329.html.